装备科技译著出版基金

军用激光防御技术

——变革21世纪战争的技术

Military Laser Technology for Defense:
Technology for Revolutionizing 21st Century Warfare

[美]　Alastair D. McAulay　著

叶锡生　陶蒙蒙　何中敏　译

国防工业出版社
National Defense Industry Press

著作权合同登记　图字: 军 –2011 –115 号

图书在版编目（CIP）数据

军用激光防御技术: 变革21世纪战争的技术/（美）麦考利（McAulay, A. D.）著;
叶锡生，陶蒙蒙，何中敏译. — 北京: 国防工业出版社, 2013.10
（国防科技著作精品译丛）
书名原文: Military laser technology for defense: technology for
revolutionizing 21st century warfare
ISBN 978-7-118-08915-8

Ⅰ.①军… Ⅱ.①麦… ②叶… ③陶… ④何… Ⅲ.
①激光应用—军事技术—防御 Ⅳ.①E919

中国版本图书馆 CIP 数据核字（2013）第140604号

军用激光防御技术——变革21世纪战争的技术

[美]　Alastair D. McAulay　著　　　叶锡生　陶蒙蒙　何中敏　译

出版发行　国防工业出版社
地址邮编　北京市海淀区紫竹院南路 23 号　　100048
经　　售　新华书店
印　　刷　北京嘉恒彩色印刷有限公司印刷
开　　本　700×1000　1/16
印　　张　20
字　　数　307 千字
版 印 次　2013 年 10 月第 1 版第 1 次印刷
印　　数　1—3000 册
定　　价　89.00 元

(本书如有印装错误，我社负责调换)

国防书店: (010) 88540777　发行邮购: (010) 88540776
发行传真: (010) 88540755　发行业务: (010) 88540717

序

　　激光以光速传播，在用作武器时绝大多数对抗措施将来不及响应，因而它已成为现代防御武器的理想手段。在快速变化的现代战争中，激光技术日益受到重视。在迫切需求的牵引之下，目前军用激光防御技术已经并正在得到世界上越来越多重要国家的强力支持，呈现出迅猛发展的势头。

　　美国理海大学阿拉斯泰尔 D. 麦考利教授所著 "*Military Laser Technology for Defense:Technology for Revolutionizing 21st Century Warfare*" 一书，对于军用激光系统所涉及的技术及其发展现状，进行了系统介绍与评述。该书包括 "防御系统的光学技术"、"防御系统的激光器技术"、"对抗军事威胁的防御应用" 3 部分共 17 章。作者基于非密或已解密信息，着重介绍了如何降低导弹、未来核武器、定向能武器、生化袭击、恐怖分子、恶劣天气影响成像等最为紧迫的六大军事威胁的技术，展示了将激光用于变革 21 世纪战争的前景与潜力。

　　西北核技术研究所激光与物质相互作用国家重点实验室叶锡生研究员主持对本书进行了精细的翻译。此中译本的出版，必将起到协助我国更多有关人士进一步理解军用激光防御技术原理、方法和发展动态的重要作用。

本书可在了解军用激光技术发展现状、进行新型激光系统设计研发和开展有关战略规划等方面, 给科学家、工程师、军事规划者、学术研究者以及研究生、大学生提供参考。

赵伊君

2013 年 3 月于北京

译者序

　　本书由美国理海大学阿拉斯泰尔 D. 麦考利 (Alastair D. McAulay) 教授基于非密信息或已解密信息所著, 分为 "用于防御系统的光学技术"、"用于防御系统的激光器技术" 和 "防御军事威胁的应用" 3 大部分内容共 17 章: 光学射线、高斯光束与偏振、光学衍射、衍射光学元件、传输和大气湍流补偿、光学干涉仪与谐振腔、束缚电子态激光器原理、高功率激光器、高峰值功率脉冲激光器、超高功率回旋加速型微波激射器和激光器、自由电子激光器/微波激射器、对导弹的激光防御、用于寻求新型核武器威胁的激光器、保护物资装备免遭定向能激光攻击、防御化学/生物武器的激光雷达、在恶劣天气下对目标探测/跟踪/识别的 94GHz 雷达、利用 W 波段防御恐怖分子。

　　本书可给相关领域的科学家、工程师、军事规划者、学术研究者和学生提供全面的参考。

　　本书的翻译工作分为三个阶段。第一阶段为形成译文初稿, 由陶蒙蒙负责第 2 章、第 4 章、第 6 章、第 8 章、第 9 章、第 10 章、第 12 章、第 13 章、第 14 章、第 17 章, 由叶锡生和何中敏负责第 1 章、第 3 章、第 5 章、第 7 章、第 11 章、第 15 章、第 16 章, 并由何中敏负责对各章中有英文标注的图片进行初步处理。第二阶段为校核, 先由陶蒙蒙和何中敏分别进行初步互校, 再由叶锡生负责对全部译文初稿进行逐字逐句的校核, 对误译或漏译的内容进行更正和补充翻译, 对不太符合中文表达习惯或表达方式的语句进行了修改。第三阶段为统稿, 由叶锡生负责。

中国工程院院士赵伊君教授在翻译过程中进行了指导和帮助,并于百忙中为本书作序,在此表示衷心感谢。

因译者水平所限,不妥之处在所难免。如发现错漏之处,敬请指出,我们将不胜感激。

叶锡生

2013 年 8 月于西安

前言

　　早在 1832 年, 德国人卡尔·冯·克劳塞维茨就写到 [22]: "战争是政治的延续。" 在历史上, 当一些利益集团不能采用政治途径解决其冲突时, 就会爆发战争。因此, 针对一些潜在的威胁, 每一个集团都必须准备进行自卫。

　　对防御现代化武器而言, 激光技术是很理想的手段, 这是因为激光束可在数微秒之内将能量投射到数千米以外, 其速度之快足以淘汰绝大部分对抗措施。本书仅仅涉及非密的或脱密的信息, 且集中于包括经由大气传输的军事应用。第 1~6 章提供光学技术方面的背景资料; 第 7~11 章介绍激光器技术, 包括对未来战争将有重大影响的超高功率高效激光器件,比如自由电子激光; 第 12~17 章则说明激光技术如何能有效地降低 21 世纪最紧迫的六种军事威胁, 包括使用激光器件防御导弹、未来核武器、定向束武器、生化武器、恐怖分子以及克服在恶劣天气条件下进行成像的难题。

　　了解上述这些威胁及其相关的激光防御系统对合理分配资源十分关键, 这是因为在维持强劲的经济、有效的基础设施和有力的军事防御之间需要建立一个平衡。强有力的防御会吓阻攻击者, 而且常常最终会比其他一些选择更为划算。我相信, 激光技术将变革 21 世纪的战争。

阿拉斯泰尔 D. 麦考利

于理海大学 (美国宾夕法尼亚州伯利恒市)

致谢

　　感谢我妻子卡罗尔·朱莉娅在本书写作过程中所给予的耐心和帮助，也感谢我的儿子亚历山大和他的妻子伊丽莎白。还希望感谢本研究领域中被我引用过其文献或与之进行过讨论的多得不便——列举的学者。对国际光学工程学会 (SPIE)、美国光学学会 (OSA)、电气和电子工程师协会 (IEEE) 以及为我写作此书提供环境条件的理海大学也表示感谢。

著者简介

　　阿拉斯泰尔 D. 麦考利在剑桥大学获机械科学专业学士和硕士学位，在卡耐基·梅隆大学获电气工程专业博士学位。1992 年，他成为理海大学电子与计算机工程系教授; 从 1992 年到 1997 年担任钱德勒·韦弗讲席教授和电子工程与计算机科学 (EECS) 教授，从 1987 年至 1992 年担任莱特州立大学 NCR 特聘教授和 CSE 教授。之前，他在德州仪器公司社团实验室工作了 8 年，其间他是美国国防部高级研究计划局 (DARPA) 光学数据流计算机的项目主管，该计算机在其著作 *Optical Computer Architectures* (约翰威立父子出版公司 1991 年出版) 中得到过描述。再之前，他曾经从事过 "先进轻型鱼雷" (后成为 Mk-50 鱼雷) 等国防工业项目的工作。通过 Linked In 网站可与麦考利博士联系。

目录

第 1 部分　用于防御系统的光学技术

第 2 部分　用于防御系统的激光器技术

第 1 部分　用于防御系统的光学技术

第 1 章

光学射线

几何光学又称为光线光学 [16]，它用于描述自由空间中传播距离远大于光波长 (通常为微米级) 时的光路 (更严格的适用条件参见 1.2.3 节)。需注意的是，如果介质的特性在与波长可比拟的尺度上发生显著变化，就不能应用光线理论; 在这些情况下，要使用类似时域有限差分法 (FDTD)[154] 或有限元方法 [78,79] 等在计算上更为严格的有限逼近方法。光线理论假设光线沿着与等相位波前垂直的方向传播。这些光线描述了从一个光源所发出的光的传播路径，而且这些光线是沿着光波中光强波印亭 (Poynting) 矢量的方向传播。几何光学即光线光学提供了洞察能量在空间中随时间分布的手段。相邻光线随时间的传输使衰减计算成为可能，它能提供与衍射方程计算相类似的信息但计算量却更小。光线光学被广泛应用于分析光通过透镜等光学元件和折射率 (或介电常数) 随空间位置变化的非均匀介质的传播过程。

在 1.1 节中，推导出在光线接近光轴条件下降低维数的傍轴方程。在 1.2 节中，研究几何光学即光线光学，主要介绍: 费马 (Fermat) 原理、光线理论的极限、光线方程、通过二次变化折射率介质的光线、矩阵表示法。在 1.3 节中，讨论用于发射和 (或) 接收光束的薄透镜光学，主要介绍: 放大倍率、扩束器、缩束器、望远镜、显微镜、空间滤波器。

1.1 傍轴光学

1840 年，高斯 (Gauss) 提出了光束沿着接近光学系统光轴传播时的傍轴近似方法。在这种情况下，举例来说，如图 1.1 所示，光线沿着 z 方向传

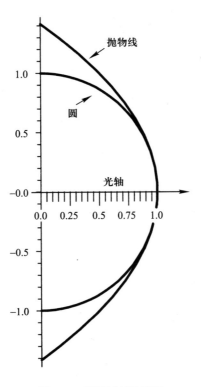

图 1.1 傍轴近似法图解

播, 与在 x 和 y 处球状弯曲表面曲率半径关联的距离相比, 光在横截的 x 和 y 方向只变化一个很小的距离。接近光轴的球形区域可用一个抛物面来近似。曲率 (半径)R 的球形表面为

$$x^2 + y^2 + z^2 = R^2 \quad \text{即} \quad z = R\sqrt{\left(1 - \frac{x^2 + y^2}{R^2}\right)} \tag{1.1}$$

利用二项式定理消去平方根, 得到

$$z = R\left(1 - \frac{x^2 + y^2}{2R^2}\right) \quad \text{即} \quad R - z = \frac{x^2 + y^2}{2R} \tag{1.2}$$

该式是一个抛物面方程。

1.2 几何光学或光线光学

1.2.1 费马原理

1658 年, 费马提出了物理学中最早的变分原理之一, 即支配着几何光学的基本原理 [16]: 一条光线在 P_1 和 P_2 两点之间将通过最短光程 $L = \int_{P_1}^{P_2} n\mathrm{d}s$ 传播; 没有其他光程会有更短的长度。对于通过介质折射率为 n 的一条路径而言, 光程长度与在空气中传播的路径长度相等。同样地, 因为折射率为 $n = c/v$ (v 是相速度, c 是光速), 可得 $n\mathrm{d}s = c\mathrm{d}t$, 所以这也是时间最短的路径。由于光程长度或传播时间随每条路径而变化, 故我们确定最短值 (一个最小的极值) 的最优化方法是: 选取众多路径函数中一个长度或时间函数的最小值, 它是一个函数的函数 (一个泛函), 而且这需要用到变分方法 [42]。费马原理被表示为最短的光程长度, 或者等效地表示为最短的时间:

$$\delta L = \delta \int_{P_1}^{P_2} n\mathrm{d}s = 0 \ 或 \ \delta L = \delta \int_{P_1}^{P_2} c\mathrm{d}t = 0 \tag{1.3}$$

费马原理对几何光学是有用的。在几何光学中, 光被看成是垂直于波阵面、通常是沿着波印亭矢量方向传播的光线。值得注意的是, 电磁波是横波, 电场和磁场在自由空间中垂直于传播方向并因此也垂直于光程方向振荡。在几何光学有效的情况下, 可以用一根单独的光线更为简单地描述一束波。

1.2.2 用费马原理证明斯涅耳折射定律

费马原理可用于直接解决一些几何光学问题。对斯涅耳 (Snell) 折射定律的证明就是个例子, 如图 1.2 所示, 它揭示了在两种不同折射率 $n_1 = \sqrt{\mu_1\varepsilon_1}$ 和 $n_2 = \sqrt{\mu_2\varepsilon_2}$ (其中 ε 是介电常数, μ 是相对磁导率) 介质界面处的偏转。根据费马原理, 从 P_1 点到 P_2 点的光程与电介质界面相交于 R 点, 以使通过 R 点的光程长度对界面上所有可能的交点来说是最小的。由于在某一极值条件下式 (1.3) 中的函数具有零梯度, 因此, 沿着界面将交叉点移动非常小的变化距离 δx 到 Q 点时, 将不会改变光程长度。根据图 1.2, 当路径从经过 R 点移动到经过 Q 点时, 光程长度的改变量为

$$\delta s - \delta s' = n\delta x \sin\theta - n'\delta x \sin\theta' = 0 \tag{1.4}$$

这就给出了斯涅耳定律:

$$n \sin \theta = n' \sin \theta' \tag{1.5}$$

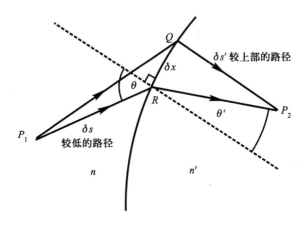

图 1.2   从费马原理推导斯涅耳定律

当光通过一种折射率 $n(\boldsymbol{r}) = n(x, y, z)$ 随位置变化的非均匀介质时, 一束光线将不再是笔直的。相邻光线离散度提供了一种估算扩散的方法, 扩散量是沿光线距离的函数。

1.2.3   几何光学或光线理论的极限

只有在光线曲率半径和电场相对于波长发生很缓慢变化的情况下 (通常指光波长只是在微米量级的情形), 光线才能提供波动方程的精确解。当若干光线在凸透镜的聚焦区域集中时, 电场在与波长可比拟的距离上能出现一些快速的变化。因此, 这些光线以所谓焦散线 (由相邻射线形成的包络) 的方式弯曲成了波动方程解的不准确表达形式。

由于光在不变的介质中直线传播, 因此, 可以在有限差分技术中将整个传输区域离散化成为一些折射率不同但量值固定的小区域, 然后, 通过某一小区域的光线按照斯涅耳定律耦合到相邻的区域中。小区域间的折射率阶跃可能会导致在光路图上出现虚假的焦散线, 这种虚假的离焦可以通过转变为一种分段线性的折射率近似方法降低到最低程度, 就如同一阶多项式有限元方法一样 [78,79]。要绘制一条从光源到目标的光线, 可从光源开始以不同角度画出多条光线, 直到发现有一条光线经过目标, 这是一个两点边界问题。

1.2.4 费马原理推导光线方程

光线方程在几何光学中十分关键, 它描述了一条光线通过折射率在三维空间变化的非均匀介质时的路径 [16,148,176]。在费马原理即式 (1.3) 中要用到的光程长度可通过从等式 $ds = \sqrt{dx^2 + dy^2 + dz^2}$ 分解出 dz 而写出:

$$\delta \int_{P_1}^{P_2} nds = \delta \int_{z_1}^{z_2} n(x,y,z)\sqrt{\left(\frac{dx}{dz}\right)^2 + \left(\frac{dy}{dz}\right)^2 + 1}dz \qquad (1.6)$$

$$= \delta \int_{z_1}^{z_2} n(x,y,z)\sqrt{x'^2 + y'^2 + 1}dz$$

式中, 符号 "′" 表示 d/dz, 因而 $ds = \sqrt{x'^2 + y'^2 + 1}dz$。式 (1.6) 可以写成 $\delta \int_{z_1}^{z_2} Fdz$, 式中被积函数 F 具有泛函 (即多个函数的函数) 的形式:

$$F(x',y',x,y,z) \equiv n(x,y,z)\sqrt{x'^2 + y'^2 + 1} \qquad (1.7)$$

根据变分方法 [16], 式 (1.7) 形态的被积函数极值 (最大值或最小值) 的解为欧拉方程:

$$F_x - \frac{d}{dz}F_{x'} = 0 , \quad F_y - \frac{d}{dz}F_{y'} = 0 \qquad (1.8)$$

式中, 下标 x' 和 y' 指的是偏导数。根据式 (1.7) 和 $x' = dx/dz$, 可得

$$F_x = \frac{\partial n}{\partial x}ds = \frac{\partial n}{\partial x}\sqrt{x'^2 + y'^2 + 1} = \frac{\partial n}{\partial x}\frac{ds}{dz} \qquad (1.9)$$

$$F_{x'} = n\frac{1}{2\sqrt{x'^2 + y'^2 + 1}}2x' = n\frac{dx}{dz}\frac{dz}{ds} = n\frac{dx}{ds} \qquad (1.10)$$

类似的方程适用于 F_y 和 $F_{y'}$。将式 (1.9) 和式 (1.10) 代入式 (1.8), 得到

$$\frac{\partial n}{\partial x}\frac{ds}{dz} - \frac{d}{dz}\left(n\frac{dx}{ds}\right) = \frac{\partial n}{\partial x} - \frac{dz}{ds}\frac{d}{dz}\left(n\frac{dx}{ds}\right) = 0 \qquad (1.11)$$

导出的光线方程是

$$\frac{d}{ds}\left(n\frac{dx}{ds}\right) = \frac{\partial n}{\partial x}, \quad \frac{d}{ds}\left(n\frac{dy}{ds}\right) = \frac{\partial n}{\partial y}, \quad \frac{d}{ds}\left(n\frac{dz}{ds}\right) = \frac{\partial n}{\partial z} \qquad (1.12)$$

其中, 最后一个方程是通过坐标变换或类似地通过其他代数变换得到的 [16]。这些方程可写成矢量形式, 即

$$\frac{d}{ds}\left(n\frac{d\boldsymbol{r}}{ds}\right) = \nabla n \qquad (1.13)$$

光线方程的另一种推导方法 [16] 提供了不同的视角。从麦克斯韦方程组或波动方程出发进行的推导获得了与费马原理相当的短时距方程 (光程函数方程), 即

$$(\nabla S)^2 = n^2 \quad \text{或} \quad \left(\frac{\partial S}{\partial x}\right)^2 + \left(\frac{\partial S}{\partial y}\right)^2 + \left(\frac{\partial S}{\partial z}\right)^2 = n^2\,(x, y, z) \quad (1.14)$$

短时距方程与波阵面 $S(\boldsymbol{r}) =$ 常数和折射率 n 有关。一束光线 $n\boldsymbol{s}$ 处于与波阵面垂直的方向, 也就是说, 处于 $S(\boldsymbol{r})$ 的梯度方向, 即

$$n\boldsymbol{s} = \nabla S \quad \text{或} \quad n\frac{\mathrm{d}\boldsymbol{r}}{\mathrm{d}s} = \nabla S \quad (1.15)$$

通过将式 (1.15) 对 s 求导, 我们就可得到光线方程式 (1.13) 。

1.2.5 光线方程的有效应用

下面举例说明光线在板层 $z - y$ 平面中传输时的光线方程, 其中 z 是傍轴近似情况下传播方向的光轴, 折射率沿 y 方向是横向变化的。对于均匀介质, n 是常数且有 $\nabla n = \frac{\partial n}{\partial y} = 0$。因而, 光线方程式 (1.13) 就变成 $\mathrm{d}^2 y/\mathrm{d}z^2 = 0$。经过两次积分, 变成 $y = az + b$, 这样在 $z - y$ 平面内就得到一条直线。所以, 在数值计算中, 我们将折射率的分布离散化而成为沿 y 方向分段恒定的部分, 从而在 $z - y$ 平面内获得一条分段线性的光学路径。

对于在 y 方向线性变化的折射率 $n = n_0 + ay$ 且 $n \approx n_0, \partial n/\partial y = a$, 光线方程式 (1.13) 就变成了 $\mathrm{d}^2 y/\mathrm{d}z^2 \approx a/n_0$。通过两次积分就得到 $y = (z/n_0)z^2 + (b/n_0)z + d$, 它是 $z - y$ 平面内的一个二次方程式并可以通过一种球形弧线表达为一级近似。因此, 如果将折射率的分布离散化为分段呈线性变化的部分, 就可以得到一条由多条弧线连成的光路, 这条光路要比折射率呈分段恒定分布的分段直线光路更为平滑。

另一种有用的折射率分布是针对二次折射率介质的, 在这种介质中折射率从圆柱体轴心向外径向平稳下降 (见图 1.3(a)):

$$n^2 = n_0^2 \left(1 - (gr)^2\right), \quad r^2 = x^2 + y^2 \quad (1.16)$$

式中, g 是曲率系数且 $gr << 1$。为取代阶跃折射率光纤, 通过对材料进行掺杂在梯度折射率光纤中实现了这样一种分布。在一块圆柱形玻璃中, 这样一种折射率分布可以起到透镜的作用, 被称为 GRIN (梯度折射率) 透镜[47]。一块 GRIN 透镜可以粘接在一根光纤的端口, 而且可以与光纤芯

径相匹配用于聚焦或者将图像传出光纤。在光线方程中, 傍轴近似条件下, 有 $\mathrm{d}/\mathrm{d}s = \mathrm{d}/\mathrm{d}z$, 同时从式 (1.16) 可以得到 $\partial n/\partial r = n_0 g^2 r$。因此, 光线方程可以简化成

$$\frac{\mathrm{d}^2 r}{\mathrm{d}z^2} + g^2 r = 0 \tag{1.17}$$

该方程有正弦函数和余弦函数解。根据初始条件 $(r_0)_\mathrm{in}$ 和 $(\mathrm{d}r_0/\mathrm{d}z)_\mathrm{in} = (r_0')_\mathrm{in}$, 式 (1.17) 的一个解是

$$r = (r_0)_\mathrm{in} \cos(gz) + (r_0')_\mathrm{in} \frac{\sin(gz)}{g} \tag{1.18}$$

该解可通过代入式 (1.17) 得到验证。对于式 (1.17) 的折射率分布, 按照式 (1.18) , 其光线传播情况如图 1.3(b) 所示。

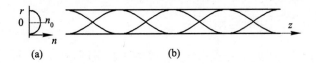

图 1.3　二次折射率材料中的光线

(a) 折射率分布; (b) 光线路径。

1.2.6　几何光学的矩阵表示法

借助几何光学的位置和斜率这两个参量, 就可描述圆对称光学元件中沿 z 方向傍轴近似传播的光束。这种描述可以用一个 2×2 矩阵来表示 [44,132,176]。

假设有一种材料折射率恒定、宽度为 d。对于这种介质, 光以直线传播 (见 1.2.3 节) 且光路不改变斜率, 即 $r_\mathrm{out}' = r_\mathrm{in}'$。在通过这种介质的宽度 d 之后, 光线的位置按照下式发生变化:

$$r(z)_\mathrm{out} = r(z)_\mathrm{in} + r'(z)_\mathrm{in} d \tag{1.19}$$

此处, 光线以 r' 为斜率传播一段距离 d 之后, 位置已经改变了 $r'(z)_\mathrm{in} d$。

因此, 针对位置和斜率矢量 $[r(z), r'(z)]^\mathrm{T}$, 可以写出一个将输出和输入关联起来的矩阵方程:

$$\begin{bmatrix} r(z) \\ r'(z) \end{bmatrix}_\mathrm{out} = \begin{bmatrix} 1 & d \\ 0 & 1 \end{bmatrix} \begin{bmatrix} r(z) \\ r'(z) \end{bmatrix}_\mathrm{in} \tag{1.20}$$

同样地, 在折射率由 n_1 到 n_2 变化的情况下, 光线可以按照下式传播:

$$\begin{bmatrix} r(z) \\ r'(z) \end{bmatrix}_{\text{out}} = \begin{bmatrix} 1 & 0 \\ 0 & \dfrac{n_1}{n_2} \end{bmatrix} \begin{bmatrix} r(z) \\ r'(z) \end{bmatrix}_{\text{in}} \tag{1.21}$$

此处, 光线的位置不变; 根据小角度条件下的斯涅耳定律, 其斜率 $\tan\theta \approx \sin\theta$, 斜率的变化为 n_1/n_2。

对于光线通过焦距为 f 的透镜的情况, 另一种常用的矩阵为

$$\begin{bmatrix} r(z) \\ r'(z) \end{bmatrix}_{\text{out}} = \begin{bmatrix} 1 & 0 \\ \dfrac{1}{-f} & 1 \end{bmatrix} \begin{bmatrix} r(z) \\ r'(z) \end{bmatrix}_{\text{in}} \tag{1.22}$$

此处透镜使光线的斜率改变 $-r(z)/f$。

一个有用的例子是光线在二次变化折射率介质中的传播。根据式 (1.18), 一个 2×2 阶矩阵可以写成下式并通过代入而得到验证:

$$\begin{bmatrix} r(z) \\ r'(z) \end{bmatrix}_{\text{out}} = \begin{bmatrix} \cos(gz) & \dfrac{\sin(gz)}{g} \\ -g\sin(gz) & \cos(gz) \end{bmatrix} \begin{bmatrix} r(z) \\ r'(z) \end{bmatrix}_{\text{in}} \tag{1.23}$$

其他矩阵在文献 [176] 中得到阐述。2×2 阶矩阵表示法的优点是, 对于一串 (或一列) 圆对称元件, 可以将矩阵相乘而得到单一的 2×2 阶矩阵来揭示通过该串元件的传播情况。其特点是任何矩阵的行列式为零。在 2.1.2 节中, 将使用矩阵元从左上角顺时针标记为 $ABCD$ 的 2×2 表示法来计算高斯光束在相应光学元件中的传输效应。

1.3 发射和接收光束的光学

利用光线追迹方法可以对发射和接收光束进行简单光学过程的模拟。在用于改变光束直径、以不同放大率级别观察一个目标或提高光束空间相干性的军用光学系统中, 扩束器、缩束器、望远镜、显微镜和空间滤波器的应用很频繁。这些系统可用两块薄折射透镜来搭建 [61]。更复杂的透镜设计可借助类似 Code V 这样的商用软件完成。下面首先讨论单一薄透镜系统和放大镜。

1.3.1 单一薄透镜成像

1.3.1.1 用于成像的凸透镜

如图 1.4(a) 所示 [61], 凸透镜 (正透镜) 的焦距就是平行光线 (准直光束) 聚焦到点 F' 的距离 f'。如图 1.5 所示, 单一透镜可用于成像, 即用于使一个输入物体的副本成为大小和位置不同的输出像。一个物体 U_o 位于焦距为 f 的透镜 L 前方距离 d_o (下标 o 代表物体) 处, 像 U_i (下标 i 代表像) 位于透镜后方距离 d_i 处 (不要将下标 o 和 i 与输出和输入相混淆)。为了得到清晰的像, 必须满足透镜方程:

$$\frac{1}{d_o} + \frac{1}{d_i} = \frac{1}{f}, \quad m = \frac{-d_i}{d_o} \tag{1.24}$$

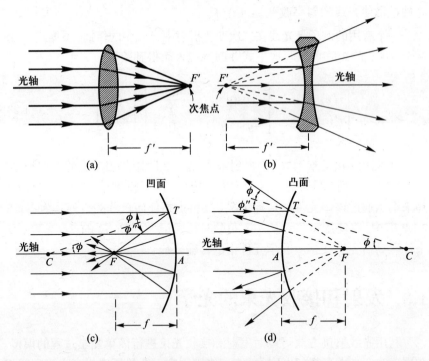

图 1.4 对准直平行光调焦

(a) 凸透镜; (b) 凹透镜; (c) 凹面镜; (d) 凸面镜。

图像放大率即横向放大率 m 中的负号是指所成的像是颠倒的。通过配戴反相眼镜, 大脑颠倒了人眼中的图像。值得注意的是, 透镜的设计者可应

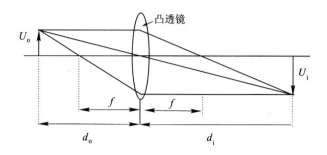

图 1.5   单一薄透镜成像

用使等式发生变化的不同规则; 例如, 在光学元件左边的距离往往被定义成负数。

值得注意的是, 由于光线可以经过透镜和反射镜反向传播, 因此图像可以被颠倒。如图 1.4(b) 所示, 在凹透镜中, 平行的光线会被发散。在右边的观察者会认为光线是由位于 F' 的点源发射出来的。与凸透镜不同, 这是一个虚点源, 因为放一张纸在 F' 处不能看到一个实像。对凹透镜应用透镜方程式 (1.24) 时, 凸透镜焦距 f 需要被凹透镜焦距 $-f$ 取代。

如图 1.4(c) 所示, 在使平行光线聚焦方面, 凹面镜起着与凸透镜类似的作用。但光线是在面镜的左边被折回来聚焦而不是穿透过去。由于面镜能折叠光路, 重量轻, 体积小, 因此它优于透镜。类似地, 如图 1.4(d) 所示, 凸面镜起着折叠凹透镜的作用。

1.3.1.2   用作放大镜的凸透镜

作为简单的显微镜, 单一透镜可用来将物体放大, 使其超过不用放大透镜时的尺寸。这种系统在一些更复杂的装置中被用作目镜。一般眼睛能对一物体精确聚焦的最近距离就是标准的明视距离 $s' = 25$ cm。若眼睛能看清靠得更近的物体, 其图像将占据视网膜的更大面积且物体看起来会更大。如图 1.6 所示, 利用放大镜, 通过在明视距离 s' 处成一个虚像, 就可将物体拉到比眼睛的最短分辨距离更近的地方, 比如, 拉到眼睛前方距离 d_o 处 [61]。根据透镜成像规则即式 (1.24), 将 s' 用负号表示 (因其相对于图 1.5 来说处于透镜的另一侧), 有

$$\frac{1}{d_o} = \frac{1}{s'} + \frac{1}{f} = \frac{f + s'}{f s'} \tag{1.25}$$

没有放大镜时目标张角 θ 和使用放大镜后的张角 θ' 为

$$\tan \theta = \frac{y}{s'}$$

$$\tan \theta' = \frac{y}{d_{\mathrm{o}}} = y \frac{f + s'}{f s'} \tag{1.26}$$

此处, 第二个方程用到了式 (1.25)。因此, 在小角度情形下, 对 $1/d_{\mathrm{o}}$ 应用式 (1.25), 可将角度或尺寸放大率写成

$$M = \frac{\theta'}{\theta} = \frac{s'}{d_{\mathrm{o}}} = \frac{s'}{f} + 1 \approx \frac{s'}{f} \tag{1.27}$$

对于以厘米为单位的焦距 f 和最小明视距离 $s' = 25$ cm, 放大能力为 $M = 25/f$。大写字母 M 有别于式 (1.24) 中的横向放大率 m。

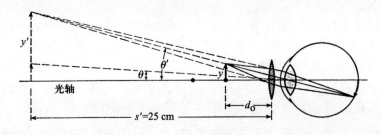

图 1.6   放大镜

1.3.2   扩束器

扩束器通常用于增大光束武器和光通信的光束直径。扩束会减弱光在大气中传输时的衍射效应。光束直径较大的光源将比较小的光源随距离发散得更小 (见 3.3.5 节), 也就是说, 例如, 如果式 (3.20) 中 Δs 增大, 那么 $\Delta \theta$ 就要减小 (见 3.2.2 节)。因此, 当光束被发射到空气中用于光通信以取代微波链路或者用作传能光线时, 光束的直径会被扩大以便将光束的发散减到最小。较粗的光束因其横断面上的平均效应而受到湍流的影响更小 (见第 5 章)。

图 1.7 揭示了如何用两个不同焦距 f_1 和 f_2 的凸透镜 L_1 和 L_2 将准直光束的直径从 d_1 扩大到 d_2。按照类似的三角关系, 用凹透镜替代第一个透镜 L_1, 扩束器也可被制作得更短, 如图 1.8 所示。

$$\frac{d_2}{d_1} = \frac{f_2}{f_1} \tag{1.28}$$

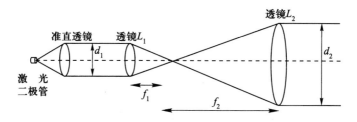

图 1.7　用于减弱大气中光束发散效应的扩束器

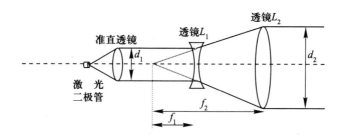

图 1.8　用凹透镜作为第一个透镜的扩束器

1.3.3　缩束器

如图 1.9 所示, 缩束器和扩束器是相反的。在光通信链路的接收机中, 要将入射准直光束的直径从 d_1 减小到 d_2, 以使其与光学传感器的尺寸相匹配。按照类似的三角关系, 图像或横向放大率 m 为

$$m = \frac{d_2}{d_1} = \frac{f_2}{f_1} \tag{1.29}$$

在实际的光学链路中, 位于发射端的扩束器使光束轻微会聚。光束的剖面通常是呈高斯分布的 (见 2.1 节), 其传输遵循在 2.1.2 节中所描述的规律。

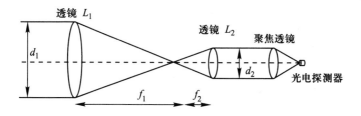

图 1.9　减小准直光束直径的缩束器

1.3.4 望远镜

缩束器 (见 1.3.3 节) 具有折射式望远镜的结构, 通过透镜 L_1 形成一个像, 通过透镜 L_2 再次成像到无穷远处以便用眼睛观察, 而扩束器 (见 1.3.2 节) 具有与望远镜相反的结构。图 1.10 给出了折射式望远镜更为常见的结构描述, 图中 Q' 处的实像位于两个透镜的焦点上 [61]。从无穷远处目标发出的平行光线与光轴成张角 θ 入射, 并在 Q' 处形成一个像。2θ 被称为视场角。在缺乏独立光阑的情况下, 物镜充当孔径光阑或入射瞳孔的角色[61]。第二个透镜通常被称为目镜, 它将 Q' 处的像放大以便在无穷远处呈现一个更大的虚像 Q'' (见 1.3.1.2 节)。此虚像对人眼呈现一个角度 θ'。角度放大率或放大能力 M(横向放大率的倒数) 为

$$M = \frac{\theta'}{\theta} = \frac{f_\text{o}}{f_\text{e}} \tag{1.30}$$

考虑到透镜重量这一因素, 采用折射式透镜建造的大型天文望远镜被限制在直径 1m 左右。直径更大的更高分辨率望远镜则采用反射镜, 这在下文讨论。

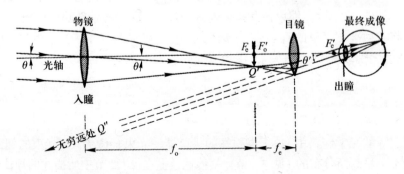

图 1.10 望远镜

1.3.4.1 卡塞格林望远镜

卡塞格林 (Cassegrain) 望远镜拥有常见的圆盘状外观, 并在军用系统中用于发送和接收信号以降低相对于折射透镜望远镜的重量和尺寸 (见 16.2.5 节、15.1.1 节和 12.2 节)。图 1.11(a) 展示了用作扩束器来发射光束的反向望远镜。输入光束穿过大凹面镜上的一个小孔到达小凸面镜上。与图 1.8 中透镜式扩束器相比, 反向卡塞格林望远镜用将光散布到凹面镜上

的小凸面镜替代了第一个小凹透镜 L_1，该凹面镜替代了图 1.8 中第二个透镜 L_2。最终输出孔径尺寸接近于较大面镜的直径。

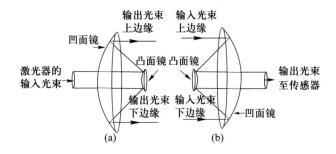

图 1.11   作为光束扩展器 (即反向望远镜) 和望远镜的卡塞格林天线

(a) 光束扩展器 (即反向望远镜); (b) 望远镜。

相反的结构则是一个望远镜，如图 1.11(b) 所示。大凹面镜的孔径决定了系统的图像分辨率。从凹面镜反射的光线聚焦至小凸面镜，然后穿过凹面镜上的小孔进入 CCD 图像传感器。如图 1.12 所示[125]，这种结构在 400

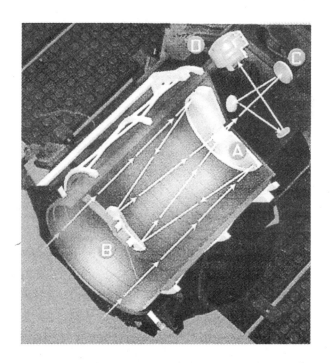

图 1.12   "地球眼" 卫星卡塞格林望远镜内部的光学器件

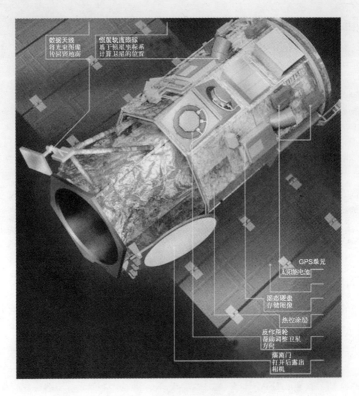

图 1.13　"地球眼" 成像卫星

英里^①以上的 "地球眼" (Geoeye) 成像卫星中得到了应用。这类成像卫星对于为军事活动提供情报信息以及为类似谷歌 (Google) 的商业投资提供数据资料都是十分关键的。如图 1.13 所示 ^[125], 2008 年发射的一颗地球眼卫星还包含其他很多系统, 如太阳能电池板、全球导航定位系统 (GPS)、恒星跟踪系统 (将其与 GPS 结合一起可对目标实现精度 3m 以内的定位)、图像存储以及用于在越过指定地面站上空时将信号传回地球的数据天线。根据 2009 年前的公开文献, 共计有 31 个国家发射了 51 颗成像卫星在轨, 其分辨率介于 0.4 ~ 56 m 之间; 另外, 18 个国家发射了 10 颗雷达卫星^[125]。军事和商业部门依赖这些卫星以及机密的卫星来获取与敌对活动和环境问题威胁预警有关的情报, 依赖全球定位卫星来引导导弹和定位美国及其盟国的人员和运载工具, 依赖通信卫星进行战场通信, 并依赖机密的反卫星卫星来对付别国卫星。因此, 尽管在最近的战争中对空间的控制是足够

_____

　　①英里为非法定计量单位, 1 英里 = 1609.344 m。—— 译者注

的, 但在未来战争中对卫星空间的控制将至关重要。绝大多数卫星容易受到来自地面、飞机以及其他卫星的激光攻击。例如, 成像卫星可被激光照射致盲, 而且对绝大多数卫星而言其太阳能电池阵列能被激光轻易损伤从而使太阳能电源丧失能力。所以, 正如在第 14 章中讨论的, 军用卫星也应配备激光告警装置以及类似激光器和电子对抗手段这样的保护措施。

1.3.4.2　内史密斯望远镜

有时为了便于安装类似光谱分析仪这样的后续设备, 一种改进的卡塞格林望远镜得到应用。在该望远镜中, 光束是通过使用第三个面镜引出而不是穿过初级面镜上的小孔; 它与科得 (Coudé) 望远镜相关, 被称为内史密斯 (Nasmyth) 望远镜, 其布局如图 15.1 所示。

1.3.5　显微镜

如图 1.14 所示, 典型的双透镜显微镜具有与扩束器 (见 1.3.2 节) 相类似的结构。一个微小的物体 (此处为一个箭头) 正好被放置在物镜的焦距以内, 根据透镜成像定律即式 (1.24) 可知, 其所成像的放大倍数为 $m_\mathrm{o} = x'/f_\mathrm{o}$。根据 1.3.1.2 节式 (1.27) 可知, 目镜的焦距 f_e 具有放大倍数 $M_\mathrm{e} = s'/f_\mathrm{e}$, 此处对人眼来说最小的明视距离是 $s' = 25\,\mathrm{cm}$。所以, 显微镜总的放大倍数为[61]

$$M = m_\mathrm{o} M_\mathrm{e} = \frac{x'}{f_\mathrm{o}} \frac{s'}{f_\mathrm{e}} \tag{1.31}$$

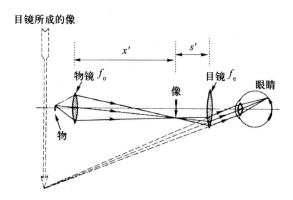

图 1.14　显微镜

1.3.6 空间滤波器

空间滤波器应用于干涉仪以及高功率激光装置不同功率放大级之间，以提高空间相干性 (见第 8 章和 13.2.1 节)。空间放大器看上去与图 1.7 类似，但它有一个尺度非常小、通常为微米量级且被精确置于两个透镜共焦点处的针孔，如图 1.15 所示。针孔的调整需很高精度，以确保针孔在光束的焦点处能刚好使主要能量穿过去。经过滤波，从针孔右侧出来的光就像来自一近乎理想的点光源，该点光源产生近乎理想的球面波。针孔越小，光波就越接近理想球面波。需要注意的是，如果针孔过小，光束就会消失。就如图 1.7 中一样，跟随在针孔之后的准直透镜将球面波转化为近乎理想的平面波。

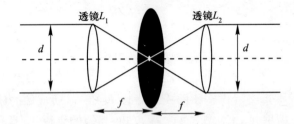

图 1.15　空间滤波器提高空间相干性以获得更高质量的光束

由于在高功率条件下非线性效应的影响，光学放大器会导致光学畸变。空间相干性会退化，平面波的波阵面上也会出现一些其指向偏离光轴的区域。因此，空间滤波器常被用于对放大后的光束进行整形。在一系列功率放大器中 (见 13.2.1 节)，每个放大器后面放置的一个空间滤波器将防止光波的畸变积累到难以接受的地步。就像在国家基础激光系统 (National Infrastructure Laser) 中一样 (见第 13 章)，由于闪光灯持续发光时间足够长，能使待放大的光束通过几次，因此，光束甚至能在同一放大器中反复穿过。另一种借助自适应光学来提高光束质量的方法在 5.3.2 节中介绍，此方法在 12.2.2 节和 12.2.3 节涉及的机载激光系统中得到应用。

第 2 章

高斯光束与偏振

激光束通常在中心处亮度更高, 其横截面上的光强接近高斯或正态分布。激光束也往往有一个确定的偏振态即电场运动方向。例如, 在带有矩形波导的激光二极管中, 偏振很可能就在矩形的长边方向上。

在 2.1 节中, 对高斯光束的光斑尺寸、曲率及其在透镜系统中的传输特性进行分析。在 2.2 节中, 对如何表征、分析和控制偏振进行描述。

2.1 高斯光束

激光器的输出光束其中心处一般要比边缘部分亮, 且其横截面上的光强剖面常可近似为高斯分布, 这就构成了高斯光束[148,176]。不同类型的激光其远场与高斯光束的符合程度不同。在激光二极管中 (见 7.2 节), 光束从一个小波导中发出, 这会导致光束通过衍射而大角度发散。光源口径越小, 其发出的相干光将会随传输距离发散得越厉害 (见 3.3.5 节)。例如, 如果式 (3.20) 中的 Δs 变小, 那么发散角 $\Delta \theta$ 就会变大 (见 3.2.2 节)。透镜可以使激光束光斑变小并且很接近于高斯分布。在其他类型激光系统中, 使用凹面镜可促进高斯光束形成[176]。

高斯概率密度分布函数只有两个参数 —— 平均值和方差; 与之相似, 高斯光束也可只用两个参数表示 —— 曲率半径 R 和光斑半径 W。通过跟踪这两个参数, 就可以对高斯光束在光学元件之间以及大气湍流中的传输做出分析。

2.1.1　高斯光束的描述

沿 z 轴传输的平面波的复振幅通过复包络 $A(r)$ 进行调制。$A(r)$ 在横截面上呈高斯分布，在 z 轴上随着光束的扩展和压缩进行变化。为了简单起见，可忽略偏振效应，此时的平面波可以表示为

$$U(r) = A(r, z) \exp(-\mathrm{j}kz) \tag{2.1}$$

大气中激光传播的单频调制波满足时间调和方程即亥姆霍兹 (Helmholtz) 方程：

$$\nabla^2 U + k^2 U = 0 \tag{2.2}$$

在柱坐标中，分离 r 中的横向分量和传输方向 z 轴的分量，从而得到

$$\frac{\partial^2}{\partial r^2}U + \frac{\partial^2}{\partial z^2}U + k^2 U = 0 \tag{2.3}$$

现通过将式 (2.1) 代入式 (2.3) 来推导出包络 $A(r)$ 的式 (2.7)，代入后可得

$$\frac{\partial^2}{\partial r^2}(A(r,z)\exp(-\mathrm{j}kz)) + \frac{\partial^2}{\partial z^2}(A(r,z)\exp(-\mathrm{j}kz)) + k^2 A(r,z)\exp(-\mathrm{j}kz) = 0 \tag{2.4}$$

考虑式 (2.4) 中的第二项。由于 $A(r,z)\exp(-\mathrm{j}kz)$ 项是两个关于 z 的函数相乘，所以 $A(r,z)\exp(-\mathrm{j}kz)$ 对 z 求两次导数会出现四项。对 $A(r,z)\exp(-\mathrm{j}kz)$ 求其一阶导数，可得

$$\frac{\partial}{\partial z}(A(r,z)\exp(-\mathrm{j}kz)) = A(r,z)(-\mathrm{j}k)\exp(-\mathrm{j}kz) + \exp(-\mathrm{j}kz)\frac{\partial A(r,z)}{\partial z} \tag{2.5}$$

对 $A(r,z)\exp(-\mathrm{j}kz)$ 求其二阶导数或者对式 (2.5) 求导，可得

$$\begin{aligned}
\frac{\partial^2}{\partial z^2}&(A(r,z)\exp(-\mathrm{j}kz)) \\
&= A(r,z)(-k^2)\exp(-\mathrm{j}kz) + (-\mathrm{j}k)\exp(-\mathrm{j}kz)\frac{\partial A(r,z)}{\partial z} \\
&\quad + \exp(-\mathrm{j}kz)\frac{\partial^2 A(r,z)}{\partial z^2} + \frac{\partial A(r,z)}{\partial z}(-\mathrm{j}k)\exp(-\mathrm{j}kz)
\end{aligned} \tag{2.6}$$

采用慢变化近似 $\dfrac{\partial^2 A}{\partial z^2} \ll \dfrac{\partial A}{\partial z}$ (参见式 (8.13)[176])，忽略式 (2.6) 右侧第三项，合并第二项和第四项，并将式 (2.4) 代入以消掉第一项，则可得到傍轴亥姆霍兹方程：

$$\nabla_r^2 A(r,z) - 2\mathrm{j}k\frac{\partial A(r,z)}{\partial z} = 0 \tag{2.7}$$

式中, $\nabla_r^2 = \frac{\partial^2}{\partial x^2} + \frac{\partial^2}{\partial y^2}$。式 (2.7) 给出了 $\frac{\partial A}{\partial z}$, 由此可知包络 A 沿 z 轴的传输情况。对式 (2.7) 的积分给出了对于近轴球面波的抛物面波近似 (见 1.1 节):

$$A(\boldsymbol{r}) = \frac{A}{z} \exp\left(-\mathrm{j}k\frac{\rho^2}{2z}\right) \tag{2.8}$$

式中, $\rho^2 = x^2 + y^2$。式 (2.8) 是式 (2.7) 的解, 这一点可以通过将式 (2.8) 代入式 (2.7) 或者是对式 (2.8) 适当求导来进行验证[148]。

将 z 变换为一个纯虚数 $\mathrm{j}z_0$, 就可以从抛物面波得到高斯光束:

$$q(z) = z + \mathrm{j}z_0 \tag{2.9}$$

此处 z_0 称为瑞利 (Rayleigh) 值域。因此, 在式 (2.8) 中用式 (2.9) 定义的 $q(z)$ 替换 z, 得到

$$A(\boldsymbol{r}) = \frac{A_1}{q(z)} \exp\left\{-\mathrm{j}k\frac{\rho^2}{2q(z)}\right\} \tag{2.10}$$

接下来, 我们将证明, 式 (2.10) 中两次出现的复数项 $1/q(z)$ 能够完整地描述高斯光束在 z 点的传输情况: 其实部能够表述波阵面的曲率半径 $R(z)$, 而虚部可以描述光斑尺寸 $W(z)$ 即峰值幅度 $1/e$ 处的光斑半径。将式 (1.9) 的倒数分解为实部和虚部, 可得

$$\frac{1}{q(z)} = \frac{1}{z + \mathrm{j}z_0} = \frac{z - \mathrm{j}z_0}{z^2 + z_0^2} = \frac{z}{z^2 + z_0^2} - \mathrm{j}\frac{z_0}{z^2 + z_0^2} \tag{2.11}$$

实部即式 (2.11) 倒数第二项的倒数定义了曲率半径 $R(z)$

$$R(z) = z\left[1 + \left(\frac{z_0}{z}\right)^2\right] \tag{2.12}$$

如图 2.1 所示, 式 (2.12) 描述了与曲率半径 $R(z)$ 相联系的波阵面是如何随传输距离而被放大和压缩的。式 (2.11) 中最后一项的倒数的虚部乘以 $\frac{\lambda}{\pi}$, 就定义了光束半径 $W(z)$

$$W^2(z) = \frac{\lambda}{\pi}z_0\left[1 + \left(\frac{z}{z_0}\right)^2\right] \tag{2.13}$$

利用式 (2.12) 和式 (2.13), 可根据 R 和 W 改写式 (2.11), 得到

$$\frac{1}{q(z)} = \frac{1}{R(z)} - \mathrm{j}\frac{\lambda}{\pi}\frac{1}{W^2(z)} \tag{2.14}$$

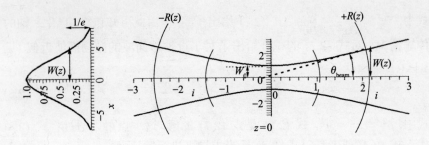

图 2.1   高斯光束的传输

值得注意的是, 式中 πW^2 恰好是峰值幅度 $1/e$ 内的光斑面积。从式 (2.13) 可看出, 当 $z = 0$ 时, 束腰即光束最窄的部分为

$$W_0^2 = \frac{\lambda}{\pi} z_0 \tag{2.15}$$

如图 2.1 所示, 将式 (2.15) 代入式 (2.13), 可根据束腰尺寸 W_0 和离束腰的距离 z 得到光束半径 $W(z)$

$$W^2(z) = W_0^2 \left[1 + \left(\frac{z}{z_0} \right)^2 \right] \tag{2.16}$$

由式 (2.11) 和式 (2.16) 可得, $\frac{1}{q(z)}$ 的振幅和相位可分别写为

$$\frac{1}{\sqrt{z^2 + z_0^2}} = \frac{1}{z_0} \frac{W_0}{W(z)}, \quad \zeta(z) = \arctan \frac{z}{z_0} \tag{2.17}$$

为获得高斯光束的包络, 下面对式 (2.10) 进行分析。在式 (2.10) 振幅部分, 由式 (2.17) 用 $\frac{1}{q(z)}$ 的实部和虚部替换 $\frac{1}{q(z)}$。在式 (2.10) 的相位部分, 由式 (2.14) 替换 $\frac{1}{q(z)}$ 的实部和虚部。高斯光束复包络的最终表达式可写成

$$A(\boldsymbol{r}) = \frac{A_1}{z_0} \frac{W_0}{W(z)} \exp\{j\zeta(z)\} \exp\left[-jk\frac{\rho^2}{2} \left(\frac{1}{R(z)} - j\frac{\lambda}{\pi} \frac{1}{W^2(z)} \right) \right] \tag{2.18}$$

因此, 利用在大气中 $k = 2\pi/\lambda$ 的关系, 并将复包络即式 (2.18) 中的 $A(\boldsymbol{r})$ 代入高斯光束波场的复振幅即式 (2.1), 得到

$$U(\boldsymbol{r}) = \frac{A_1}{z_0} \frac{W_0}{W(z)} \exp\left[-\frac{\rho^2}{W^2(z)} \right] \exp\left[-jkz - jk\frac{\rho^2}{2R(z)} + j\zeta(z) \right] \tag{2.19}$$

高斯光束的性质在图 2.1 中是显而易见的, 并已经在其他情况下得到了详细阐述[148,176]。

2.1.2 服从 $ABCD$ 定律的高斯光束

有趣的是, 对一个光学元件来说, 从左上方元素顺时针标记为 $ABCD$ 的 2×2 阶矩阵 (见 1.2.6 节) 就足以描述高斯光束在此光学元件中传输时从 q_1 到 q_2 的变化[148,176], 正如式 (2.14) 所描述的那样。对通过光学元件的传输而言, 高斯光束的变换服从 $ABCD$ 定律, 即

$$q_2 = \frac{q_1 A + B}{q_2 C + D} \tag{2.20}$$

对傍轴光波而言, 式 (2.20) 在文献 [176] 和文献 [148] 中分别得到了解析法和归纳法证明。在归纳法证明中, 光路上的每个元素, 无论有多么复杂, 都可以在沿 z 轴的方向上离散为薄片; 这些薄片要么按照矩阵式 (1.20) 改变光束的位置, 要么按照式 (1.21) 改变光束的斜率。接下来证明, 式 (2.20) 在两种情况下都可以给出高斯光束参数 q 的正确变化。因此, 对于任何光学元件而言, 借助归纳法, 式 (2.20) 都能提供高斯光束的传输信息。

当高斯光束穿过具有恒定折射率的厚片时, 光线的斜率保持不变, 但是光线的位置会随着距离发生变化 (可以认为光线沿着高斯光束幅值的 $1/e$ 边缘传播)。设入射处为 q_1、出射处为 q_2, 从式 (2.9) 可得

$$q_2 = z_2 + \mathrm{j}z_0, \quad q_1 = z_1 + \mathrm{j}z_0 \tag{2.21}$$

对于一个薄片, 将式 (2.21) 中的两个等式相减, 得到

$$q_2 - q_1 = z_2 - z_1 = d \tag{2.22}$$

式中, d 是厚片的厚度。

在穿过一个厚度为 d 的厚片传输时, 将式 (1.20) 中矩阵元素 $A = 1$, $B = d$, $C = 0$ 和 $D = 1$ 代入 $ABCD$ 定律即式 (2.20) 中, 从而给出

$$q_2 = \frac{q_1 \times 1 + d}{q_1 \times 0 + 1} = q_1 + d \tag{2.23}$$

此式与式 (2.22) 相同, 这在厚片传输情况下就证明了 $ABCD$ 定律。

高斯光束穿过折射率从 n_1 到 n_2 变化的电介质界面时, 界面两侧的光束半径 W 保持不变, 但是光线的斜率由于折射的原因而在界面处发生变化。由式 (2.14) 可得

$$\frac{1}{q_2} = \frac{1}{R_2} - \mathrm{j}\frac{\lambda_2}{\pi}\frac{1}{W^2}, \quad \frac{1}{q_1} = \frac{1}{R_1} - \mathrm{j}\frac{\lambda_1}{\pi}\frac{1}{W^2} \tag{2.24}$$

假设光线沿着高斯光束的边缘 $(1/e$ 幅值)(见图 2.2) 以轴向夹角 θ_1 入射到界面上, 其曲率半径为 R_1, 在界面上的光斑半径为 W。在界面处经过折射后, 虽然光束半径 W 保持不变, 但是与水平方向上的角度变为 θ_2, 并且曲率半径也变为 R_2。于是有

$$\frac{W}{R_1} = \sin\theta_1, \quad \frac{W}{R_2} = \sin\theta_2 \tag{2.25}$$

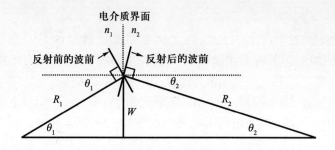

图 2.2　电介质界面处高斯光束的折射

将两个等式相除, 并利用斯涅耳定律, 可得

$$\frac{R_2}{R_1} = \frac{\sin\theta_1}{\sin\theta_2} = \frac{n_2}{n_1} \quad \text{或} \quad \frac{1}{R_2} = \frac{n_1}{n_2}\frac{1}{R_1} \tag{2.26}$$

由于波长与折射率成反比 $(\lambda = c/n)$, 因此可以得到

$$\lambda_2 = \frac{n_1}{n_2}\lambda_1 \tag{2.27}$$

将式 (2.26) 中 R_2 和式 (2.27) 中 λ_2 代入式 (2.24) 第一个等式, 就会发现在 (下面) 第一个等式中高斯光束参数变为 q_2, 有

$$\frac{1}{q_2} = \frac{n_1}{n_2}\left(\frac{1}{R_1} - j\frac{\lambda_1}{\pi}\frac{1}{W^2}\right) \quad \text{或} \quad \frac{1}{q_2} = \frac{n_1}{n_2}\frac{1}{q_1} \tag{2.28}$$

式 (2.24) 中的第二个等式可以用来得到式 (2.28) 中的第二个等式。

　　将式 (1.21) 中的矩阵元 $A = 1$, $B = 0$, $C = 0$ 和 $D = n_1/n_2$ 代入式 (2.20), 并利用 $ABCD$ 定律, 可得

$$q_2 = \frac{q_1 \times 1 + 0}{q_1 \times 0 + n_1/n_2} = q_1\frac{n_2}{n_1} \quad \text{即} \quad \frac{1}{q_2} = \frac{n_1}{n_2}\frac{1}{q_1} \tag{2.29}$$

此式与式 (2.28) 相同, 这就在从一种折射率介质穿越到另一种的情况下证明了 $ABCD$ 定律。

由上可见, 由于任何光学元件都可以通过若干薄片来描述, 而这些薄片不是折射率恒定就是两种不同介质之间的电介质界面, 所以, 我们已针对所有情况通过归纳方法证明了 $ABCD$ 定律即式 (2.20)。

2.1.3 利用透镜产生和接收高斯光束

图 2.3 给出了束腰 W_{01} 位于凸透镜前距离 d_1 处的高斯光束, 凸透镜将光聚焦到其后方距离 d_2 处的束腰 W_{02}[176]。这里分别用 q_1 和 q_2 表示入射束腰和出射束腰处的复高斯光束参数。这样, 由式 (2.14) 可知, 在束腰处, 曲率半径 $R_1 = \infty$ 即 $1/R_1 \to 0$, 有

$$\frac{1}{q_1} = -\mathrm{j}\frac{\lambda}{\pi}\frac{1}{W_{01}^2} = \frac{1}{\mathrm{j}z_1} \quad 即 \quad q_1 = \mathrm{j}z_1 \tag{2.30}$$

式中使用了共焦参数 z_1, z_1 表示束腰半径扩展 $\sqrt{2}$ 倍后的距离, 也就是说, 在式 (2.16) 中 $z = z_0$。同理, 对于 $R_2 = \infty$ 即 $1/R_2 \to 0$ 的情况, 有

$$\frac{1}{q_2} = -\mathrm{j}\frac{\lambda}{\pi}\frac{1}{W_{02}^2} = \frac{1}{\mathrm{j}z_2} \quad 即 \quad q_2 = \mathrm{j}z_2 \tag{2.31}$$

对于折射率为 n 的介质, 可以将 λ 替换为 λ/n。

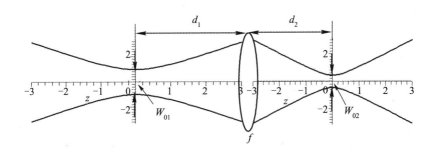

图 2.3   高斯光束的聚焦

对于一个从入射束腰处传到出射束腰处的光束, 为了确定 A、B、C 和 D, 按三个传输矩阵的顺序 (出现的顺序) 反过来描述其乘积, 这三个矩阵分别对应于经过距离 d_1 向透镜的传输 (即式 (1.20))、通过透镜的传输

(即式 (1.22)) 和经过距离 d_2 向出射束腰处的传输, 有

$$
\begin{pmatrix} A & B \\ C & D \end{pmatrix} = \begin{pmatrix} 1 & d_2 \\ 0 & 1 \end{pmatrix} \begin{pmatrix} 1 & 0 \\ \dfrac{1}{-f} & 1 \end{pmatrix} \begin{pmatrix} 1 & d_1 \\ 0 & 1 \end{pmatrix}
$$

$$
= \begin{pmatrix} 1 - \dfrac{d_2}{f} & d_1 + d_2 - \dfrac{d_1 d_2}{f} \\ \dfrac{1}{-f} & 1 - \dfrac{d_1}{f} \end{pmatrix} \tag{2.32}
$$

结合式 (2.30) 和式 (2.31), 将式 (2.32) 中的 A、B、C 和 D 代入 $ABCD$ 定律即式 (2.20)。同时, 考虑 $ABCD$ 矩阵的单峰性, 即 $AD - BC = 1$。如图 2.3 所示, 高斯光束复传输参数 q 在从入射束腰处传输到出射束腰处的过程中由 q_1 转换到 q_2。而 q_1 和 q_2 则由式 (2.30) 和式 (2.31) 中各自的共焦参数 z_1 和 z_2 描述, 有

$$
\mathrm{j}z_2 = \frac{\mathrm{j}z_1 A + B}{\mathrm{j}z_1 C + D} = \frac{(\mathrm{j}z_1 A + B)(-\mathrm{j}z_1 C + D)}{(z_1^2 C^2 + D^2)} = \frac{AC z_1^2 + BD + \mathrm{j}z_1}{C^2 z_1^2 + D^2} \tag{2.33}
$$

按照式 (2.30) 和式 (2.31), 根据大气中 ($n = 1$) 入射和出射光斑尺寸 W_{01} 和 W_{02}, 共焦参数 z_1 和 z_2 分别为

$$
z_1 = \frac{\pi W_{01}^2}{\lambda}, \quad z_2 = \frac{\pi W_{02}^2}{\lambda} \tag{2.34}
$$

令式 (2.33) 左右两边的实部相等, 可得

$$
AC z_1^2 + BD = 0 \quad 即 \quad z_1^2 = -\frac{BD}{AC} \tag{2.35}
$$

令式 (2.33) 左右两边的虚部相等, 可得

$$
z_2 = \frac{z_1}{C^2 z_1^2 + D^2} \tag{2.36}
$$

为了寻找出射光斑尺寸 W_{02} 和入射光斑尺寸 W_{01} 之间的关系, 消去式 (2.35) 和式 (2.36) 中的 z_1^2, 利用矩阵的单峰性即 $AD - BC = 1$, 并由式 (2.32) 选定 $A = 1 - (d_2/f)$ 和 $D = 1 - (d_1/f)$, 可得

$$
z_2 = \frac{A}{D} z_1 = \frac{d_2 - f}{d_1 - f} z_1
$$

或者由式 (2.34) 可得

$$
W_{02}^2 = \frac{d_2 - f}{d_1 - f} W_{01}^2 \tag{2.37}
$$

一般希望出射处的位置和光斑尺寸只是入射参数的函数, 所以根据式 (2.37), 需要 d_2 成为 d_1 的函数。由式 (2.35), 代入式 (2.20) 中的 $ABCD$ 诸元素, 可得

$$z_1^2 = -\frac{BD}{AC} = -\frac{[d_1 + d_2 - (d_1 d_2)/f](1 - d_1/f)}{(1 - d_2/f)(-1/f)}$$

$$= (d_1 f + d_2 f - d_1 d_2)\left(\frac{d_1 - f}{d_2 - f}\right) \tag{2.38}$$

$$(d_2 - f)z_1^2 = -(d_1 - f)^2(d_2 - f) + f^2(d_1 - f) \tag{2.39}$$

因此, 出射束腰的位置 d_2 由下式给出:

$$(d_2 - f) = \left(\frac{f^2}{z_1^2 + (d_1 - f)^2}\right)(d_1 - f) \tag{2.40}$$

由式 (2.37) 可得 $(d_2 - f)/(d_1 - f) = W_{02}^2/W_{01}^2$, 将其代入式 (2.40), 可得出射处的束腰半径 W_{02} 为

$$W_{02}^2 = \left(\frac{f^2}{z_1^2 + (d_1 - f)^2}\right)W_{01}^2 \tag{2.41}$$

对图 2.3 中的一些特殊情况总结如下[176]:

(1) 一个点光源的入射光斑尺寸为 $W_{01} = 0$ 即式 (2.34) 中 $z_1 = 0$。于是, 式 (2.40) 在取 $z_1 = 0$ 时给出 $(d_2 - f)(d_1 - f) = f^2$ 即透镜定律 $1/d_1 + 1/d_2 = 1/f$。

(2) 对于平面波而言, $z_1 = \infty$, 由式 (2.40) 可得 $d_2 = f$。此时, 平面波聚焦到了后焦面的一个点上。

(3) 对于一个在前焦面 $d_1 = f$ 处的入射束腰, 由式 (2.40) 可得, 出射束腰位于后焦面上。

(4) 在激光武器系统中 (见 12.2 节), 对应于一个无穷大曲率半径即 $d_1 = 0$ 的光源处的近似平面波直接入射到透镜或反射镜, 可通过选择其焦距使光束聚焦到距离 d_2 的目标处束腰上。聚焦于一个高斯光束的束腰可以在目标区提供最高的强度。类似地, 安装于大多数军用车辆的激光预警装置中 (见 14.2.2 节), 透镜将平行的激光束聚焦到距离 d_2 处的探测器阵列上以便于进行侦察和判断方位。在上述的两种情况下, $d_1 = 0$ 时的式 (2.40) 给出了透镜与目标或探测器阵列之间的距离 d_2 为

$$(d_2 - f) = \frac{f^2}{z_1^2 + f^2}(-f) \quad 即 \quad d_2 = \frac{f}{1 + (f/z_1)^2} \tag{2.42}$$

此处, 共焦距离 z_1 可通过式 (2.34) 中的 W_{01} 和 λ 来得到。由式 (2.41), $d_1 = 0$ 时探测器阵列处的光束尺寸为

$$W_{02} = \frac{f}{\sqrt{z_1^2 + f^2}} W_{01} = \frac{f/z_1}{\sqrt{1 + (f/z_1)^2}} W_{01} \tag{2.43}$$

2.2 偏振

偏振与电磁波传播中横截面内电场矢量的运动方向相关联。偏振角 ψ 处于电磁波传播方向的横截方向, 并以 x 轴为基准来度量。其符号则通过顺着传播方向观察来进行判断。因此, 对一个常规的向西的右手坐标系 (对其可使用右手定则), 沿着传播方向 z 看去, 将横向的 x 轴画为垂直方向, 将横向的 y 轴画为水平方向。任意一个偏振都可表示为正交方向上的两个偏振之和, 例如, 对于正交的偏振, 将电磁波写为[16,83]

$$E'_x = E_x \cos(\tau + \phi_x), \quad E'_y = E_y \cos(\tau + \phi_y) \tag{2.44}$$

式中, $\tau = \omega t - k_z z$, ϕ_x 和 ϕ_y 分别是 E'_x 和 E'_y 的相位延迟。相位 ϕ 是时间的函数, 且不能与偏振角 ψ 混为一谈。将式 (2.44) 中的角度之和展开, 可得

$$\frac{E'_x}{E_x} = \cos(\tau)\cos(\phi_x) - \sin(\tau)\sin(\phi_x), \quad \frac{E'_y}{E_y} = \cos(\tau)\cos(\phi_y) - \sin(\tau)\sin(\phi_y) \tag{2.45}$$

将式 (2.45) 中第一个方程乘以 $\sin(\phi_y)$, 第二个方程乘以 $\sin(\phi_x)$, 将所得的两式相减即可消去最后一项, 得到

$$\left. \begin{array}{l} \dfrac{E'_x}{E_x}\sin(\phi_y) - \dfrac{E'_y}{E_y}\sin(\phi_x) = \cos(\tau)\sin(\Delta\phi) \\[2mm] \dfrac{E'_x}{E_x}\cos(\phi_y) - \dfrac{E'_y}{E_y}\cos(\phi_x) = \sin(\tau)\sin(\Delta\phi) \end{array} \right\} \tag{2.46}$$

式中, $\Delta\phi = \phi_y - \phi_x$。两等式分别平方, 然后相加, 可得

$$\left(\frac{E'_x}{E_x}\right)^2 + \left(\frac{E'_y}{E_y}\right)^2 - 2\frac{E'_x}{E_x}\frac{E'_y}{E_y}\cos(\Delta\phi) = \sin^2(\Delta\phi) \tag{2.47}$$

由于相关的行列式非负, 所以式 (2.47) 给出的是一个椭圆。典型的偏振椭圆如图 2.4(a) 所示。如果 E_x 与 E_y 之比发生变化, 则偏振角 ψ 也会

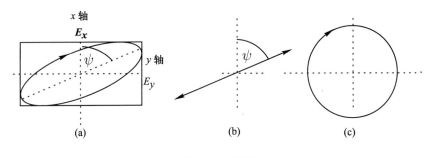

图 2.4　偏振

(a) 一般的椭圆偏振; (b) 特殊的线偏振; (c) 特殊的圆偏振。

变化。如果椭圆的短轴为零, 则偏振态恢复为线偏振 (见图 2.4(b)); 而当 $E_x = E_y$ 时, 椭圆就恢复为圆从而成为圆偏振。

对于线偏振而言, 当其与 x 轴方向的夹角 ψ 满足 $0 \leqslant \psi < \pi/2$ 时, 横切面内两正交偏振分量的相位差 $\Delta\phi = \phi_y - \phi_x = 0$; 满足 $\pi/2 \leqslant \psi < \pi$ 时, 则有 $\Delta\phi = \pi$。需注意的是, 由于电场 E 的振荡是从起始的一侧向另一侧, 所以在转过 $\psi = \pi$ 后偏振的情况就开始复现, 而与此相反的是, 像相位 ϕ 这类常规角度其周期则为 2π。

对于圆偏振而言, 有 $\Delta\phi = \phi_y - \phi_x = \pm\pi/2$。如果 x 方向的波峰就在 y 方向波峰之前, 那么 y 方向相位要比 x 方向滞后 $+\pi/2$, 这就导致右旋 (顺时针方向) 的偏振 (见图 2.4(c))。如果 x 方向的波峰就在 y 方向波峰之后, 那么 y 方向的相位就超前于 x 方向, 即滞后 $-\pi/2$, 这就导致左旋 (逆时针方向) 的偏振。

2.2.1　波片或相位延迟器

偏振可以通过一种称为波片或相位延迟器的各向异性晶体薄片来加以改变[83]。通常情况下使用单轴晶体, 单轴晶体三个正交轴的一个方向具有不同于另外两个方向的折射率, 而且该轴向与晶体薄片的平滑表面平行。这个独特的轴称为非常轴 (用下标 e 表示), 而另两个则称为寻常轴 (用下标 o 表示)。这个特别的方向称为光轴, 并在波片边缘用标有 "OA" 的圆点来标记。晶体内光的传播速度 v 取决于晶体折射率, $v = c/n$, 这里 c 是真空中的光速。因此, 偏振 (电场 E 振荡) 在光轴方向的光波其折射率是 n_e, 而偏振在光轴垂直方向上的光波其折射率则是 n_o。对于一个快晶体 (负晶体), 在光轴方向上偏振的光要比在垂直光轴方向上偏振的光传播得快; 这表明 $n_e < n_o$。因此, 穿过晶体后, 非常光的相位将超前于垂直方向上光波的相位。对于一个慢晶体 (正晶体), 有 $n_o < n_e$, 在光轴方向上偏振的光要比在垂直光轴方向上偏振的光传播得慢, 且其相位滞后于垂直方向上偏振的光。

2.2.1.1　$\lambda/2$ 波片

一个厚度为 d 的单轴晶体, 其光轴 OA 在 x 方向的晶体表面上, 如图 2.5(a) 所示。其各轴向上的折射率为 $n_x \equiv n_e$, $n_y = n_z \equiv n_o$。

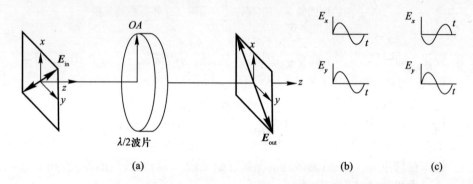

图 2.5　$\lambda/2$ 波片

(a) 用法示意图; (b) 入射波分量; (c) 出射波分量。

当光束穿过一个厚度为 d、折射率为 n 的介质时, 其光程即穿过空气的等效距离为 nd。考虑一个线偏振波正入射到晶体上, 并且其偏振方向与光轴的夹角为 $\psi = 45° \equiv \pi/4$。对一个 $\lambda/2$ 波片而言, 晶体厚度 d 正好使非常光比寻常光超前或滞后半个波长, 即 $|n_o - n_e|\, d = \lambda/2$。这样, 在光束穿出晶体处, 其 x 和 y 方向上的正交偏振分量将存在 $\Delta\phi = \pi$ rad 的一个相差, 这导致 $\psi = \pi/2$ 的偏振方向变化。由于对安全操作来说 d 可能太薄, 而且因为光波的周期特性, 光程可以按波长的任意整数倍 m 增大, 即

$$|n_o - n_e|\, d = \lambda/2 + m\lambda \tag{2.48}$$

如果波片的总厚度 d 要大于最小可操作厚度 d', 即 $d \geqslant d'$, 需首先从 $m = \mathrm{ceiling}(|n_o - n_e|\, d'/\lambda)$ (参考 maple ceil ( ) 函数) 求解次最大的整数 m 值, 然后将这个整数 m 值代入式 (2.48) 来得到恰当的厚度 d。图 2.5(b) 所示为入射波沿着 x 和 y 方向的分量。入射波的这两个分量是同步的, 这使它们同时增加从而构成矢量 $\boldsymbol{E}_{in}$。出射波这两个分量的相位差正好为 π,

这样当一个分量增加时另一个就减小, 如图 2.5(c) 所示; 二者共同构成矢量 E_{out}, 它与 E_{in} 之间偏振角相差 $\pi/2$。在该晶体后面放置一个线偏振器可选通或阻挡偏振角为 $\pi/4$ 的光束。对一电 – 光晶体施加电压就提供了一种通过切换输出光的开启和关闭以用于显示的机制。

2.2.1.2 λ/4 波片

如果晶体厚度 d 正好使非常光比寻常光超前或者延后 1/4 个波长, 即 $|n_{\text{o}} - n_{\text{e}}| d = \lambda/4$, 那么 x、y 方向上的相位差就变为 $\Delta\phi = \pi/2$, 该晶体就是一个 λ/4 波片, 如图 2.6 所示。λ/4 波片能够使 x 方向的偏振相位 ϕ 相对于 y 方向产生一个 $\Delta\phi = \pi/2$ 的相位差。如果一个偏振方向与光轴夹角为 $\psi = 45° \equiv \pi/4$ 的平面单色波垂直入射到晶体上, 那么, 该单色波将会拥有相等的非常光和寻常光分量。如果该晶体有一个类似方解石这样的快轴, 那么非常光将会比寻常光传播得快。相位变化 $\Delta\phi = \pi/2$ 会使一个线偏振光转化为一个圆偏振光, 如图 2.6(a) 中的 E_{out} 和图 2.6(b) 所示。入射光的分量如图 2.6(b) 所示; 出射光的分量如图 2.6(c) 所示, 其中 x 分量相对于 y 分量延迟了 90°。由于 x 分量相对于 y 分量延迟, 该圆偏振为左旋 (逆时针)。一般而言, 圆偏振光束的旋转方向取决于线偏振相对于光轴的方向, 并取决于该晶体是快晶体还是慢晶体。

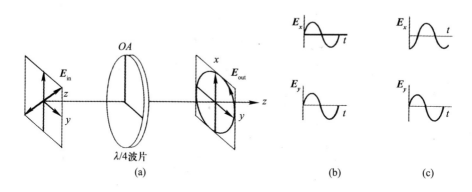

图 2.6 λ/4 波片

(a) 用法示意图; (b) 输入光波分量; (c) 输出光波分量。

值得注意的是, 两个连续放置的 λ/4 波片相当于一个 λ/2 波片。这一装置就被用在紧凑的光盘播放器中来分开入射和出射光束。在光盘播放器中, 二极管激光器发出的偏振光在被光盘反射前就经过一个偏振分束器和一个 λ/4 波片。从而分辨散射光束的凸点 (数字信号中的 "0") 的出现和反射光束的凸点的缺失。而信号为 "1"(平面) 的反射光偏振就发生了变化,因为方向从 z 变为了 $-z$。光束在返回通过 $\lambda/4$ 波片时,就使两个 $\lambda/4$ 波片的组合看起来像一个 $\lambda/2$ 波片一样。这样, 光束的偏振方向就和入射光束的偏振方向垂直。此时光束入射到偏振分束器上就会被偏折到光电探测器上而不是沿原路返回到二极管激光器中。如果光束返回到二极管激光器中, 就会和激光器本身的振荡发生干涉 (见 6.2 节)。这种结构可以使入射和出射光束光路相同, 省去了光路调整以及隔离器的使用。隔离器通过法拉第旋转器[176] 来阻挡特定方向上光束的传输。考虑到频率以及功率等因素, 隔离器在 94GHz 雷达准光学双工机 (见 16.2.4 节) 中得到了应用。

　　简而言之, 如果将单个 $\lambda/4$ 波片与一个反射镜一起使用, 那么反射回来的光束就会再次通过同一个 $\lambda/4$ 波片而不需要第二个 $\lambda/4$ 波片。也就是说, 两个相连的 $\lambda/4$ 波片就相当于一个 $\lambda/2$ 波片。上面已经提到过, 这种装置和偏振分束器一起应用到了小型光盘播放器中。偏振分束器可以将垂直偏振的光束反射到不同的方向, 从而将激光二极管发射的光源和光盘反射的光束分开。

2.2.2　斯托克斯参量

　　表述偏振有很多方法, 如斯托克斯 (Stokes) 参量、琼斯 (Jones) 积分、缪勒 (Mueller) 矩阵以及邦加 (Poincaré) 球等。斯托克斯参量采用一个偏振器和一个 $\lambda/4$ 波片对空间切向平面进行直接测量获得 $(\exp\{-jkz\}$ 项忽略不计)。在与传播方向垂直的方向上将两个正交分量场写为

$$\left.\begin{array}{l} E'_x = \mathrm{Re}[E_x \exp\{\mathrm{j}(\omega t + \phi_x(t))\}] \\ E'_y = \mathrm{Re}[E_y \exp\{\mathrm{j}(\omega t + \phi_y(t))\}] \end{array}\right\} \tag{2.49}$$

四个斯托克斯方程可以写为 (其中 $\Delta\phi = \phi_y - \phi_x$)

$$\left.\begin{array}{l} s_0 = |E_x|^2 + |E_y|^2 \\ s_1 = |E_x|^2 - |E_y|^2 \\ s_2 = 2|E_x||E_y|\cos(\Delta\phi) \\ s_3 = 2|E_x||E_y|\sin(\Delta\phi) \end{array}\right\} \tag{2.50}$$

　　这些参量测量值如下[16]。如果在 θ 角处使用一个线偏振器来测量该处的强度为 $I(\theta)$, 使用一个 $\lambda/4$ 波片和一个线偏振器测量在 θ 角处的强

度为 $Q(\theta)$, 那么, 斯托克斯参量为

$$\left.\begin{aligned}
s_0 &= I(0) + I(\pi/2) \\
s_1 &= I(0) - I(\pi/2) \\
s_2 &= I(\pi/4) - I(3\pi/4) \\
s_3 &= Q(\pi/4) - Q(3\pi/4)
\end{aligned}\right\} \tag{2.51}$$

在斯托克斯参量中, s_0 代表总的能量, 即 $s_0^2 = s_1^2 + s_2^2 + s_3^2$。因此, 四个斯托克斯参量中只有三个是独立的, 是需要测量的; s_1 代表 x 偏振方向与 y 偏振方向能量之差; s_2 代表 $\pi/4$ 偏振与 $-\pi/4$ 偏振的能量之差; s_3 则代表右旋圆偏振与左旋圆偏振能量之差。

2.2.3 邦加球

测量偏振的偏光计通常将偏振显示在一个球体上[16]。由邦加提出的这种球能够很方便地表示所有可能的偏振态。为获得更简单的结果并开展进一步研究, 邦加使用了球面几何学[16]。例如, 球面上三角形的三个角之和不再是 180°。如图 2.7(a) 所示[29], 每种可能的偏振态都在邦加球上由一点来表示, 而邦加球上的每一点都代表着一种偏振态 (一对一的映射)。球面上的任一点都由 x, y, z 坐标表示。偏光计可以展示整个球面或者只展示

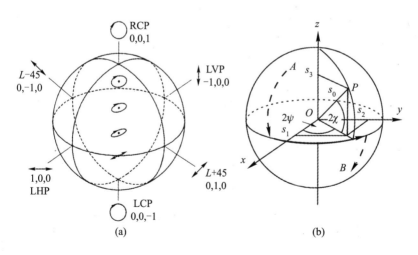

图 2.7 邦加球

(a) 各种偏振态在邦加球上的表示; (b) 邦加球上的斯托克斯参量以及偏振控制。

球面的 1/4 并且说明它所展示的具体是哪 1/4。西门子 (Siemens)VPI 仿真器是在光网络设计领域十分流行的一款软件,通过它可以使用鼠标来旋转邦加球以观察任意一个 1/4 球面。

邦加球赤道上的一点 P 代表不同偏振角度 ψ 的线偏振,左侧是线性水平偏振 (LHP),右侧是线性垂直偏振 (LVP)。需要说明的一点是球上相对的两个点之间是不相关的。二倍偏振角,即 2ψ,是点 P 的方位角 (见图 2.7(b))。如图 2.7(a) 和图 2.7(b) 所示,随着 P 点从赤道向上移到仰角 2χ 处,右旋椭圆偏振的短轴就不断增加直到在北极点处变为右旋圆偏振。如果 P 点返回到赤道,一旦 P 点越过赤道,椭圆偏振的短轴就会反向,从而形成左旋椭圆偏振。两个不同偏振态 P_1 和 P_2 之间的夹角 γ 决定了两者之间的相关度:

$$\rho = \cos\left(\frac{\gamma}{2}\right) \tag{2.52}$$

例如,如果 P_1 和 P_2 是相同的两点,即 $\gamma = 0$,则相关度 $\rho = \cos(0) = 1$,即完全相关。如前所述,如果 P_1 和 P_2 是球面上相对的两个点,即 $\gamma = \pi$,则相关度 $\rho = \cos(\pi/2) = 0$,即完全不相关。如果相干光束间相关度增加,干涉图像质量就会提高。如果光束失去了相干性,其偏振点就会向下移动到邦加球的中心。球心处没有特定的偏振态 (各个方向上的偏振都是相等的)。如果偏振态随着时间漂移,就会在球面上形成一个时间轨迹。如果有许多不同频率的光束,那么它们的偏振态也就不同,在邦加球上就会有很多不同点代表这些不同的偏振态。因此,对于一个包含连续频率的脉冲,邦加球上就会出现一条迹线。由于色散的原因,随着光束传输,迹线的形状会发生变化。

2.2.4 邦加球上点的识别和椭圆偏振的斯托克斯参量表示

如图 2.7(b) 所示,分别在邦加球 x, y 和 z 轴上标记斯托克斯参量 s_1, s_2 和 s_3。这样,偏振态 P 就可采用直角坐标 (s_1, s_2, s_3) 或球坐标 $(s_0, 2\chi, 2\psi)$ 来表示,此处总功率 s_0 就是邦加球的半径,2χ 是仰角,2ψ 是方位角。值得一提的是,球坐标系是针对地球使用的,而电子工程师通常使用和北极之间的夹角而不是仰角。通过将矢量由圆点至 P 点传递到 x, y 和 z 轴上,可得到下述方程:

$$\left. \begin{aligned} s_1 &= s_0 \cos 2\chi \cos 2\psi \\ s_2 &= s_0 \cos 2\chi \sin 2\psi \\ s_3 &= s_0 \sin 2\chi \end{aligned} \right\} \tag{2.53}$$

由式 (2.53) 可在球坐标中利用式 (2.50) 中的斯托克斯参量导出邦加球上一点的表达式。由式 (2.53) 中第一个和第二个等式可得

$$\tan 2\psi = \frac{s_2}{s_1} \tag{2.54}$$

由第三个等式可得

$$\sin 2\chi = \frac{s_3}{s_0} \tag{2.55}$$

因此, 邦加球上球坐标方程中的一点可以通过斯托克斯参量换算到直角坐标系, 反之亦然。

同时, 利用式 (2.50) 中的斯托克斯参量, 也可得到 x, y 两个波动分量间的相位差 $\Delta\phi$

$$\tan(\Delta\phi) = \frac{s_3}{s_2} \tag{2.56}$$

另外, 也可以通过对尺寸 $2E_x \times 2E_y$ 的椭圆外接矩形进行计算来画出类似图 2.4(a) 中那样的椭圆偏振曲线。由式 (2.50) 的前两个斯托克斯方程, 可得

$$\left. \begin{aligned} |E_x|^2 &= \left(\frac{s_0 + s_1}{2}\right)^{1/2} \\ |E_y|^2 &= \left(\frac{s_0 - s_1}{2}\right)^{1/2} \end{aligned} \right\} \tag{2.57}$$

偏振角 ψ 由式 (2.54) 计算给出。

2.2.5 偏振控制

偏振控制器在光纤通信中十分常用。由于光纤并非理想圆对称, 所以它属于双折射介质。因此, 光纤在两个正交的横截面方向上的折射率不同; 也就是说, 垂直偏振的光波与水平偏振的光波具有不同的传播速度, 即任意偏振波和与其偏振相反光波无疑具有不同传播速度。更糟糕的是, 在光纤中的任何运动都会改变偏振态。因此, 除非使用昂贵的保偏光纤, 否则, 光纤中任一点的偏振态都是未知的。许多通信元件都是偏振敏感的, 这是因为它们是由集成光学器件构成的, 而这些器件一般对 TE 模和 TM 模的传导都不同。正交分量的不同传播速度导致偏振态变化的过程与在波片中的情况相似 (见 2.2.1 节)。因此, 在同一个器件中传播的两个相反偏振态间可能会产生几个分贝的差别。

要把偏振敏感器件接入到光纤网络中, 一种方法是在器件前插入一个偏振扰频器。这种装置可以将偏振分散 —— 将邦加球上一点移动到球心

附近或者将偏振均匀分散到整个邦加球上, 这并非一件容易或成本低廉的工作。另一种方法则是购置更为昂贵的偏振不敏感器件。将入射光分为两个正交的偏振分量, 对它们分开进行处理, 然后再将两个正交偏振分量耦合在一起, 这样就可以做成偏振不敏感器件。但是, 这一方法基本上相当于使用了两个器件。一种颇具吸引力的替代方法是使用偏振控制器。

偏振控制器有很多不同的形式 [131]。在自由空间中, 三个或四个波片连续排列可以做成一个偏振控制器, 如图 2.8(a) 所示。图 2.8(a) 所示为 $\lambda/4$ 波片、$\lambda/2$ 波片和 $\lambda/4$ 波片的一个连续排列; 其中的 $\lambda/2$ 波片可以替换成两个 $\lambda/4$ 波片 (见 2.2.1 节)。各个波片的光轴都在同一个方向上, 将波片沿着各自的光轴旋转, 就可以使光束从起始的偏振态 A 转换到最后的偏振态 B, 如图 2.7(b) 所示。第一个 $\lambda/4$ 波片将 A 点中所有的圆偏振滤去, 将偏振态变为线偏振 (点 A 移动到赤道上)。$\lambda/2$ 波片将偏振态移动到赤道附近, 并改变偏振角, 但此时光束仍为线偏振。此时, 线偏振的斜率 (或偏振角 ψ) 正好与最终的偏振态 B 的主轴一致。最后的 $\lambda/4$ 波片将偏振态沿着大圆移动到极点, 直到获得最终的偏振态 B。移动时, 向上移动为右旋偏振, 向下移动为左旋偏振。

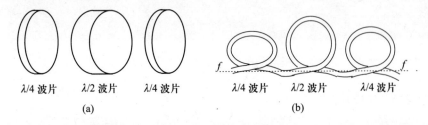

$\lambda/4$ 波片 $\lambda/2$ 波片 $\lambda/4$ 波片 $\lambda/4$ 波片 $\lambda/2$ 波片 $\lambda/4$ 波片

(a)   (b)

图 2.8   偏振控制器

(a) 自由空间中的波片偏振控制器; (b) 光纤中的偏振控制器。

图 2.8(b) 揭示了如何利用光纤来完成同样的偏振控制工作。当一个光纤环沿着其主轴缠绕时, 光纤上所施加的压力就会改变两个正交方向上的相对折射率。通过设计, 光纤环将具有与图 2.8(a) 中 $\lambda/4$ 波片和 $\lambda/2$ 波片一样的效果。在文献 [100] 中, 已利用该思想建立了一个十分灵敏的传感器。

第 3 章

光学衍射

与白炽光源发出的光线不同, 来自于激光器的光线接近单一的频率且由于在时间和空间上相干而能形成窄光束。激光笔就是一个常见的例子。随着脉冲或连续激光的功率从毫瓦到兆瓦甚至吉瓦不断增大, 激光的许多军事用途成为可能, 例如, 通信、测距、目标指示、制导装备、致盲和破坏。衍射是基本的空间相干现象, 它使人们能确定一条相干光束随距离的扩散有多迅速、一个脉冲在时间上的弥散有多快、光束能被聚焦得多锐利, 所有这些在军事系统中都是关键因素。

在 3.1 节中, 主要描述衍射的概念并回顾了一维 (1D) 及二维 (2D) 的时间和空间傅里叶变换。在 3.2 节中, 证明时间和空间傅里叶变换的测不准原理, 并说明如何将后者用于对衍射进行简单的空间近似。在 3.3 节中, 针对标量菲涅尔 (Fresnel) 和夫琅和费 (Fraunhofer) 衍射给出了正式的方程推导; 对于三维 (3D) 衍射而言, 标量理论是一种有益的近似。在 3.4 节中, 为确定孔径如何限制图像质量, 发展了衍射极限成像理论。

3.1 衍射导论

本节对衍射进行解释并回顾用于衍射计算的 1D 和 2D 傅里叶变换。

3.1.1 衍射的描述

衍射被定义为不能通过直线传播光线来解释的行为[83]。图 3.1(a) 给出这样的一个例子: 如果用一个相干的或单一频率的点光源照射一张带有圆孔或者孔径的卡片, 在卡片后方的屏上将不会出现一个轮廓清晰的投

影, 除非该屏非常接近于卡片。取而代之的是, 通过孔径后的光线其行为
就如同大量的点光源, 包括那些位于圆形孔径边缘的点光源。结果, 光线
的能量超出了屏上的投影区。如图 3.1(b) 所示, 这些电源发出的光波相互
干涉, 图中 A 和 B 可被视为孔径相对边缘上的点光源。球面波代表了发
散光波在某一时刻的波峰。在两个光源的波峰同时到达的位置上出现相长
干涉, 而在一个点光源的波峰与另一个点光源的波谷或下沉处同时出现的
位置上则出现相消干涉。如图 3.1(a) 所示, 这种被称为衍射现象的干涉效
应在屏上表现为围绕直接照明区域的一系列衍射环。这些衍射环随着尺寸
变大而逐渐变得暗淡。1818 年, 菲涅尔因揭示了光的波动本性而获得享有
盛誉的法国国家奖, 其工作被认为结束了关于光是基本上属于粒子 (像牛
顿推测的那样) 还是属于波动 (像干涉证明的那样) 的论战。自 20 世纪初
量子力学诞生以来, 人们知道了光既是粒子也是波。光的波动性在其频率
较低时居于支配地位, 而粒子性在频率较高时起主导作用。光实际上处于
波动与粒子的过渡状态, 因此, 为了理解干涉而将其设想为波, 为了理解激
光而将其设想为粒子。

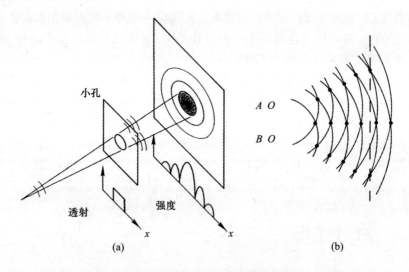

图 3.1 按惠更斯原理对衍射的图解

(a) 圆孔时的情形; (b) 双波干涉。

图 3.1(a) 也给出了光线通过屏中心的横截面光强沿 x 方向的分布。当
孔径与屏之间的距离足够大时, 与夫琅和费衍射近似 [49] (见 3.3.5 节) 相
一致, 屏上光强分布是穿过孔径的二维函数的二维傅里叶变换, 在此情况

下, 它是一个贝塞尔 (Bessel) 函数, 即圆对称函数二维傅里叶变换。如果将一块带有图像的电影胶片放在孔径上, 在屏上就可获得该图像的二维傅里叶变换。孔径与屏之间需要有数米的距离。然而, 利用一个会聚光源或透镜就可在极短的距离上实现傅里叶变换[83]。

3.1.2 傅里叶变换的回顾

首先, 讨论对于光脉冲很有用的时间上的时域傅里叶变换, 然后讨论用于衍射现象的空间傅里叶变换。一维傅里叶变换将时间 t (以 s (秒) 为单位) 的函数 $f(t)$ 转换为时域角频率 ω (以 rad/s (弧度/秒) 为单位) 的函数 $F(\omega)$

$$\overbrace{F(\omega)}^{\text{输出}} = \int_t \overbrace{f(t)}^{\text{输入}} \mathrm{e}^{-\mathrm{j}\omega t}\mathrm{d}t \tag{3.1}$$

式 (3.1) 可被理解成将 $f(t)$ 与不同频率关联起来, 以决定每一个频率 $F(\omega)$ 在函数 $f(t)$ 中的权重。时域频率 $\nu = \omega/2\pi$ 的单位是 Hz (赫兹) 即周/s。如果一个其高度不发生变化的脉冲 (见图 3.2(a)) 具有周期 T, 则如图 3.2(b) 所示, 由式 (3.1) 进行的变换就是

$$F(\omega) = \int_{-T/2}^{T/2} \exp\{-\mathrm{j}\omega t\}\mathrm{d}t = \frac{\exp\{-\mathrm{j}\omega t\}}{-\mathrm{j}\omega}\Big|_{-T/2}^{T/2} = \frac{2\sin(\omega T/2)}{\omega} \tag{3.2}$$

当 $\omega T/2 = n\pi$ 且 n 为一个整数时, 式 (3.2) 的振幅谱为零即不存在振幅谱。如图 3.2(b) 所示, 当 $n = 1$ 时, 有 $\omega T/2 = \pi$ 即 $\omega = 2\pi/T$, 或以频率来表示即为 $f = \omega/(2\pi) = 1/T$, 首次出现振幅谱为零的位置即瑞利

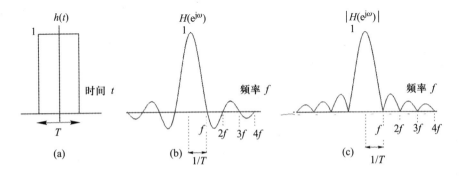

图 3.2 方波的傅里叶变换

(a) 输入时间函数; (b) (a) 的傅里叶变换; (c) (a) 的幅值傅里叶变换。

(Rayleigh) 距离。图 3.2(c) 给出了一个方形或矩形脉冲的傅里叶变换的振幅。强度为振幅的平方。

一束一维电磁波 $\cos(\omega t - k_x x)$ 以 ω (rad/s) 的角频率随时间振动，且在 x 方向一维空间以 k_x (rad/m) 的空间角频率振动。在类似的横向水波浪中，漂浮在波浪上的一个软木塞以 ω (rad/s) 的频率上下振动，而用一种闪光摄影术可表明：该空间波在 x 方向以 k_x (rad/m) 的频率振动。因此，一维的空域傅里叶变换可通过用类推的方法在式 (3.1) 中以空间变量 x 代替时间变量 t、以时域角频率 ω (rad/s) 代替空域角频率 k_x (rad/m) 来表示：

$$F(k_x) = \int_x f(x)\mathrm{e}^{-\mathrm{j}k_x x}\mathrm{d}x \tag{3.3}$$

式中，k_x 是 x 方向的波数，单位为 rad/m；x 是距离，单位为 m。空间频率 $f_x = 2\pi k_x$ 的单位是周/m (或线/m)。实际空间不止一维；因此，更高维数的变换更令人感兴趣。

在对于面与面之间的光束或图像传输进行考察时，要考虑二维空域傅里叶变换，一维空域傅里叶变换式 (3.3) 可以扩展到如下的二维形式：

$$\overbrace{F(k_x, k_y)}^{\text{2D输出}} = \int_x \int_y \overbrace{f(x,y)}^{\text{2D输入}} \overbrace{\mathrm{e}^{-\mathrm{j}(k_x x + k_y y)}}^{\text{平面波}} \mathrm{d}x\mathrm{d}y \tag{3.4}$$

式中，x 和 y 方向的空间频率 k_x 和 k_y 以 rad/m 为单位。需要注意的是，入射光的波形被分解成一组具有不同方向 (k_x, k_y) 和振幅的平面波。二维入射波形与各个平面波相关从而给出 $F(k_x, k_y)$，各个平面波都包含在入射光中。长度和高度为 S 的方形光束或光源在二维空间频域的 x 和 y 方向将有一个类似于图 3.2 的变换关系，其零点在 $1/S$ (用 S 替换 T)。

将时域或空域变换为时间或空间的频域有很多原因。有时，数据在频域上会更有意义。例如，在时间频域 ω 中，可以滤掉认为是噪声 (比如单频干扰源) 的特定频率。在空域上，不同方向的多个平面波 (来自远处的光源) 以不同角度入射到探测器阵列上。通过空域傅里叶变换，可将这些平面波分成许多在空间频谱上的离散点 (见 14.1 节)。在自适应光束整形中，可消除单方向的干扰源以防止掩盖来自一个不同方向的目标信息。如果使用时间 t 在一个轴上而空间 x 或角度在另一个轴上的二维变换，具有不同频率和方向的光源将体现为二维傅里叶变换上不同的点。

在图像处理中，可以去除具有空间周期性的背景噪声，例如，笼子内老虎前面的围栏可在空间频谱中被滤掉。在实施逆变换时，老虎可以被不带围栏地看到。具有空间周期性的目标能被辨认出来, 而且早期的潜艇可通过其结构中周期性的肋材被识别出来。

相关性和卷积是被广泛应用的计算方法。傅里叶变换通常用于在一台计算机上或在光学中给出相关性或卷积, 因为卷积和相关性在频率域中变成了乘法, 且在计算机中进行快速傅里叶变换的低成本或光学中的光学傅里叶变换使得其计算比直接的卷积或相关计算要快 [83]。相关性是进行图像比较或在大型数据库中搜索图形或单词的基础。卷积为类似于滤波、预测和很多其他信号处理函数等线性系统提供了手段。笔者以前的相关著作[83] 第 14 章中叙述了笔者作为 PI(首席研究人员) 为美国高级研究计划局 (DARPA) 设计的一台光学数据流计算机, 它后来被国家安全局 (NSA) 部分地建立起来了。这台计算机展示了超快的相关性。

3.2 傅里叶变换的测不准原理

与对衍射场进行精确计算不同, 人们可利用傅里叶变换的测不准原理获得光源处场宽度与远场信息最小宽度之间的关系。傅里叶变换的测不准原理是与量子力学的海森堡 (Heisenberg) 测不准原理 $\Delta x \Delta p \geqslant \hbar/2$ 密切相关的。该原理规定, 不能同时在任意高的测量精度下确定粒子位置 $(\Delta x \to 0)$ 及其动量 $(\Delta p \to 0)$。下面展示一个用于时间或空间傅里叶变换的同样的原理, 并展示它如何用于一级近似 (代替冗长且错综复杂的衍射计算)。

3.2.1 时域傅里叶变换的测不准原理

时域傅里叶变换 (或谐波分折) 的测不准原理规定

$$\Delta t \Delta \omega \geqslant \frac{1}{2} \quad \text{或} \quad \Delta t \Delta \nu \geqslant \frac{1}{2} \tag{3.5}$$

式中, Δt 是时间的宽度; $\Delta \nu$ 是频率的宽度, $\omega = 2\pi\nu$。

首先, 测不准原理即式 (3.5) 的合理性可由傅里叶变换的定标性质看出[49,133]。考虑定标性质, 如果 $F\{g(t)\} = G(\omega)$, 则

$$F\{g(at)\} = \frac{1}{|a|} G\left(\frac{\omega}{a}\right) \tag{3.6}$$

也就是说, 如果一个脉冲在时域被拉伸 a 倍到 at, 那么其波谱就将在频域变窄到原来的 $1/a$ 而成为 ω/a, 反之亦然, 这就是傅里叶变换的逆向定标

性质。因此, 我们期望找到能同时精确预测脉冲位置及其频率这两者的一个极限。在此极限中, 一个象征着精确知道时间值 (即 $\Delta t \to 0$) 的时域 δ 函数会均等地具备所有的频率, 该特性使得对其频率值的准确测定变得不可能。同样, 由频域 δ 函数描述、象征着精确知道其数值 (即 $\Delta \omega \to 0$) 的单一频率 (比如正弦波) 会在所有时间下保持不变, 这一特性使得对频率所出现时间的准确测量变得不可能。

3.2.1.1 时域傅里叶变换测不准原理的证明

由上述可知, 式 (3.5) 右边的常数可以依赖于对 Δt 和 $\Delta \omega$ 的宽度定义而发生变化: 可能的定义有半高宽、均方根、标准方差以及两个零信号之间的瑞利宽度。

这里沿用文献 [114] 中所用的复合函数 f 方法。文献 [169] 中给出了对实函数 f 的证明:

$$E = \int_{-\infty}^{\infty} |f(t)|^2 \, \mathrm{d}t, \quad E = \frac{1}{2\pi} \int_{-\infty}^{\infty} |F(\omega)|^2 \, \mathrm{d}\omega \tag{3.7}$$

根据施瓦兹 (Schwartz) 不等式[134] $\left| \int p(t)q(t)\mathrm{d}t \right|^2 \leqslant \int |p(t)|^2 \, \mathrm{d}t \int |q(t)|^2 \, \mathrm{d}t$ 且 $p(t) = tf$, $q(t) = \mathrm{d}f^*/\mathrm{d}t$, 可将方程反向写为

$$\int_{-\infty}^{\infty} t^2 \, |f|^2 \, \mathrm{d}t \int_{-\infty}^{\infty} \left| \frac{\mathrm{d}f}{\mathrm{d}t} \right|^2 \, \mathrm{d}t \geqslant \left| \int_{-\infty}^{\infty} (tf) \left(\frac{\mathrm{d}f^*}{\mathrm{d}t} \right) \mathrm{d}t \right|^2 \tag{3.8}$$

下面来证明, 式 (3.8) 右边的平方根等于 $E/2$, 它是测不准原理式 (3.5) 右边的 E 倍; 即 $\left| \int_{-\infty}^{\infty} (tf)(\mathrm{d}f^*/\mathrm{d}t)\mathrm{d}t \right| = E/2$。首先, 式 (3.8) 右边的平方根可写成

$$\left| \int_{-\infty}^{\infty} (tf) \left(\frac{\mathrm{d}f^*}{\mathrm{d}t} \right) \mathrm{d}t \right| = \frac{1}{2} \left| \int_{-\infty}^{\infty} t \left(f \frac{\mathrm{d}f^*}{\mathrm{d}t} + f^* \frac{\mathrm{d}f}{\mathrm{d}t} \right) \mathrm{d}t \right| \tag{3.9}$$

$$= \frac{1}{2} \left| \int_{-\infty}^{\infty} t \frac{\mathrm{d}(ff^*)}{\mathrm{d}t} \mathrm{d}t \right|$$

$$= \frac{1}{2} \left| \int_{-\infty}^{\infty} t \left(\frac{\mathrm{d}\,|f|^2}{\mathrm{d}t} \right) \mathrm{d}t \right|$$

$$= \frac{1}{2} \left| \int_{-\infty}^{\infty} t\mathrm{d}\,|f|^2 \right|$$

$$= \frac{1}{2} \left(t|f|^2 \Big|_{-\infty}^{\infty} - \int_{-\infty}^{\infty} |f|^2 \, dt \right) = -\frac{E}{2} \tag{3.10}①$$

此处使用了部分积分法和式 (3.7) 以获得最后一行。此外，因 $t \to \infty$，$\sqrt{|t|}|f| \to 0 \Rightarrow t|f|^2 = 0$，所以式 (3.10) 的最后一行第一项等于 0。

现在来证明，对于测不准原理式 (3.5) 左边的平方，式 (3.8) 的左边等于时域宽度的平方与频域宽度的平方的乘积。对一个时间函数求导等效于在频域乘以 $j\omega$，而求二阶导数等效于在频域乘以 ω^2。因此，如果 $F(\omega)$ 是 f 的傅里叶变换，则

$$\int_{-\infty}^{\infty} \left| \frac{df}{dt} \right|^2 dt = \frac{1}{2\pi} \int_{-\infty}^{\infty} \omega^2 |F(\omega)|^2 d\omega \tag{3.11}$$

将式 (3.11) 代入式 (3.8) 左边并将式 (3.10) 代入式 (3.8) 右边，得

$$\int_{-\infty}^{\infty} t^2 |f|^2 dt \frac{1}{2\pi} \int_{-\infty}^{\infty} \omega^2 |F(\omega)|^2 d\omega \geqslant \frac{E^2}{4} \tag{3.12}$$

如果定义

$$(\Delta t)^2 = \frac{1}{E} \int_{-\infty}^{\infty} t^2 |f(t)|^2 dt, \quad (\Delta \omega)^2 = \frac{1}{E} \frac{1}{2\pi} \int_{-\infty}^{\infty} \omega^2 |F(\omega)|^2 d\omega \tag{3.13}$$

那么，将式 (3.13) 代入式 (3.12) 得到

$$(\Delta t)^2 (\Delta \omega)^2 \geqslant \frac{1}{4} \tag{3.14}$$

不等式在两边取平方根后仍成立，所以，我们得到

$$\Delta t \Delta \omega \geqslant \frac{1}{2} \tag{3.15}$$

这就证明了傅里叶变换的测不准原理式 (3.5)。

要使式 (3.15) 中的等式成立，式 (3.18) 中的等式即 $|df/dt| = |kft|$ 必须也成立。这只有在函数 f 是高斯变量的时候才会出现，因为一个高斯函数的傅里叶变换仍是高斯函数，即 $\exp\{-\pi(bt)^2\} \leftrightarrow \exp\{-\pi(f/b)^2\}$。

换一种形式，将变量改为频率，以替代角频率 $\omega = 2\pi\nu$（且 $d\omega = 2\pi d\nu$），对式 (3.12) 进行换算：

$$\int_{-\infty}^{\infty} t^2 |f|^2 dt \int_{-\infty}^{\infty} \nu^2 |F(\nu)|^2 d\nu \geqslant \frac{E^2}{4} \tag{3.16}$$

---

① 此处同一公式用了两个公式号 (3.9) 和 (3.10)，若进行修改则容易造成错漏，因此尊重原著，不进行改动。后同。——译者注

因此, 傅里叶变换的测不准原理在时域上可根据时间和频率的宽度写成

$$\Delta t \Delta \nu \geqslant \frac{1}{2} \tag{3.17}$$

3.2.2 空域傅里叶变换的测不准原理

由于空间和时间的可替换性, 用类似方式可推导出空域傅里叶变换的测不准原理。更简单的方式是, 用空间 s 代替时间 t 并用空间角频率 $k_x = 2\pi f_x$ 代替时间角频率 $\omega = 2\pi\nu$, 以得到相同的空域傅里叶变换测不准原理, 即在衍射中出现的测不准原理。值得注意的是, 与时间不同, 空间有最多三个维度。为简单起见, 只考虑一维情况。

$$\Delta s \Delta k_x \geqslant \frac{1}{2} \quad \text{或} \quad \Delta s \Delta f_x \geqslant \frac{1}{2} \tag{3.18}$$

测不准原理也可根据发射光束的角度而不是空间频率来用公式表示。如图 3.3(a) 所示, 假设波长 λ 的光波与法线成角度 θ 到达一个平面。传播矢量 $\boldsymbol{k}$ 可按照 $k^2 = k_x^2 + k_z^2$ 分解成 x 和 z 分量。一个波动分量沿着 x 方向以对应于空间频率 f_x 的传播常数 k_x 往屏下传播, 其波长为 $\lambda_x = 1/f_x$。图 3.3(b) 给出了从图 3.3(a) 中选取的一个直角三角形, 据此有

$$\sin\theta = \frac{\lambda}{\lambda_x} = \lambda f_x$$

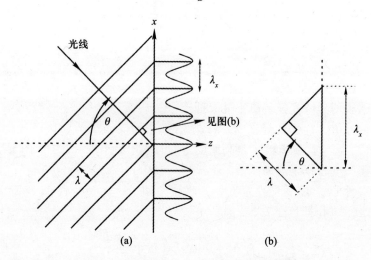

图 3.3　光束角度 θ 与空间频率 λ_s 的关系

(a) 传至垂直屏的光波; (b) (a) 中的三角关系。

在小角度情况下得到

$$\Delta f_x = \frac{\Delta\theta}{\lambda} \tag{3.19}$$

此处, 对一些小角度情况, 有 $\theta \to \Delta\theta$ 且 $\sin(\Delta\theta) \to \Delta\theta$。将式 (3.19) 代入式 (3.18), 便得出关于角度和距离的测不准原理:

$$\Delta s \Delta\theta \geqslant \frac{\lambda}{2} \tag{3.20}$$

既然这样, 要使光源的尺寸 Δs 和光发射的光束角度 $\Delta\theta$ 这两者都任意小则是不可能的。事实上, 雷达和声纳阵列以及光学系统的扩束器就是通过增加 Δs 以降低波束角度, 来为更准确地探测、成像和测定方向而引导电磁能量形成一个更窄的波束。一台相控阵雷达或者声纳可以对这个更加敏锐的窄波束进行电子扫描, 或者旋转它。在此极限下, 如果源变得无限小, 它就会沿着所有方向辐射, 而且角度不能被辨别。另一方面, 如果波束的角度无限窄, 源就应有着无穷大的尺寸。

3.2.2.1 衍射与干涉的关系

从干涉的观点来看衍射是有益的。设一个宽度为 Δs 的源的平面波前 (见图 3.4(a)), 一个类似的问题被图 3.4(b) 中的两个狭缝呈现出来。在任一情况下, 我们考虑出发时相隔 Δs 的两条光线。在处于夫琅和费距离的屏上, 两个波束将发生干涉而在 x 方向产生一个空间傅里叶变换。对于相消干涉的情况, 当两个波束彼此异相地 (相差为 π) 到达屏上 P

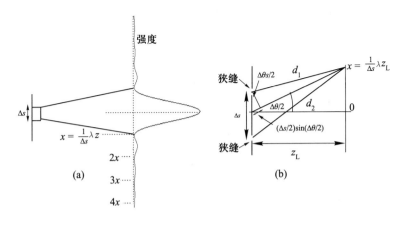

图 3.4 作为一种干涉现象的夫琅和费衍射

(a) 有限宽度的源; (b) 两个狭缝。

点时, 就出现了零信号。这与光束传播距离之差 $d_2 - d_1 = \lambda/2$ 是一致的。对于干涉, 将两个波束相加即 $E_1 + E_2$, 然后计算其组合后的强度即 $\langle(E_1 + E_2)\rangle \langle(E_1 + E_2)^*\rangle$。按照第 6 章所讨论的, 如果假设两个波束以相等功率 A 到达目标, 且一个是以 $\exp\{i(kd_1 - \omega t)\}$ 的形式而另一个是以 $\exp\{i(kd_2 - \omega t)\}$ 的形式, 则屏上的场强可以写为

$$I = 2A^2(1 + \cos(k_x \Delta d)) \qquad (3.21)$$

式中, $\Delta d = d_2 - d_1$。由图 3.4(b), $\Delta d = \Delta s \sin(\Delta\theta/2) \approx \Delta s x/z_{\mathrm{L}}$, 所以, 由 $k_x = 2\pi/\lambda$, 式 (3.21) 就变成

$$I = 2A^2 \left[1 + \cos\left(\frac{2\pi\Delta s x}{\lambda z_{\mathrm{L}}}\right)\right] \qquad (3.22)$$

式中, λz_{L} 是光学衍射被用于计算傅里叶变换时的收缩特性。例如, 当 $\lambda = 600$ nm、到屏距离 $z_{\mathrm{L}} = 10$ cm 时, 屏上的空间傅里叶变换就要比乘以 $\lambda z_{\mathrm{L}} = 600 \times 10^{-9} \times 10^{-1} = 6 \times 10^{-8}$ 计算所得到的值更小。收缩特性是全息照相光学存储器[83] 和谍报 (一页数据可被压缩成一封信中的一个句点大小以实现保密通信) 的基础。

由式 (3.22), 当 $(2\pi\Delta s x_{\mathrm{f}})/(\lambda z_{\mathrm{L}}) = 2\pi$ 即 $x_{\mathrm{f}} = (\lambda z_{\mathrm{L}})/(\Delta s)$ 时, 波峰或条纹就出现在 x 轴上距离 x_{f} 处。正如图 3.4(b) 按时间所给出的, 从坐标轴到第一个零信号处的距离与 $1/\Delta s$ 成比例。但是, 在空间上, 存在一个乘以 λz_{L} 的压缩。

3.3 标量衍射

绝大多数人都熟悉来自面镜的反射和折射现象以及禾杆在水中的明显弯曲。相干光与相界面的第三种相互作用现象是衍射。下面来关注一束在穿过二维遮光板后传输一段距离 z 而到达目标的单色波。假设电磁波场入射到遮光板上且遮光板的透射函数为 $U(x, y)$, 希望得到目标上的电磁场。这可使我们能在激光束传过大气以投射能量后对电磁场进行预测; 投射的激光能量可以用于激光武器 (见 12.2 节) 或在光通信中发射和接收信号。这也可使我们能修正光束的波前以用于自适应光学 (见 5.3 节和 12.2 节), 或者测定聚焦光束或高斯光束 (见 2.1 节) 的光斑直径以将功率聚集到高强度 (见 14.2.2 节)。

为简单起见, 限制标量衍射作数学上的发展; 也就是说, 只考虑电磁场的一个分量 E_z[49]。关于矢量推导, 参见文献 [16]。显然, 标量理论在绝大

数情况下提供了令人满意的答案。按照菲涅耳的获奖过程, 将推导分成四个阶段:

(1) 根据环绕着一个点的边界上的电磁场, 求出该点处电磁场的表达式 (见 3.3.2 节)。

(2) 求出孔径后面的电磁场 (见 3.3.3 节)。

(3) 针对入射到遮光板上的一束平面波和一段有限的到板距离 (涉及到可采用卷积的空间不变量变换), 对一个线性系统 (它将输出平面上 P_0 点处的电磁场与输入板平面上 P_1 点处的电磁场关联起来) 应用菲涅尔近似 (见 3.3.4 节)。

(4) 利用夫琅和费 (远场) 近似, 给出在 P_0 点电磁场与 P_1 点电磁场之间的二维傅里叶变换关系 (见 3.3.5 节)。利用透镜可带来更靠近情况下的变换[49,83]。

我们注意到, 采取上述任何一步之后的结果都可能有用。人们已将从第 (1) 条得到的结果用于对携带核导弹的潜艇 (其磁信号隐藏在地磁场空间变化非常巨大的浅水中) 进行磁探测。

3.3.1 预备知识: 格林函数和定理

选择一个点源的球形辐射场作为格林 (Green) 函数, 即

$$G(r) = \frac{\exp\{jkr\}}{r} \tag{3.23}$$

式中, r 为到点源的距离; $k = 2\pi/\lambda$ 是波在空气中的传播常数。因此, 这里采用时谐场 (单频场) $\exp\{-j\omega t\}$。需要注意的是, 有一些其他文献采用 $\exp\{j\omega t\}$, 这有时取决于作者是有物理背景还是电子工程背景。同样, j 和 i 可相互替换。无论采用什么形式, 瞬时场都是通过将该项与所用的相位复矢量相乘并取其实部而获得。或者, 可用于被乘项的另一个选择是增加相位复矢量的共轭以消去虚部。通过对很多点源求和, 可以构建一个复杂的源及其相关的电磁场。

对于一个电磁场 U, 写出 $G\nabla U$ 和 $U\nabla G$ 的散度, 对二者应用散度定理, 并将两者相减以得到格林定理[49]:

$$\iiint_\nu (G\nabla^2 U - U\nabla^2 G)\mathrm{d}\nu = \iint_s \left(G\frac{\partial U}{\partial n} - U\frac{\partial G}{\partial n} \right) \mathrm{d}S \tag{3.24}$$

3.3.2 由边界场决定的点场

为了应用格林定理即式 (3.24), 在边界上需要知道场 U 和法向场 $\partial U/\partial n$

(见图 3.5)。由于 U 和 G 都满足亥姆霍兹方程 (时谐波方程) $(\nabla^2+k^2)U = 0$,
即

$$\nabla^2 G = -k^2 G, \quad \nabla^2 U = -k^2 U \tag{3.25}$$

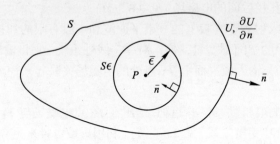

图 3.5　由周围边界上的场求解 P 点处的场

通过代入式 (3.25), 式 (3.24) 的左边趋近于零。而且, 为了避免处理某一点
(奇点) 场的困难, 围绕该点 P 画一个小球, 并将该球的表面考虑为次级边
界 S_ϵ, 在后面 ϵ 将可趋近于 0。这样, 就有

$$0 = \iint_{S_\epsilon} \left(G\frac{\partial U}{\partial n} - U\frac{\partial G}{\partial n} \right) \mathrm{d}S_\epsilon + \iint_s \left(G\frac{\partial U}{\partial n} - U\frac{\partial G}{\partial n} \right) \mathrm{d}S \tag{3.26}$$

现在考虑格林函数 $G = \exp\{\mathrm{j}kr\}/r$。对于围绕 P 点的小球, $r = \epsilon$, 所以
$G = \exp\{\mathrm{j}k\epsilon\}/\epsilon$, 且

$$\frac{\partial G}{\partial \epsilon} = \frac{1}{\epsilon}\mathrm{j}k\exp\{\mathrm{j}k\epsilon\} + \exp\{\mathrm{j}k\epsilon\}\left(-\frac{1}{\epsilon^2}\right) = \frac{\exp\{\mathrm{j}k\epsilon\}}{\epsilon}\left(\mathrm{j}k - \frac{1}{\epsilon}\right) \tag{3.27}$$

对于式 (3.24) 的情况, 这应修正为 $\partial G/\partial n$:

$$\frac{\partial G}{\partial n} = \frac{\partial \epsilon}{\partial n}\frac{\partial G}{\partial \epsilon} = \cos(\bar{n}, \bar{\epsilon})\frac{\exp\{\mathrm{j}k\epsilon\}}{\epsilon}\left(\mathrm{j}k - \frac{1}{\epsilon}\right) \tag{3.28}$$

式中, $\bar{n}$、$\bar{\epsilon}$ 是指大小为 n、ϵ 的单位方向矢量。由于 n 指向小球的中心, 而
$\bar{\epsilon}$ 向外, 故 $\cos(\bar{n}, \bar{\epsilon}) = -1$。现在将式 (3.28) 代入式 (3.26) 得

$$0 = \iint_{S_\epsilon} \left[\frac{\exp\{\mathrm{j}k\epsilon\}}{\epsilon}\frac{\partial U}{\partial n} - U\frac{\exp\{\mathrm{j}k\epsilon\}}{\epsilon}\left(\frac{1}{\epsilon} - \mathrm{j}k\right) \right] \mathrm{d}S_\epsilon$$
$$+ \iint_s \left(G\frac{\partial U}{\partial n} - U\frac{\partial G}{\partial n} \right) \mathrm{d}S \tag{3.29}$$

对于点 $P, \epsilon \to 0$, $\mathrm{d}S_\epsilon \to 4\pi\epsilon^2$, $U \to U(P_0)$, 有

$$
\begin{aligned}
0 = 4\pi\epsilon^2 &\left[\frac{\exp\{jk\epsilon\}}{\epsilon} \frac{\partial U(P_0)}{\partial n} - U(P_0)\frac{\exp\{jk\epsilon\}}{\epsilon}\left(\frac{1}{\epsilon} - jk\right) \right] \\
&+ \iint_s \left(G\frac{\partial U}{\partial n} - U\frac{\partial G}{\partial n} \right) \mathrm{d}S
\end{aligned}
\tag{3.30}
$$

现在考虑式 (3.30) 的第一项 (即 $4\pi\epsilon^2$ 乘以方括号中各项)。当 $\epsilon \to 0$ 时, 式 (3.30) 第一项唯一留下的是 $4\pi\epsilon^2 U(P_0)\exp\{jk\epsilon\}/\epsilon^2$。因此有

$$
0 = -4\pi U(P_0) + \iint_s \left(G\frac{\partial U}{\partial n} - U\frac{\partial G}{\partial n} \right) \mathrm{d}S
\tag{3.31}
$$

由上式, 在一封闭区域 (沿其边界的场 U 和法向场 $\partial U/\partial n$ 已知) 内, 一个点 (P_0) 的场 $U(P_0)$ 为

$$
U(P_0) = \frac{1}{4\pi} \iint_s \left(G\frac{\partial U}{\partial n} - U\frac{\partial G}{\partial n} \right) \mathrm{d}S
\tag{3.32}
$$

3.3.3　孔径的衍射

如图 3.6 所示, 假设光线所通过的孔径位于围绕着点的边界中, 该点的场待求解。首先, 建立一个更方便的格林函数 $G_2(P_1)$, 它有两个相位相反的点源, 所以, 对于 $G_2(P_1)$, 在孔径中点 P_1 处的场被抵消了:

$$
G_2(P_1) = \frac{\exp\{jkr_{01}\}}{r_{01}} - \frac{\exp\{jkr_{02}\}}{r_{02}}
\tag{3.33}
$$

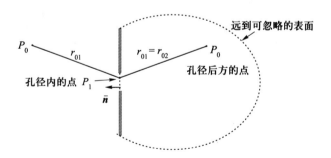

图 3.6　推导孔径后方光场的示意图

设第二个点源位于第一个点源关于孔径平面的镜像处。这样, $r_{01}=r_{02}$, 且由式 (3.33) 有

$$
G_2(P_1) = 0
\tag{3.34}
$$

使用与对待式 (3.28) 相类似的步骤 (在一个变量上加一横号来表示一个单位矢量), 但用 r_{01} 代替 ϵ, 得到

$$\frac{\partial G_2}{\partial n} = \cos(\bar{n}, \bar{r}_{01})\left(jk - \frac{1}{r_{01}}\right)\frac{\exp\{jkr_{01}\}}{r_{01}} - \cos(\bar{n}, \bar{r}_{02})\left(jk - \frac{1}{r_{02}}\right)\frac{\exp\{jkr_{02}\}}{r_{02}} \tag{3.35}$$

因为 $\cos(\bar{n}, \bar{r}_{02}) = -\cos(\bar{n}, \bar{r}_{01})$, $k = 2\pi/\lambda$, 且 $r_{01} = r_{02}$, 所以有

$$\frac{\partial G_2}{\partial n} = 2\cos(\bar{n}, \bar{r}_{01})\left(jk - \frac{1}{r_{01}}\right)\frac{\exp\{jkr_{01}\}}{r_{01}} \tag{3.36}$$

如果假设 $r_{01} \gg \lambda$, 在 $(jk - 1/r_{01})$ 中 $1/r_{01}$ 可以被忽略, 利用 $k = 2\pi/\lambda$, 得

$$\frac{\partial G_2}{\partial n} = -\frac{4\pi}{j\lambda}\frac{\exp\{jkr_{01}\}}{r_{01}}\cos(\bar{n}, \bar{r}_{01}) \tag{3.37}$$

对于在点 P_0 处的场, 将式 (3.37) 和式 (3.34) 代入式 (3.32)。将环绕的表面标记为 S_1, 将孔径中任意点标记为 P_1。

$$\begin{aligned}U(P_0) &= \frac{1}{4\pi}\iint_{s_1} -U(P_1)\frac{\partial G_2}{\partial n}\mathrm{d}S \\ &= \frac{1}{j\lambda}\iint_{s_1} U(P_1)\frac{\exp\{jkr_{01}\}}{r_{01}}\cos(\bar{n}, \bar{r}_{01})\mathrm{d}S\end{aligned} \tag{3.38}$$

这给出了孔径的瑞利 — 索末菲 (Rayleigh-Sommerfeld) 方程, 小孔区域用 $\sum$ 表示, 有

$$U(P_0) = \iint_{\Sigma} h(P_0, P_1)U(P_1)\mathrm{d}S$$

其中

$$h(P_0, P_1) = \frac{1}{j\lambda}\frac{\exp\{jkr_{01}\}}{r_{01}}\cos(\bar{n}, \bar{r}_{01}) \tag{3.39}$$

式中, $h(P_0, P_1)$ 为脉冲响应, 它描述了一个表征传播期间衍射情况的线性系统。

下面来看一下惠更斯在 1687 年通过改写式 (3.39) 而与一般性的结构有多接近:

$$U(P_0) = \iint_{\Sigma} \overbrace{\frac{\exp\{jkr_{01}\}}{r_{01}}}^{\text{球面波}} \left[\underbrace{\frac{\overbrace{\cos(\bar{n}, \bar{r}_{01})}^{\text{角度损耗}}}{j\lambda}}_{\text{波长依赖关系}}\right] U(P_1)\mathrm{d}S \tag{3.40}$$

由于缺乏不同的单频源, 惠更斯在揭示平面波的一种衍射现象时忽略了式 (3.40) 中方括号项: 该平面波照射到一个孔径上以重建一组点源, 这些点源所发出的每一个球面波叠加到一个屏上以产生一个干涉图样 (见图 3.7)。

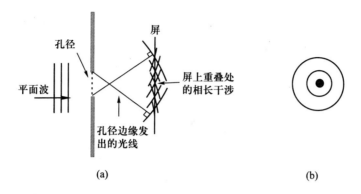

图 3.7　对衍射被视为孔径处新点源辐射场总和的解释
(a) 球面波; (b) 屏上强度图像。

3.3.4　菲涅耳近似

首先假设输入端遮光板与屏之间的距离 z 比衍射平面处的横向尺寸大得多, 故倾斜因子 $\cos(\bar{n}, \bar{r}_{01}) = 1$。因此, 在式 (3.40) 的分母中就有 $r_{01} \approx z$。这不能在分子的指数相位项中使用, 因为波长 λ 是个小量。现在, 对于从输入面 (x_1, y_1) 到输出面 (x_0, y_0) 的传播 (见图 3.8), 式 (3.39) 可写为

$$U(x_0, y_0) = \iint_{\Sigma} h(x_0, y_0 : x_1, y_1) U(x_1, y_1) \mathrm{d}x_1 \mathrm{d}y_1$$

其中

$$h(x_0, y_0 : x_1, y_1) = \frac{1}{\mathrm{j}\lambda} \frac{\exp\{\mathrm{j}kr_{01}\}}{z} \tag{3.41}$$

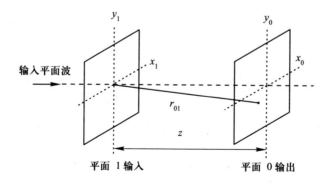

图 3.8　从平面 1 到 0 的衍射

下面采用一个近似, 它将使得表征衍射传播的线性系统变为由卷积描述的位移不变量系统。使用频域和傅里叶变换理论的卷积定理[49], 卷积可被快速进行。在输入端遮光板即平面 1 处, 由衍射产生的球面波波前可通过近轴抛物面进行近似, 因为在一个小区域内抛物面接近于球面; 这被称为傍轴近似 (见 1.1 节)。在数学上写成

$$r_{01} = \sqrt{z^2 + (x_0 - x_1)^2 + (y_0 - y_1)^2}$$
$$= z\sqrt{1 + \left(\frac{x_0 - x_1}{z}\right)^2 + \left(\frac{y_0 - y_1}{z}\right)^2} \tag{3.42}$$

并应用二项式定理消去平方根:

$$r_{01} = z + \frac{z}{2}\left(\frac{x_0 - x_1}{z}\right)^2 + \frac{z}{2}\left(\frac{y_0 - y_1}{z}\right)^2 \tag{3.43}$$

对于向菲涅耳近似距离的衍射, 用式 (3.43) 替换式 (3.41) 指数中的 r_{01}, 给出脉冲响应:

$$h(x_0 - x_1, y_0 - y_1) \approx \frac{\exp\{jkz\}}{j\lambda z}\exp\left\{\frac{jk}{2z}\left[(x_0 - x_1)^2 + (y_0 - y_1)^2\right]\right\} \tag{3.44}$$

此结果为位移不变量, 因为输出值 x_0 和 y_0 是通过 $x_0 - x_1$ 和 $y_0 - y_1$ 的形式与输入值 x_1 和 y_1 相关的。将式 (3.44) 代入式 (3.41), 根据输入场 $U(x_1, y_1)$ 就得到了输出场 $U(x_0, y_0)$:

$$U(x_0, y_0) = \frac{\exp\{jkz\}}{j\lambda z}\iint_{-\infty}^{\infty} U(x_1, y_1)$$
$$\cdot \exp\left\{\frac{jk}{2z}\left[(x_0 - x_1)^2 + (y_0 - y_1)^2\right]\right\}dx_1 dy_1 \tag{3.45}$$

使用卷积符号 $*$[①], 有

$$U(x_0, y_0) = U(x, y) * h(x, y)$$

其中

$$h(x, y) = \frac{\exp\{jkz\}}{j\lambda z}\exp\left\{\frac{jk}{2z}\left[(x_0 - x_1)^2 + (y_0 - y_1)^2\right]\right\} \tag{3.46}$$

对于涉及衍射传播的计算, 经常在频域中进行。在 x 和 y 方向上的一个傅里叶变换对

$$F\left(\exp\{-\pi(a^2x^2 + b^2y^2)\}\right) = \frac{1}{|ab|}\exp\left[-\pi\left(\frac{f_x^2}{a^2} + \frac{f_y^2}{b^2}\right)\right] \tag{3.47}$$

---

①原书中卷积符号为 $\otimes$, 此处作了修正。—— 译者注

也是高斯函数, 而且可用于计算高斯脉冲响应的传递函数即式 (3.46)。用 $j\pi/(\lambda z)$ 替换式 (3.46) 中的 $jk/(2z)$, 而且, 通过与式 (3.47) 相比较, 指定 $-a^2 = -b^2 = j/(\lambda z)$。这样, 因 $1/(ab) = j\lambda z$, 就有[49]

$$H(f_x, f_y) = F\{h(x, y)\} = \exp\{jkz\} \exp[-j\pi\lambda z(f_x^2 + f_y^2)] \tag{3.48}$$

这也是高斯函数。在频域, 衍射后的输出函数是传递函数 $H(f_x, f_y)$ 与输入函数傅里叶变换的乘积 (根据傅里叶卷积定理)[49] 的傅里叶变换。因此, 在远于菲涅耳距离的一些距离处, 输出像的函数 $U(x_0, y_0)$ 可通过实施输入函数 $U(f_x, f_y)$ 的二维傅里叶变换 (即乘以菲涅耳衍射的传递函数 $H(f_x, f_y)$) 并实施反向傅里叶变换来进行计算, 即

$$U(x_0, y_0) = F^{-1}[U(f_x, f_y)H(f_x, f_y)] \tag{3.49}$$

3.3.5 夫琅和费近似

图 3.9 给出了光强横向分布如何随通过孔径后的距离变化。靠近孔径时, 在投影区可得到孔径的阴影。随距离 z 增加, 进入到了菲涅耳区, 该区由在空间上为式 (3.46) 或在空间频率上为式 (3.49) 的卷积方程描述。在更远距离即远场处, 进入到夫琅和费区。

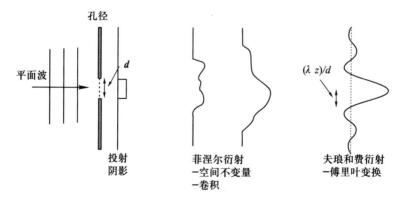

图 3.9 穿过孔径的平面波光从平面 1 到平面 0 的衍射随距离的变化

通过展开平方项并将不依赖积分变量的项移出积分, 就可将菲涅耳 –

基尔霍夫方程 (Fresnel-Kirchhoff) 方程即式 (3.45) 写成

$$U(x_0, y_0) = \frac{\exp\{jkz\}}{j\lambda z} \exp\left[\frac{jk}{2z}(x_0^2 + y_0^2)\right]$$

$$\cdot \iint_{-\infty}^{\infty} U(x_1, y_1) \overbrace{\exp\left[\frac{jk}{2z}(x_1^2 + y_1^2)\right]}^{q \text{ 项}}$$

$$\exp\left[-\frac{j2\pi}{\lambda z}(x_0 x_1 + y_0 y_1)\right] dx_1 dy_1 \tag{3.50}$$

式中, $k = 2\pi/\lambda$ 即 $k/(2z) = \pi/(\lambda z)$。

在夫琅和费区域, $z \gg k(x_1^2 + y_1^2)$ 即 $z \gg (2\pi/\lambda)(x_1^2 + y_1^2)$, 即传播距离 z 比相对于波长的横向距离大得多。因此, 式 (3.50) 中标记了 q 的项就趋于 1。将此代入式 (3.50) 得

$$U(x_0, y_0) = \frac{\exp\{jkz\}}{j\lambda z} \exp\left[\frac{jk}{2z}(x_0^2 + y_0^2)\right] \iint_{-\infty}^{\infty} U(x_1, y_1)$$

$$\cdot \exp\left[-\frac{j2\pi}{\lambda z}(x_0 x_1 + y_0 y_1)\right] dx_1 dy_1 \tag{3.51}$$

为说明夫琅和费输出函数 $U(x_0, y_0)$ 与定标过的输入函数傅里叶变换有关, 通过在输出端定义空间频率 $f_x = x_0/(\lambda z)$ 和 $f_y = y_0/(\lambda z)$ 用 λz 对输出函数定标。然后, 将式 (3.51) 写为

$$U(x_0, y_0) = \frac{\exp\{jkz\}}{j\lambda z} \exp\left[\frac{jk}{2z}(x_0^2 + y_0^2)\right] \iint_{-\infty}^{\infty} U(x_1, y_1)$$

$$\cdot \exp\left[-j2\pi(f_x x_1 + f_y y_1)\right] dx_1 dy_1 \tag{3.52}$$

将积分视为输入函数 $U(x_1, y_1)$ 的空间二维傅里叶变换, 将上式 (含定标系数) 改写为

$$U(x_0, y_0) = \frac{\exp\{jkz\}}{j\lambda z} \exp\left[\frac{jk}{2z}(x_0^2 + y_0^2)\right] F\{U(x_1, y_1)\}\Big|_{f_x = x_0/(\lambda z), f_y = y_0/(\lambda z)} \tag{3.53}$$

输出强度为

$$I(x_0, y_0) = |U(x_0, y_0)|^2 = \frac{1}{(\lambda z)^2} |F\{U(x_1, y_1)\}|_{f_x = x_0/(\lambda z), f_y = y_0/(\lambda z)}^2 \tag{3.54}$$

总而言之, 在大于或等于夫琅和费距离的一些距离处, 衍射可以通过实施对输入函数的二维傅里叶变换, 利用 $f_x = x_0/(\lambda z)$ 和 $f_y = y_0/(\lambda z)$ 替代空间频率来实施定标、乘以前置项即 $\exp\{jkz\}/\{j\lambda z\} \exp\{jk/(2z)(x_0^2 + y_0^2)\}$ 来进行计算。对强度而言, 相位项消失。

3.3.6 数值计算的作用

物质波 (包括光波在内) 的传播可以在数学上和数字上通过能满足边界条件及物质属性的波动方程的解来描述, 用满足边界条件和物性参数的波动方程来描述。在通常的模式理论中, 传播是通过谐振模式之和来描述的, 每一种谐振模式都是波动方程的一个解。各模式的组合满足边界和源的条件。模式理论在分析学中和在与类似 Maple、Mathematic 这样的代数计算机程序 (用代数符号代替数字开展工作) 结合使用时是非常有用的。模式理论在参数之间的关系方面可提供有价值信息。

然而, 因为现实世界通常在空间中有着不断变化的折射率, 而且各种边界对于模式理论而言通常太过复杂, 因此, 借助采用有限近似技术用数字计算机频繁地去直接求解被离散化了的一些波动方程。在空间和时间上都使波动方程离散是通过时域有限差分法 (FTDT) 来实现的[154]。FTDT 提供了洞察能量在其通过非均匀介质传播过程中空间和时间分布的手段。仅在空间上的离散是用有限差分即有限元方法实现的[78,79]。

3.4 衍射极限成像

一块圆形透镜能捕获落于其上的光, 所以, 它不仅执行一块透镜的功能而且起着其直径与该透镜相等的圆形孔径的作用。在一个成像系统中, 将有一个限制孔径, 它限制一个系统将一个输入点源聚焦为一个输出点源的能力。如果系统输出只受到限制孔径的衍射的干扰, 这种系统就被称为衍射极限系统。一个衍射极限系统不存在其他的偏差, 因而是可能的最佳成像系统[49]。

3.4.1 孔径在成像系统中的直观影响

图 3.10 表明, 在一个输入点源的聚焦输出图像中, 凸透镜的孔径会丢失高的空间频率。如图 3.10 左边所示, 来自输入点源的光被扩展为一组不同角度的平面波即角度谱。在照射到透镜处的垂直平面时, 源与轴夹角最大的一些平面波成分对应于透镜平面处的那些最高频率成分。这些成分落在透镜孔径之外, 所以它们在形成输出图像时被丢失了。穿过孔径时的高空间频率损失导致了围绕点源图像的圆环和图像滤波。滤波的出现是因为高空间频率在图像中提供良好的细节。更大直径的透镜将捕获更高的空间

频率且输出图像将显得更接近点源, 使点更为锐利。这就是小孔径照相机提供的照片欠锐利的原因: 光圈数 (f 数) 高。在调光器中使用大孔径时, 光也将欠锐利, 但这是出于不同的原因: 这时透镜的一些边缘被使用了, 而这些边缘常常比中心有着更多的偏差。

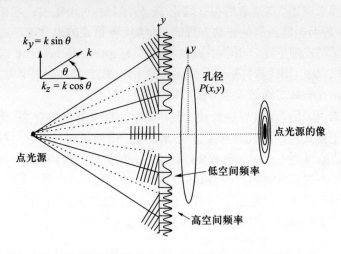

图 3.10　穿过孔径的衍射丢失高空间频率成分从而导致图像滤波

3.4.2　透镜孔径对成像的衍射效应计算

下面说明如何计算孔径对输出图像的影响。下文中, 孔径被称为一种瞳孔函数。图 3.11 给出一个简单的成像系统, 其输入目标 U_o 的坐标为 x_o 和 y_o, 到透镜的距离为 d_o。坐标为 x 和 y 的透镜在其前有标注为 U_1 的光场, 而穿过透镜之后的光场为 U_1'。坐标为 x_i 和 y_i 的一个像形成于距离透

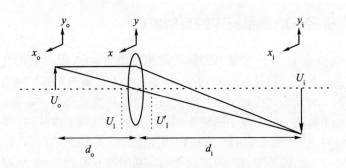

图 3.11　限孔透镜对点光源 (箭头处) 成像

镜 d_i 处。由于光传播的直线性, 有

$$U_i(x_i, y_i) = \int_{-\infty}^{\infty} \int_{-\infty}^{\infty} h(x_i, y_i, x_o, y_o) U_o(x_o, y_o) \mathrm{d}x_o \mathrm{d}y_o \tag{3.55}$$

衍射对成像的影响可分成三个步骤进行计算:

(1) 通过忽略衍射的影响来计算几何图像 (见 3.4.2.1 节)。

(2) 计算通过系统的衍射的脉冲响应 (见 3.4.2.2 节)。

(3) 对输出图像, 计算步骤 (2) 中脉冲响应与步骤 (1) 中几何图像之间的卷积 (见 3.4.2.3 节)。

下面用方程来进行这三个步骤, 以证明该程序能计算出带衍射效应的正确图像。

3.4.2.1　步骤 1: 计算几何图像

我们希望图像是输入的相同版本, 只是允许对其放大率用 M 进行定标。这就要求从输入到输出的脉冲响应是如下形式的 δ 函数 ($|M|^2$ 被加入以保持总功率):

$$h(x_i, y_i, x_o, y_o) = \frac{1}{|M|^2} \delta(x_i - Mx_o, y_i - My_o) \tag{3.56}$$

负号说明图像倒置, $M = -d_i/d_o = -x_i/x_o$。将式 (3.56) 代入式 (3.55) 的结果表明, 得到了输入的一个定标版本:

$$U_i(x_i, y_i) = \int_{-\infty}^{\infty} \int_{-\infty}^{\infty} \frac{1}{|M|^2} \delta(x_i - Mx_o, y_i - My_o) U_o(x_o, y_o) \mathrm{d}x_o \mathrm{d}y_o \tag{3.57}$$

根据 δ 函数的抽样定理, δ 要求在 $x_i - Mx_o = 0$ 即 $x_o = x_i/M$ 处的样本 U_o 给出一个几何图像即输入的定标版本:

$$U_g(x_i, y_i) = \frac{1}{|M|^2} U_o\left(\frac{x_i}{M}, \frac{y_i}{M}\right) \tag{3.58}$$

3.4.2.2　步骤 2: 计算通过系统的衍射的脉冲响应

从图 3.11 透镜输出至输出屏的传播脉冲响应根据菲涅耳衍射方程式 (3.45) (见 3.3.4 节) 进行改写, 有

$$h(x_i, y_i, x, y) = \frac{1}{\mathrm{j}\lambda d_i} \int\int_{-\infty}^{\infty} U_1'(x, y) \exp\left\{\frac{\mathrm{j}k}{2d_i}\left[(x_i - x)^2 + (y_i - y)^2\right]\right\} \mathrm{d}x\mathrm{d}y \tag{3.59}$$

式中, 忽略了与 x 和 y 无关的前置相位项。

经过瞳孔函数为 $P(x, y)$ 的透镜的传播被表述为

$$U_1'(x,y) = U_1(x,y) P(x,y) \exp\left\{ -\frac{jk}{2f} \left(x^2 + y^2\right) \right\} \qquad (3.60)$$

从点源输入目标传播到透镜的传播被表述为

$$U_1(x,y) = \frac{1}{j\lambda d_0} \exp\left\{ \frac{jk}{2d_0} \left[(x-x_0)^2 + (y-y_0)^2 \right] \right\} \qquad (3.61)$$

将式 (3.61) 代入式 (3.60) 并把结果代入式 (3.59), 其结果给出了从输入目标点源到输出点源的总脉冲响应:

$$h(x_i,y_i,x_o,y_o) = \frac{1}{\lambda^2 d_i d_o} \overbrace{\exp\left\{ \frac{jk}{2d_o} \left(x_o^2 + y_o^2\right) \right\}}^{(a)} \overbrace{\exp\left\{ \frac{jk}{2d_o} \left(x_i^2 + y_i^2\right) \right\}}^{(b)}$$

$$\iint_{-\infty}^{\infty} P(x,y) \exp\left\{ \frac{jk}{2} \overbrace{\left(\frac{1}{d_o} + \frac{1}{d_i} - \frac{1}{f} \right) \left(x^2 + y^2\right)}^{(c)} \right\}$$

$$\exp\left\{ -jk \left[\left(\frac{x_o}{d_o} + \frac{x_i}{d_i} \right) x + \left(\frac{y_o}{d_o} + \frac{y_i}{d_i} \right) y \right] \right\} \mathrm{d}x \mathrm{d}y \qquad (3.62)$$

对于成像, 我们的兴趣在于量值; 因此, 忽略相位项 (a) 和 (b)。如果按照透镜定律即式 (1.24) 采用完美成像, 有 $1/d_o + 1/d_i - 1/f = 0$, 则 (c) 项等于 0; 而且, 由于 $\exp\{0\} = 1$, 所以指数包含项 (c) 消失。通过使用式 (1.24) 即 $d_o = -d_i/M$ 消去 d_o。这样, 式 (3.62) 可写成

$$h(x_i,y_i,x_o,y_o) = \frac{1}{\lambda^2 d_i d_o}$$

$$\cdot \iint_{-\infty}^{\infty} P(x,y) \exp\left\{ \frac{jk}{d_i} \left(x_i - Mx_o\right) x + \left(y_i - My_o\right) y \right\} \mathrm{d}x \mathrm{d}y \qquad (3.63)$$

式 (3.63) 因有放大率 M 而不是空间不变量。迫使它成为空间不变量, 即通过重新定义 $\hat{x}_o = |M|x_o$ 和 $\hat{y}_o = |M|y_o$ 而成为卷积形式。并在新的变量中合并定标关系, $\hat{x}_o = x/(\lambda d)$ 和 $\hat{y}_o = y/(\lambda d)$, 由此得到 $\mathrm{d}x = \lambda d_i \mathrm{d}\hat{x}$ 和 $\mathrm{d}y = \lambda d_i \mathrm{d}\hat{y}$。另外, 通过使用 $k = 2\pi/\lambda$, 式 (3.63) 就变成 (由 $1/\lambda^2 d_i d_o$ 和 P 消掉 $|M|$)

$$h(x_i - \hat{x}_o, y_i - \hat{y}_o)$$

$$= \iint_{-\infty}^{\infty} P\left(\lambda d_i \hat{x}, \lambda d_i \hat{y}\right) \exp\left\{ -j2\pi \left[(x_i - \hat{x}_o) \hat{x} + (y_i - \hat{y})\hat{y} \right] \right\} \mathrm{d}\hat{x} \mathrm{d}\hat{y} \qquad (3.64)$$

式 (3.64) 是孔径的夫琅和费衍射; 要注意在夫琅和费衍射瞳孔函数中定标比例 λd_i。

3.4.2.3 步骤 3: 证明输出图像是几何图像与孔径函数夫琅和费衍射的卷积

输出图像可写成 (式 (3.55) 的卷积形式)

$$U_i(x_i, y_i) = \int_{-\infty}^{\infty} \int_{-\infty}^{\infty} h(x_i - \hat{x}_o, y_i - \hat{y}_o) U_o(x_o, y_o) dx_o dy_o \qquad (3.65)$$

由式 (3.64), $\hat{x}_o = |M| x_o$ 和 $\hat{y}_o = |M| y_o$, 故式 (3.65) 中 $dx_o = d\hat{x}_o/|M|$ 和 $dy_o = d\hat{y}_o/|M|$, 得

$$U_i(x_i, y_i) = \int_{-\infty}^{\infty} \int_{-\infty}^{\infty} h(x_i - \hat{x}_o, y_i - \hat{y}_o) U_o\left(\frac{\hat{x}_o}{M}, \frac{\hat{y}_o}{M}\right) \frac{1}{|M|} \frac{1}{|M|} dx_o dy_o \tag{3.66}$$

根据式 (3.58), 有

$$U_o\left(\frac{\hat{x}_o}{M}, \frac{\hat{y}_o}{M}\right) = |M|^2 U_g(\hat{x}_o, \hat{y}_o) \tag{3.67}$$

将式 (3.67) 中的 $U_o(\hat{x}_o/M, \hat{y}_o/M)$ 代入式 (3.66) 得到

$$U_i(x_i, y_i) = \int_{-\infty}^{\infty} \int_{-\infty}^{\infty} h(x_i - \hat{x}_o, y_i - \hat{y}_o) U_g(\hat{x}_o, \hat{y}_o) d\hat{x}_o d\hat{y}_o \tag{3.68}$$

受孔径衍射限制的最终成像结果式 (3.68) 是几何图像 $U_g(x, y)$ 与由 λd_i 定标的瞳孔函数即孔径函数 $h(x, y)$ 即式 (3.64) 的卷积, 有

$$U_i(x, y) = h(x, y) * U_g(x, y) \tag{3.69}$$

对于方孔, 瞳孔函数具有在 x、y 方向呈直角传输的功能。孔径由 λd_i 衡量, 然后进行傅里叶变换以获得孔径的夫琅和费衍射。它将具有如图 3.2(b) 所示的形状。与几何图像进行卷积会使图像平滑化, 即消除了高阶的空间频率。对于越小的孔径, 由于傅里叶变换的定标比例特性, 夫琅和费衍射函数会越宽, 因此, 越小的孔径会提供越多的滤波。

第 4 章

衍射光学元件

衍射光学元件 (DOE) 是通过衍射而不是像透镜那样通过折射、像面镜那样通过反射 (见第 3 章) 来操纵光束。衍射光学元件通常由一个带不透明部分或蚀刻图案的透明材料薄片构成, 它可以将光束衍射成人们所想要的形式。衍射光学元件不同于折射元件的行为以及加工方式催生了一项重要的衍射光学元件产业[69,152] 来补充折射透镜产业 (或面镜等效物, 见 1.3 节)。

衍射光学元件以第 3 章中发展的理论为基础: 第 3 章推导的自由空间的菲涅耳和夫琅和费衍射公式。对高功率光学 (见 12.2 节) 而言, 光束是利用衍射光学元件和电介质面镜 (见 6.3 节) 进行操纵以避免出现过热的导体。

在 4.1 节, 简要地讨论衍射光学元件的一些重要应用。4.2 节介绍光栅, 它用于偏折光路, 为化学分析 (见第 15 章) 和波分复用 (WDM) 中的光谱法进行分色或分波长。光栅公式与天线阵列的公式相类似。在塔尔博特 (Talbot) 效应[85,111] 情况下, 不用透镜也能够制作光栅。在 4.3 节中, 设计了一个波带片来替代凸透镜。在 4.4 节中, 介绍一种被广泛使用的算法, 即格希伯格 – 萨克斯顿 (Gerchberg-Saxton) 算法, 用于计算只对相位衍射的元件以实现无损二维滤波。

4.1 衍射光学元件的应用

(1) 用于特定波长的高功率光学元件。衍射光学元件经常应用在防御 (见 12.2 节)、制造、焊接以及切割等领域的高功率激光束中, 因为这些领域都要求光学元件材料能经受住特定波长激光的高功率辐照。相对于其他波段而言, 红外波段 (见 8.1.5 节) 需要更加耐用的阻热和导热材料, 如钻石和硒化锌。利用这些材料, 制作衍射元件就变得更加容易了, 例如, 可以用一个机械加工或蚀刻的聚焦波带片来替代一个通过研磨、抛光制作的折射透镜。

(2) 轻的质量。衍射光学元件可应用在对于轻质、低惯性的要求比较苛刻的系统中, 例如用于机载平台。在紧凑的光盘播放器中, 用质量轻的聚焦波带片衍射元件替代传统的激光二极管透镜可以节省通道转换时间。头顶投影仪的准直透镜是将一些适当的透镜环压扁成一个轻且薄的赋形塑料片而制成。

(3) 复杂的光束图案。与折射元件不同, 衍射光学元件可将光调制成任意的复杂光束图案。例如, 在超市扫描仪中, 衍射光学元件使一束光产生多方向的光束, 以便从任意角度读取条形码。

(4) 光谱仪器。衍射光学元件 (通常为光栅) 能对光束分频从而进行光谱分析或频率合成 (见第 15 章)。

(5) 衍射和折射组合。衍射光学元件可以对高频成分实现比低频成分更大的偏折, 这与较容易通过研磨、抛光制作的传统高质量球面透镜恰恰相反。因此, 在透镜上放置一个像波带片这样的衍射图案, 便能使光束的所有频率聚焦到同一点上。这在医学手术中十分有用, 因为聚焦的切割光束是不可见的红外光, 而引导聚焦的光束则是可见光。掩模透镜可以做成任意形状; 例如, 非球面透镜具备椭圆或双曲的形状, 并且可以将各色光聚焦到同一点。但是, 掩模透镜大多数都是塑料的, 品质较差且不能通过抛光来提高。掩模制作的一种替代方法是使用非正常的溶胶 – 凝胶 (sol-gel) 工艺 (在非常高的温度下将玻璃粉末熔化)。

4.2 衍射光栅

光栅[49] 具有周期性的结构, 在军用激光系统中使用得很多, 如波导滤波器、光线滤波器、通信以及光谱分析仪等 (参见第 15 章)。在多维、光子晶体以及光子晶体光纤[14]中, 其周期性结构[63,147,176] 对未来的集成光学十分重要。图 4.1(a)、(b) 所示为正弦光栅和闪耀光栅。典型的光栅是通过在光滑的玻璃衬底上划线或者蚀刻线条 (利用平版印刷技术) 制成, 或者是利用全息术[83] 制作 (正弦光栅采用这种方法制作而成)。光栅可以是透射型的, 或镀一层反射面做成反射型的。对于反射型的光栅, 相对于正弦光栅而言, 闪耀光栅强调一定的反射级别; 因此, 这些级别有一个更高的反射系数并且效率更高。

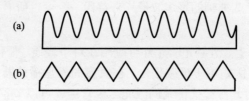

图 4.1　光栅

(a) 正弦光栅; (b) 闪耀光栅。

4.2.1　衍射光栅光路偏折及光栅公式

折射 (见图 4.2(a) 和图 4.2(b)) 和衍射 (见图 4.2(c)) 都可以偏折光路。在图 4.2(a) 中, 光束从左边入射到低折射率的界面, 最先入射到界面的部分会被加速, 从而导致光束偏折。这和一个班的士兵以一个角度从泥泞场地里行进到阅兵场上的情景是一样的。这一现象能解释为何光束因全反射而被限制在光纤中传输。当光束沿着反方向传输时, 同样能够观察到偏折的现象。光束偏折的角度由斯涅耳定律 (见 1.2.2 节) 决定。在图 4.2(b) 中, 光束的一侧在棱镜中的光程比另一侧要长, 这样就使该侧的光束变慢从而引起光束偏折。

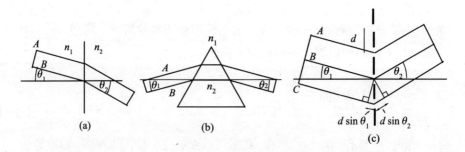

图 4.2　光束偏折

(a) 不同折射率的介质界面处的折射; (b) 棱镜的折射; (c) 光栅衍射。

图 4.2(c) 所示是利用衍射来对光束进行偏折。如果要得到一个偏折的平面波波前, 那么光束的一侧 C 要比另一侧 A 传输更远的距离。因此, 光

束一侧变慢 (C 侧) 就会引起光束偏折。若光栅周期为 d, 则 C 侧光束多走的光程为 $d\sin\theta_1 + d\sin\theta_2$。要满足出射光束为平面波波前的条件就必须要求这段多走的光程是波长的整数倍, 由此给出光栅方程:

$$d\sin\theta_1 + d\sin\theta_2 = m\lambda \tag{4.1}$$

如图 4.2(c) 和图 4.2(a) 或图 4.2(b) 所示, 衍射和折射偏折光路的一个主要区别是: 衍射元件中如红外光这样的长波长光束要比短波长的光束偏折角度更大, 并且使光栅看起来更加精密, 而折射元件中情况恰恰相反; 也就是说, 短波长光束偏折得更多。

4.2.2 余弦光栅

图 4.3(a) 所示为一个 $2W \times 2W$ 的余弦透射型光栅, 其光栅频率为 f_0。该光栅在 x 方向 (见图 4.3(b)) 的横截面透过率分布可写为

$$U_{\text{in}}(x,y) = \left[\frac{1}{2} + \frac{1}{2}\cos(2\pi f_0 x_1)\right] \text{rect}\left(\frac{x_0}{2W}\right) \text{rect}\left(\frac{y_0}{2W}\right) \tag{4.2}$$

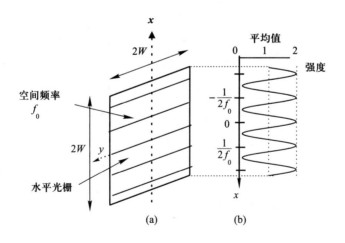

图 4.3 余弦光栅

15.3.3 节对闪耀光栅进行了分析。式 (4.2) 中第一个 1/2 是由于光强不能为负而出现的, 因此, 如图 4.4 所示, 存在零空间频率或直流分量以产生零级分量。在光栅之后, 远场衍射 (夫琅和费场) 可直接使用光强的傅里叶变

换表示:

$$U_{\text{out}}(x_0, y_0)$$

$$= F\{U_{\text{in}}(x_1, y_1)\}$$

$$= F\left[\frac{1}{2} + \frac{1}{2}\cos(2\pi f_0 x_1)\right] * F\left[\text{rect}\left(\frac{x_0}{2W}\right)\text{rect}\left(\frac{y_0}{2W}\right)\right]$$

$$= \left[\frac{1}{2}\delta(f_x f_y) + \frac{1}{4}\delta(f_x + f_0, f_y) + \frac{1}{4}\delta(f_x - f_0, f_y)\right]$$

$$*(2W)^2 \text{sinc}(2W f_x)\text{sinc}(2W f_y)$$

$$= \frac{1}{2}(2W)^2 \text{sinc}(2W f_y)\left[\text{sinc}(2W f_x)\right.$$

$$\left. + \frac{1}{2}\text{sinc}\{2W(f_x + f_0)\} + \frac{1}{2}\text{sinc}\{2W(f_x - f_0)\}\right] \tag{4.3}$$

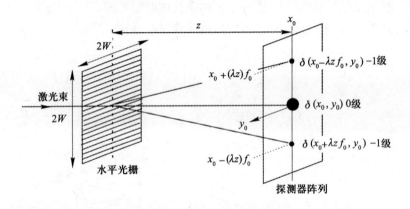

图 4.4　余弦光栅的夫琅和费场

此处利用了傅里叶变换的性质 (即一个定义域中的卷积在另一个定义域中就变为乘积) 和 $\cos\theta = [\exp(\mathrm{j}\theta) + \exp(-\mathrm{j}\theta)]/2$。通过利用由式 (4.3) 进行的傅里叶变换，并利用 $f_x = x_0/\lambda z$ 和 $f_y = y_0/\lambda z$ 进行换算，可由 3.3.5 节的式 (3.53) 写出夫琅和费衍射场：

$$U(x_0, y_0) = \frac{\exp(\mathrm{j}kz)}{\mathrm{j}\lambda z}\exp\left[\frac{\mathrm{j}k}{2z}\{x_0^2 + y_0^2\}\right]\frac{1}{2}(2W^2)\text{sinc}\left(\frac{2W y_0}{\lambda z}\right)$$

$$\cdot \left[\text{sinc}\left(\frac{2W x_0}{\lambda z}\right) + \frac{1}{2}\text{sinc}\left\{\frac{2W}{\lambda z}(x_0 + \lambda z f_0)\right\}\right.$$

$$\left. + \frac{1}{2}\text{sinc}\left\{\frac{2W}{\lambda z}(x_0 - \lambda z f_0)\right\}\right] \tag{4.4}$$

式中, 方括号内的三个级次与图 4.4 中所示相对应。图 4.5 在一个远场平面上绘制出了余弦光栅即式 (4.4) 在 x 方向的远场波形。当间隔如图 4.4 所示那样足够大、能够避免不同衍射级次的交迭时, 就可以通过将衍射波形乘以其共轭而得到出射光的远场强度:

$$I_{\text{out}}(x_0, y_0) = \frac{1}{(\lambda z)^2} \left\{ \frac{1}{2}(2W)^2 \right\}^2 \text{sinc}^2 \left(\frac{2Wy_0}{\lambda z} \right)$$

$$\cdot \left[\text{sinc}^2 \left(\frac{2Wx_0}{\lambda z} \right) + \frac{1}{4}\text{sinc}^2 \left\{ \frac{2W}{\lambda z}(x_0 + \lambda z f_0) \right\} \right.$$

$$\left. + \frac{1}{4}\text{sinc}^2 \left\{ \frac{2W}{\lambda z}(x_0 - \lambda z f_0) \right\} \right] \tag{4.5}$$

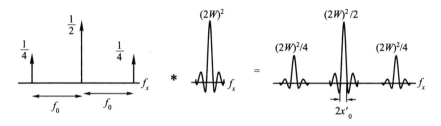

图 4.5 余弦光栅的远场分布展示了三个级次及其波形

4.2.3 光栅性能

零级衍射 (即不存在光栅时光传播的方位) 与 -1 级衍射和 $+1$ 级衍射的间距正比于光栅的空间频率 f_0。对光学中的衍射而言, 出射光强度与 λz 有关, 见式 (4.5), 其中 λ 为波长, z 为与出射平面的间距 (见图 4.4)。值得注意的是, 光栅越密即刻线靠得越近, f_0 就越大, 各衍射级次就越分散。而且, 光的波长越短 (向紫外接近), 即 λ 越短, 各衍射级次就会偏折得离零级衍射越远。这一特性在第 15 章中被用来作光谱分析以鉴别化学武器和生物武器。如前所述, 衍射可以使光束沿着与棱镜折射相反的方向偏折, 从而导致一些具有特定功能的衍射 – 折射型球形光学元件成为可能, 例如, 使不同颜色的光聚焦到同一位置, 这对于眼外手术和一些武器系统具有实用价值 (用跟踪的红光进行观察, 而用红外光实现烧灼)。如果没有衍射单元, 通过常用的球面透镜研磨系统就不可能制作出具有这种聚焦功能的非球面透镜。

图 4.5 所示的衍射级半宽度 x_0' 是通过在式 (4.4) 中将辛格函数 (sinc)

项设为零而得到的:

$$\text{sinc}\left(\frac{2W}{\lambda z}x_0'\right) = \frac{\sin(\pi 2W x_0'/\lambda z)}{\pi 2W x_0'/\lambda z} = 0 \tag{4.6}$$

由此得到

$$\pi\frac{2W}{\lambda z}x_0' = \pi \ \text{即} \ x_0' = \frac{\lambda z}{2W} \tag{4.7}$$

式 (4.7) 表明, 随着光栅宽度 $2W$ 增加, 衍射级宽度变窄, 这是源于入射光与出射光之间逆傅里叶变换关系的一个预期结果。系数 λz 表明, 衍射级宽度随距离和波长增大而上升。

4.3 波带片设计及模拟

波带片是一种广泛使用的衍射光学元件, 其功能与折射透镜相似, 只是加工制作不同, 且对不同波长的偏折方向相反。当光功率会对正常的折射透镜造成损坏时, 或者使用球形工具无法研磨制作所需要的透镜外形时, 或者需要特殊的光学透镜时, 都要使用波带片。本节推导了一级衍射的波带片公式以及焦平面上的场分布公式。对于一个选定焦距的表面起伏波带片, 本节计算了波带片各个环的半径以及蚀刻深度, 从而为加工制作提供数据。另外, 本节还对横截面光强分布以及光场在轴上的峰值强度进行了计算, 并与折射透镜进行了比较。

4.3.1 波带片外观及聚焦

对于波带片而言, 主要描述它的外观以及它是如何使光聚焦的。

4.3.1.1 波带片外观

波带片由一系列半径不断增加的同心环组成, 而这些同心环之间的距离则随半径增大而不断减小[61,86,134]。波带片分为两种类型: 掩模型和表面起伏型。在掩模型波带片中 (见图 4.6(a)), 相隔的环带都是用来阻挡光束的不透明介质。用来制作表面起伏型波带片的鳞状掩模板外形与之相同。需要注意的是, 在压印波带片时, 大多数压印机都要把模版尺寸缩小10 倍。表面起伏型波带片的不透明区并不是由真正的不透明介质做成, 而是材料表面凸起或凹陷了半波长的整数倍。图 4.6(b) 所示为表面起伏型波带片的三维 (3D) 图像, 而图 4.7 为其截面图。

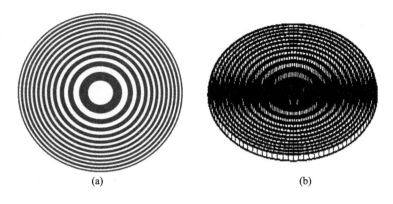

图 4.6 波带片外形

(a) 掩模波带片 (用于制作任意波带片的鳞状掩模板也是这种外形); (b) 表面起伏波带片的三维 (3D) 视图。

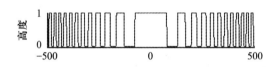

图 4.7 三维 (3D) 表面起伏波带片的截面图

4.3.1.2 波带片聚焦

波带片通过衍射使光束聚焦, 而不是像透镜那样利用折射聚光。图 4.8 所示为掩模型波带片的横截面示意图。通过该图, 可以清楚地看到掩模型波带片是如何将平行光聚焦到焦面上一点的。波带片的等效焦距 f_p 对应于透镜的焦距 f。波带片还可以看作是一个光栅, 距离轴的半径越大, 该光栅性能越好。高性能的光栅能将光束偏折更大的角度 (见 4.2.1 节); 因此, 波带片上离轴越远的光束就偏折得越厉害, 从而像透镜一样可使入射的平行光束聚焦。

从另一种观点看, 波带片上的点到焦点的距离随着该点与轴之间的距离而变化; 因此, 不同光线到达焦点时都有着不同的相位 (它是半径的函数)。每条光线的相位都由其几何长度决定。对掩模型波带片而言, 焦点处同相的光线都会穿过衍射光学元件的透明环; 而焦点处异相的光线则都被衍射光学元件的不透明环阻挡 (见图 4.8)。对于一个表面起伏型波带片, 由于相位干涉替代了光束的阻挡[61], 焦点处的光强得到了增大。不同颜色的光线和不同的衍射级会聚焦到轴上不同的点。此处, 我们考虑单波长和一

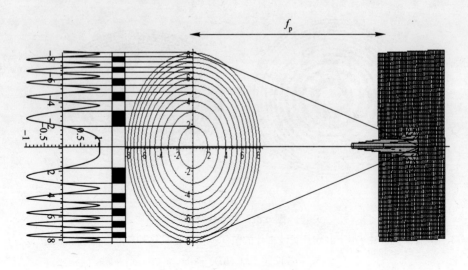

图 4.8　波带片的聚焦功能

级衍射。如果波带片衍射效率很高, 可认为零级衍射光 (即直接穿过波带片的光) 能忽略不计。

4.3.2 波带片设计及模拟的计算

本小节中, 对于一个给定的焦距, 我们将计算出波带片各环的半径。

4.3.2.1 波带片设计公式的推导

对图 4.6(a) 中的掩模型波带片而言, 焦点处同相的光线都能穿过衍射光学元件 (DOE) 的透明环; 而那些在焦点处异相的光线则都被不透明环阻挡。每个光束的相位都由它的几何光程决定。通过在阻挡区或不透明区设定一个 π 的相位变化, 这些等式可以扩展到表面起伏型波带片。这一设定相当于对相位的正负做了一个变换, 因此先前为异相的光线现在变为同相。这一方法常常应用在衍射元件中来提高效率。这种情况下, 光强可以提高一倍。表面起伏型波带片中 π 相位的变化是通过精确控制蚀刻深度实现的。当将蚀刻深度精确控制到某一值时, 与空气中的传输相比, 光线通过与空气厚度相同的材料后就会产生一个 π 相位的变化。

下面来计算焦距为 f_p (图 4.8) 的波带片的各环半径 $s_i^{[134]}$。图 4.9 所示为波带片上第 i 个环边缘 B 点 (与 z 轴相距 s_i) 的光线聚焦到轴上 C 点 (在 z 轴上距波带片距离同样为 f_p) 的光路图。与来自波带片轴心 A 点的光线相比, 若要使 B 点的光线处于同相和异相的转变处, A、B 两点光

线至焦点的光程差就必须为半波长的奇数倍:

$$d' = \frac{\lambda}{2}(2i - 1) \tag{4.8}$$

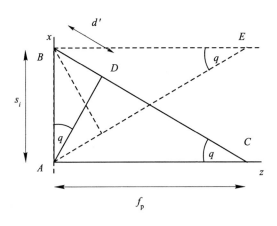

图 4.9 用于确定波带片公式的几何关系

由式 (4.8), 又由三角形 ABC 和三角形 DBA 相似, $\lambda = 2\pi/k$, $AD \approx AB$, 可得

$$\frac{s_i}{f_p} = \frac{(\pi/k)(2i-1)}{s_i} = \frac{\pi(2i-1)}{ks_i} \tag{4.9}$$

为波带片选择一个相等的焦距并定义一个参量:

$$\sigma^2 = f_p/k \tag{4.10}$$

将式 (4.10) 中的 f_p 代入到式 (4.9), 得

$$\frac{s_i^2}{\sigma^2} = \pi(2i-1) \tag{4.11}$$

因此, 在 $s_{2i} \leqslant \rho \leqslant s_{2i+1}$ 区间内可放置不透明环。此处半径是 ρ, $s_0 = 0$ 并且整数 $i > 0$。由式 (4.11) 可得

$$s_i = \sigma\sqrt{\pi(2i-1)} \tag{4.12}$$

图 4.8 左侧的横截面上, 不透明环用黑色表示。由于 $U[\cos\{\rho^2/(2\sigma^2)\}]$ 的零值出现在式 (4.12) 中 $\rho = s_i$ 时, 所以波带片的传输函数可写成

$$T(\rho) = U\left[\cos\left(\frac{\rho^2}{2\sigma^2}\right)\right], \quad U(x) = \begin{cases} 1 & (x \geqslant 0) \\ 0 & (x < 0) \end{cases} \tag{4.13}$$

式 (4.13) 可用于对波带片的横截面进行计算。

4.3.2.2 焦平面处横向光场公式的推导

这里采用 3.3 节中的标量衍射理论来确定出射面的光场强度。根据式 (3.45)，菲涅耳衍射公式可写为

$$g(x_0, y_0, z_0) = -\frac{j}{\lambda z_0} e^{jkz_0} \int_y \int_x f(x, y) \exp\left\{ j\frac{k}{2z_0}[(x - x_0)^2 + (y - y_0)^2] \right\} dxdy \tag{4.14}$$

对于圆对称 $\rho = \sqrt{x^2 + y^2}$ 情形，利用一种傅里叶 – 贝塞尔 (Fourier-Bessel) 变换[49,134]，可将式 (4.14) 写为

$$g(\rho_0, z_0) = -\frac{j2\pi}{\lambda z_0} e^{jkr_0} \int_0^b \rho f(\rho) \exp\left\{ j\frac{k\rho^2}{2z_0} \right\} J_0\left(\frac{k\rho\rho_0}{z_0}\right) d\rho \tag{4.15}$$

式中，$r_0 = z_0 + (x_0^2 + y_0^2)/(2z_0)$; J_0 是第一类零阶贝塞尔函数。

将波带片设计方程式 (4.13) 和式 (4.10) 代入式 (4.15) 替换 $f(\rho)$，将入射光波幅值设为 B，并利用 $\omega = k\rho^2/(2z_0)$ ($d\omega = (k\rho)/(z_0)d\rho$) 即 $\rho^2 = (2z_0\omega)/k$，可以得到[134]

$$g(\rho_0, z_0) = B \int_0^{kb^2/(2z_0)} e^{j\omega} U\left[\cos\left(\frac{\omega z_0}{f}\right)\right] J_0\left[\rho_0 \left(\frac{2k\omega}{z_0}\right)^{1/2}\right] d\omega \tag{4.16}$$

式中，相位项 $-je^{jkr_0}$ 被忽略不计。由式 (4.16)，对于一个有 n 个环和透明环位置的波带片 (见图 4.8 左侧)，有

$$g(\rho_0, z_0) = \tag{4.17}$$

$$B \int_0^{\pi/2} e^{j\omega} J_0\left[\rho_0 \left(\frac{2k\omega}{z_0}\right)^{1/2}\right] d\omega$$

$$+ B \int_{3\pi/2}^{5\pi/2} e^{j\omega} J_0\left[\rho_0 \left(\frac{2k\omega}{z_0}\right)^{1/2}\right] d\omega \tag{4.18}$$

$$+ \cdots + B \int_{\pi(n-3/2)}^{\pi(n-1/2)} e^{j\omega} J_0\left[\rho_0 \left(\frac{2k\omega}{z_0}\right)^{1/2}\right] d\omega$$

4.3.2.3 波带片性能

在 z 轴上，$\rho_0 = 0$ 而且 $J_0 = 1$，由式 (4.18) 可得 n 环波带片在焦点处的光场为

$$g(\rho_0, z_0) = B\left[[1 + j] + [1 + 1] + \cdots + [1 + 1]\right] = B(n + j)$$

式 (4.18) 表明, 入射光在焦点处被聚焦到更高的光强。

图 4.10 中的实线所示为准直相干光照射时波带片后焦面上归一化的出射光强。需要注意的是, 由于波带片是二元光学器件, 所以出射光会有很多更高的衍射级。因此, 与第一级相比, 波带片在更远的距离处还有很多比一阶更高级次的焦点。负级次衍射的光束会以环状发散开来而不会聚焦到一点, 因此负级次衍射光束的峰值强度要比透镜焦点上的光强低很多。

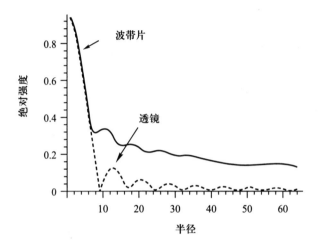

图 4.10　波带片焦面光斑分布与透镜的对比

通过消去透镜函数在积分中的第一个指数项并设 $f(\rho) = 1$, 可由式 (4.15) 得到透镜焦面 ($z_0 = f$) 上的光场分布。将变量替换为 $\rho' = k\rho\rho_0/z_0$ 并利用 $\int_0^x \rho' J_0(\rho')\mathrm{d}\rho' = x J_1(x)$, 可得

$$g(\rho_0, z_0) = -\frac{\mathrm{j}2\pi}{\lambda f}\mathrm{e}^{\mathrm{j}kr_0}b\frac{J_1(bk\rho_0/f)}{k\rho_0/f} \tag{4.19}$$

当 $bk\rho_0/f_\mathrm{p} = 1.22\pi$ 时, $J_1(bk\rho_0/f_\mathrm{p}) = 0$, 横跨主瓣的距离即光斑直径 $2\rho_\mathrm{s}$ 就是

$$2\rho_\mathrm{s} = \frac{2.44\lambda f}{2b} \tag{4.20}$$

下面考虑表面起伏波带片。如果将波带片中不透明的阻塞区域替换为具有另外高度或深度的波带片材料从而导致这些区域出现 $180°$ (π) 的相移, 那么, 就对这些区域加上了相同强度的光束。这样, 对表面起伏波带片而言, 峰值强度就是掩模型波带片的两倍。如果蚀刻深度与产生 π 相移的计算值有偏差, 那么焦距处的光强就会降低。图 4.11 所示为表面起伏波带

片焦面上重新定标的光束强度计算值: 与掩模型波带片相比, 表面起伏波带片在性能上有重要改善, 因为先前的衍射旁瓣强度下降更快了。

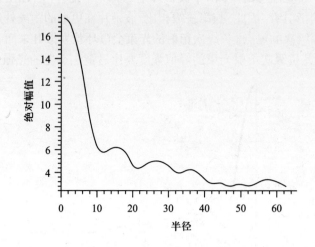

图 4.11 表面起伏波带片在焦面上光斑分布的计算

4.4 用于衍射光学元件设计的格希伯格 – 萨克斯顿算法

格希伯格 – 萨克斯顿 (Gerchberg-Saxton) 算法 (简称 G-S 算法)[43,69,152] 是一种用于设计衍射光学元件的降低误差的算法。衍射光学元件为纯相位型, 这样, 类似全息的单一薄膜衍射光学元件 (DOE) 就不会阻挡任何光束[49,83]。

4.4.1 格希伯格 – 萨克斯顿算法的目标

图 4.12 展示了一个纯相位衍射元件在系统中的入射面处对一个平面波源 W_0 发出的光束进行调制的情况。通过调制, 在距滤波器平面为 z 的观察面上可以得到想要的图案 $|F_0(x,y)| = B_0(x,y)$, 其值由 x 和 y 控制。而自适应迭代 G-S 算法的目的就是要计算这些能够将入射光调制成期望图案的纯相位值, 这些值是 x 和 y 的函数。G-S 算法常被用来设计一种滤波器。这种滤波器常常被放在激光笔中的激光二极管后面, 用来对二极管

发出的光束进行调制, 从而在屏幕上显示成箭头或其他物体的图像而不是一个简简单单的圆点。我们曾使用 G-S 算法来设计一个两维的相控阵天线, 为 Mark 50 鱼雷上的声波束选择合适的相位进行传输, 从而使声波束图案在较宽角度范围内都是平坦的并且工作在最大功率状态[108]。由于计算过于冗长, 参考文献 [108] 中介绍了使用格希伯格算法生产一个训练装置, 然后使用快速分裂反演算法[82] 来训练一个神经网络的工作。通过神经网络找到相位值的时间比传统算法快数千倍。

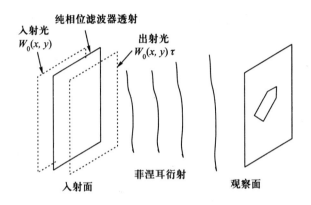

图 4.12　由衍射光学元件到观察屏的前向传输

4.4.2　衍射光学元件的逆问题

在一个逆衍射问题中, 一个衍射光学元件的合成包含: 从图 4.12 所示观察面上的期望光强开始, 在入射面处反复更新纯相位滤波器的相位值。在数学上, 这涉及到求解反向非线性菲涅耳衍射积分方程式 (4.21) 或夫琅和费方程, 其中的非线性是由于模量的引入造成的。也就是说, 在已知输出 $|F_0(x,y)|$ 的情况下, 要求解纯相位输入 $U(x_1,y_1) = \exp(\mathrm{j}\phi_k)$。

需注意的是, 由于此处非线性的不同特性, 该问题有别于传统的图像处理问题。传统的图像处理是对一个变形的图像进行重构, 这里要解决的是含有附加噪声的线性卷积型问题。

此外, 由于相位以 2π 为周期往复变化, 在求解的过程就会出现很大的模糊性。这里没有考虑相位展开问题[46], 因为迭代算法最终会收敛到一个极小值并且并不要求解的唯一性。求最小值的一个典型目标是获得输出模量与期望值之差的均方根 (RMS)。

4.4.3 前向格希伯格 – 萨克斯顿算法

在图 4.12 所示的菲涅耳前向计算中, 由菲涅耳衍射方程式 (4.21) 可知, 输出场的强度 $|F_0(x,y)|$ 与输入场 $U(x_1,y_1)$ 和菲涅耳衍射动量响应 $h(x,y) = ((jk)/(2z))[(x_0 - x_1)^2 + (y_0 - y_1)^2]$ 的卷积大小有关:

$$|F_0(x,y)| = \left| \frac{1}{j\lambda z} \int\!\!\int_{-\infty}^{+\infty} U(x_1,y_1) \frac{jk}{2z}[(x_0 - x_1)^2 + (y_0 - y_1)^2] dx_1 dy_1 \right|$$

(4.21)

观察到的光强就是 $|F_0(x,y)|^2$。

将滤波器纯相位传递函数写为 $\tau = \exp[i\phi(x,y)]$, 入射光场为 W_0。入射光穿过滤波器后的光场为 $U(x_1,y_1) = W_0\tau = W_0 \exp[i\phi_0(x,y)]$。因此, 图 4.13 中左上方的入射面的初始场就是 $W_0 \exp[i\phi_0(x,y)]$。

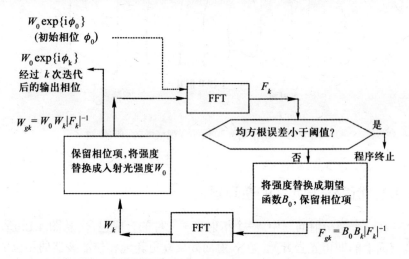

图 4.13　用于衍射光学元件设计的 G-S 算法图解

由式 (4.21) 可得, 观察面出射场的模量表达式可写成

$$|F_0(x,y)| = \left| \int\!\!\int_{-\infty}^{+\infty} W_0 \exp[i\phi_0(x,y)] \frac{jk}{2z}[(x_0 - x_1)^2 + (y_0 - y_1)^2] \right| dx_1 dy_1$$

(4.22)

4.4.4 格希伯格 – 萨克斯顿反向算法设计纯相位滤波器或衍射光学元件

要设计衍射光学元件, 就要在已知观察面图像预期光强为 $I(x_0,y_0) =$

$|F(x_0, y_0)|^2$ 的情况下由式 (4.22) 求解出 $\phi(x, y)$。

G-S 算法使用一种迭代连续近似的算法来求解这种非线性积分方程。导致非线性的原因是式 (4.22) 中的符号。首先, 我们注意到, 实际上, 在感兴趣的波长处, 入射面与观察面的距离与横向尺寸相比要大很多。因此, 由衍射理论[49] 可知, 在大距离的情况下可以使用夫琅和费近似 (见 3.3.5 节), 它允许使用单一的傅里叶变换来代替菲涅耳近似的卷积 (见 3.3.4 节)。快速傅里叶变换 (FFT) 是用来提高计算速度的[133]。图 4.13 给出了该算法的图解。

通过选择一个初始相位 ϕ_0 (可以为随机值) 来启动迭代算法, 并迭代 $k = 0$ 条件下的 $W_0 \exp[\mathrm{i}\phi_0(x, y)]$。第 k 次循环的步骤如下:

(1) 利用 FFT 将 $W_k \exp[\mathrm{i}\phi_k(x, y)]$ 变换为 $F_k(x_0, y_0)$。

(2) 计算误差函数 ε_k, 即第 k 次循环得到的输出 $|F_k(x_0, y_0)|$ 与期望输出 $B(x_0, y_0)$ 之间的均方误差:

$$\varepsilon_k = \int \int_{-\infty}^{+\infty} \left[|F_k(x_0, y_0)| - B(x_0, y_0)\right]^2 \mathrm{d}x_0 \mathrm{d}y_0 \qquad (4.23)$$

检查误差是不是足够小以至于可以停止迭代。否则, 重复该循环。

(3) 通过计算 $F_k(x_0, y_0)\,|F_k(x_0, y_0)|^{-1}$ 来消去 $F_k(x_0, y_0)$ 的幅值, 并将之替换为期望函数 $B(x_0, y_0)$ 的值, 也就是计算:

$$F_{gk}(x_0, y_0) = B(x_0, y_0) F_k(x_0, y_0)\,|F_k(x_0, y_0)|^{-1} \qquad (4.24)$$

(4) 对 $F_{gk}(x_0, y_0)$ 做逆傅里叶变换得到 $W_k(x_0, y_0)$。

(5) 通过计算 $W_k(x_0, y_0)\,|W_k(x_0, y_0)|^{-1}$ 来消去 $W_k(x_0, y_0)$ 的幅值, 并将之替换为入射光波的振幅 W_0, 也就是计算:

$$W_{gk}(x_0, y_0) = W_0 W_k(x_0, y_0)\,|W_k(x_0, y_0)|^{-1} \qquad (4.25)$$

第 5 章

传输和大气湍流补偿

大气层中的空气运动可以通过速度 $v(x, y, z)$ 剧烈的随机涨落 (脉动) 来描述。温度在三维空间 (x, y, z) 的随机变化伴随着速度的随机涨落。空气随温度的膨胀和收缩导致了空气密度的随机变化, 进而导致折射率 $n(x, y, z)$ 被动的随机变化。此处, "被动" 是指折射率 n 的变化并没有改变空气的速度。当一束光穿过大气时, 折射率不停涨落 (脉动) 的变化使其随机地发生弯曲。因此, 光束漂移和扩散的程度比仅是衍射的情况要更加厉害。在讨论折射率对光束的影响时, 称大气湍流为光学湍流。

对军事应用而言, 感兴趣的有两种截然不同的情形: 对相干激光束的影响和对非相干成像的影响。由于湍流将光线撕裂为一路或多路, 因此, 湍流对成像的影响可通过眺望停机坪停车区 (在太阳下暴晒了一整天) 场景时所出现的闪烁或者通过观看星星的闪烁而观察到; 艾萨克·牛顿首先解释了这种现象。下面将集中讨论由湍流所引起的空间变化的折射率 $n(x, y, z)$ 对于传输激光束的影响。所产生的光束可用随机场 $U(x, y, z)$ (或也可能用 $U(x, y, z, ct)$) 描述。随机场在空间变化, 而且这些随机场是只在时间上变化的随机过程在空间的反映[135]。需注意的是, 因为空间有三维而时间只有一维, 所以随机场比随机过程更加复杂。

在 5.1 节中, 按照文献 [4] 回顾了局部均匀随机场的结构函数及其功率谱。不需了解详细方程的读者可以略过此节。在 5.2 节中, 描述了光学湍流 (其折射率对光束有影响的湍流)。柯尔莫果洛夫 (Kolmogorov) 级联理论提供了物理上的认识。不需了解详细方程的读者可跳到 5.2.2 节和式 (5.32) 开始阅读。在 5.3 节中, 描述用于在机载激光系统 (见 12.2.7.2 节) 和自动寻的导弹保护装置 (见 12.3.3 节) 中进行高功率光束净化和光学湍流补偿的自适应光学器件和系统。在 5.4 节中, 描述用于湍流建模的计算方法和在相位屏计算方面的研究。相位屏被广泛应用于对分层模型中各层的计算。这些相位屏被用于机载激光试验台 (12.2.7.2 节)。特别要提出的是, 我们曾在相位屏湍流建模方面[90] 开展研究, 并撰写了对频域和空域两个方法进行比较的第一篇论文。第一种方法对柯尔莫果洛夫谱[88] 实施空域傅里叶变换 (FT), 而第二种方法由柯尔莫果洛夫湍流结构函数计算了一个协方差矩阵。这两种方法都满足柯尔莫果洛夫谱, 但它们处理具有不确定性的巨型大气漩涡这一问题的方式不同, 而且具有不同的风场建模能力。

5.1 相关的统计学知识

由于折射率在空间随机涨落 (脉动), 从激光器发出的光脉冲无论何时通过大气传播, 都会选取一条略有不同的物理路径。不同路径在空间上的集合 (称为系综) 构成连续的随机场[4]。每条路径都被视为随机场在空间中的实现形式。实现形式为空域的随机场与实现形式为时域的随机过程形成对照。由于存在随机性, 实现路径是不可预测的, 因此, 使用以 $\langle a \rangle$ 来表示的平均值或者期望值 (有些文献中用 $E\{\ \}$ 表示)。为了易于处理, 人们最初重点关注一阶和二阶统计: 平均值和自协方差。随机场 $m(\boldsymbol{R})$ 的平均值是在空间一个点 (对于所有实现形式即路径, 该点由其矢量位置 $\boldsymbol{R}(x, y, z)$ 确定) 的系综平均值:

$$m(\boldsymbol{R}) = \langle u(\boldsymbol{R}) \rangle \tag{5.1}$$

空域自协方差函数 (二阶统计量) 给出了两个不同位置 $\boldsymbol{R}_1$ 和 $\boldsymbol{R}_2$ 的场之间的期望关系:

$$B_u(\boldsymbol{R}_1, \boldsymbol{R}_2) = \langle [u(\boldsymbol{R}_1) - m(\boldsymbol{R}_1)] [u^*(\boldsymbol{R}_2) - m^*(\boldsymbol{R}_2)] \rangle \tag{5.2}$$

当平均值为零时, $m(\boldsymbol{R}) = 0$, B_u 简化成自相关函数 (自协方差函数的一种特殊情况)。

如果 B_u 值不依赖于 $\boldsymbol{R}(x, y, z)$ 的绝对值而依赖于其差值 $\boldsymbol{R} = \boldsymbol{R}_2 - \boldsymbol{R}_1$ 即 $\boldsymbol{R}_2 = \boldsymbol{R}_1 + \boldsymbol{R}$, 则在空间中有一个统计学上的均匀场 (这相当于随机过程中的一种广义的稳态过程):

$$B_u(\boldsymbol{R}_1, \boldsymbol{R}_2) = B_u(\boldsymbol{R}_1 - \boldsymbol{R}_2) = \langle u(\boldsymbol{R}_1) u^*(\boldsymbol{R}_1 + \boldsymbol{R}) \rangle - |m|^2 \tag{5.3}$$

通常, 这些场是转动条件下的不变量或在统计学上具有各向同性: 独立于 $\boldsymbol{R}$ 的方向, $R = |\boldsymbol{R}_2 - \boldsymbol{R}_1|$。这就允许将三维矢量简化成一维的标量, 即到光轴的距离 R。因此, 有

$$B_u(\boldsymbol{R}_1, \boldsymbol{R}_2) = B_u(R) \tag{5.4}$$

5.1.1 各态历经

实际上, 当人们在大气中发射一束激光时, 只能得到单一的实现方式。对这束光的统计要比对多光束的系综更容易计算。例如, 一个三维空间的平均值是

$$\overline{B_u(\boldsymbol{R})} = \lim_{x \to \infty} \frac{1}{L} \int_0^L u(\boldsymbol{R}) \mathrm{d}\boldsymbol{R} \tag{5.5}$$

式中, L 为路径的长度。这是在一个随机过程中时间平均值的三维空间等效值。

同样, 对于自协方差的空间平均值, 有

$$\overline{B_u(\boldsymbol{R}_1, \boldsymbol{R}_2)} = \lim_{x \to \infty} \frac{1}{L} \int_0^L [u(\boldsymbol{R}_1) - m(\boldsymbol{R}_1)] [u^*(\boldsymbol{R}_2) - m^*(\boldsymbol{R}_2)] \mathrm{d}\boldsymbol{R} \tag{5.6}$$

通常, 假设随机场是各态历经的, 这意味着: 对于一个特定的实现方式即路径, 空间中某一点的系综平均值可以用单一路径的空间平均值代替。除了一些简单情况之外, 各态历经 (遍历性) 很难得到证明; 但是, 对于绝大部分时间的光学湍流, 遍历性是一合理的假设。对于一个各态历经的随机场, 空间平均值 $\overline{u(\boldsymbol{R})}$ 与系综平均值 $\langle u(\boldsymbol{R}) \rangle$ 是一样的:

$$\overline{u(\boldsymbol{R})} = \langle u(\boldsymbol{R}) \rangle \tag{5.7}$$

并且自协方差的空间平均值 $\overline{B_u(\boldsymbol{R}_1, \boldsymbol{R}_2)}$ 与自协方差的系综平均值 $\langle u(\boldsymbol{R}_1, \boldsymbol{R}_2) \rangle$ 是一样的:

$$\overline{B_u(\boldsymbol{R}_1, \boldsymbol{R}_2)} = \langle B_u(\boldsymbol{R}_1, \boldsymbol{R}_2) \rangle \tag{5.8}$$

值得注意的是, 一种实现方式的空间平均值要比系综平均值更容易测量。

5.1.2 局部均匀随机场的结构函数

实际上, 对于大气湍流, 由于在某些位置上风要吹得更厉害, 其速度、温度和折射率会发生变化, 因此, 所有空间中的平均值不是恒定的。然而, 在一个局部区域内, 平均值是不变的, 写为

$$u(\boldsymbol{R}) = m(\boldsymbol{R}) + u_1(\boldsymbol{R}) \tag{5.9}$$

式中, $m(\boldsymbol{R})$ 依赖于 $\boldsymbol{R}$ 的局部平均值, $u_1(\boldsymbol{R})$ 表示平均值的随机涨落 (脉动)。局部均匀的随机场可以由结构函数表征[4]。在一些随机过程中, 这样的特征 (用一个带有稳态增量的随机过程[135] 来描述) 频繁出现, 例如, 一种泊松 (Poisson) 随机过程。在只涉及自协方差和平均值时, 可在广义上对 "稳态" 进行界定。

表征局部均匀大气湍流的结构函数可写成[4]

$$D_u(\boldsymbol{R}_1, \boldsymbol{R}_2) = D_u(\boldsymbol{R}) = \left\langle [u_1(\boldsymbol{R}_1) - u_1(\boldsymbol{R}_1 + \boldsymbol{R}_2)]^2 \right\rangle \tag{5.10}$$

式中, 设 $u(\boldsymbol{R}_1) \approx u_1(\boldsymbol{R}_1)$。对于局部均匀的随机场, 将式 (5.10) 展开, 得到

$$D_u(\boldsymbol{R}) = \langle u_1(\boldsymbol{R}_1)u_1^*(\boldsymbol{R}_1)\rangle + \langle u_1(\boldsymbol{R}_1 + \boldsymbol{R})u_1^*(\boldsymbol{R}_1 + \boldsymbol{R})\rangle - 2\langle u_1(\boldsymbol{R}_1 + \boldsymbol{R})u_1(\boldsymbol{R}_1)\rangle \tag{5.11}$$

如果该随机场是各向同性的, $R = |\boldsymbol{R}|$, 则 $D_u(\boldsymbol{R})$ 与 $B_u(\boldsymbol{R})$ 相关, 有

$$D_u(R) = 2[B_u(0) - B_u(R)] \tag{5.12}$$

5.1.3 结构函数的空间功率谱

对于高频微波和光学, 由于探测器响应不够快而不能记录相位信息, 因此经常需要测量功率。此外, 对于随机过程或随机场, 相位可以是不重要的。而且, 从噪声中提取信号也常常是通过波谱滤波去除噪声频率来实现。因此, 对于局部均匀各向同性的场, 需要通过由结构函数 $D_u(R)$ 计算功率谱 $\Phi_u(\kappa)$。空间函数与其波谱的关系常常利用傅里叶变换来定义 (见 3.1.2 节)。这就要求空间函数是完全可积分的[133]:

$$\int_{-\infty}^{+\infty} u(\boldsymbol{R})\mathrm{d}(\boldsymbol{R}) < \infty \tag{5.13}$$

但式 (5.13) 对随机场或随机过程并不有效。傅里叶 – 斯蒂尔杰斯 (Fourier-Stieltjes) 变换 [或黎曼 – 斯蒂尔杰斯 (Riemann-Stieltjes) 变换] 可以解决该问题[4,135], 并得到了著名的维纳 – 欣定 (Wiener-Khintchine) 定理。

对于广义的 (平均值和协方差) 稳态随机过程 (时域), 自协方差 $B_x(\tau)$ 和功率谱密度 (或者功率谱) $S_x(\omega)$ 是傅里叶变换对:

$$\left. \begin{aligned} S_x(\omega) &= \frac{1}{2\pi} \int_{-\infty}^{\infty} B_x(\tau) \exp\{-\mathrm{i}\omega\tau\}\mathrm{d}\tau = \frac{1}{\pi} \int_{0}^{\infty} B_x(\tau) \cos(\omega\tau)\mathrm{d}\tau \\ B_x(\tau) &= \int_{-\infty}^{\infty} S_x(\omega) \exp\{\mathrm{i}\omega\tau\}\mathrm{d}\omega = 2 \int_{0}^{\infty} S_x(\omega) \cos(\omega\tau)\mathrm{d}\omega \end{aligned} \right\} \tag{5.14}$$

此处, 因为功率和自协方差是实函数和偶函数, 所以在第二个等式中均出现了余弦式。

在空域中, 对于统计学上的均匀各向同性随机场, 由式 (5.14), 自协方差 $B_u(R)$ 和一维 (1D) 空域功率谱 $V_u(\kappa)$ 类似地与下式关联:

$$\left. \begin{aligned} V_u(\kappa) &= \frac{1}{2\pi} \int_{-\infty}^{\infty} B_u(R) \exp\{-i\kappa R\} \mathrm{d}R = \frac{1}{\pi} \int_0^{\infty} B_x(R) \cos(\kappa R) \mathrm{d}R \\ B_u(R) &= \int_{-\infty}^{\infty} V_u(\kappa) \exp\{i\kappa R\} \mathrm{d}\kappa = 2 \int_0^{\infty} V_u(\kappa) \cos(\kappa R) \mathrm{d}\kappa \end{aligned} \right\} \quad (5.15)$$

式中, κ 是空间角频率, $\kappa = 2\pi f_s$ (为 $\omega = 2\pi f$ 在空域的等效表示)。

下面来求解式 (5.15) 中一维空间功率谱 V_u 与统计学上三维 (3D) 均匀各向同性介质 (其半径 $R = |R_2 - R_1|$) 空间功率谱之间的关系。需注意, 这些功率谱是不一样的。对统计学上的均匀介质 (不是各向同性), 三维 (3D) 自协方差 $B_u(\boldsymbol{R})$ 和三维 (3D) 空间功率谱密度通过维纳 – 欣定定理相关联:

$$\left. \begin{aligned} \Phi_u(\kappa) &= \left(\frac{1}{2\pi}\right)^3 \iint \int_{-\infty}^{\infty} \exp\{-i\kappa \cdot \boldsymbol{R}\} B_u(\boldsymbol{R}) \mathrm{d}^3 \boldsymbol{R} \\ B_u(\boldsymbol{R}) &= \iint \int_{-\infty}^{\infty} \exp\{i\kappa \cdot \boldsymbol{R}\} \Phi_u(\kappa) \mathrm{d}^3 \kappa \end{aligned} \right\} \quad (5.16)$$

如果介质也是各向同性的, 在式 (5.16) 中令 $R = |R_2 - R_1|$ 和 $\kappa = |\kappa|$, 从而得到[4]

$$\left. \begin{aligned} \Phi_u(\kappa) &= \frac{1}{2\pi^2 \kappa} \int_0^{\infty} B_u(R) \sin(\kappa R) R \mathrm{d}R \\ B_u(R) &= \frac{4\pi}{R} \int_0^{\infty} \Phi_u(\kappa) \sin(\kappa R) \kappa \mathrm{d}\kappa \end{aligned} \right\} \quad (5.17)$$

因此, 对于一个局域的统计学均匀各向同性介质, 式 (5.17) 中的三维 (3D) 空间功率谱 $\Phi_u(\kappa)$ 与式 (5.15) 中局域的统计学均匀各向同性介质一维 (1D) 空间功率谱 $V_u(\kappa)$ 由下式关联: ·

$$\Phi_u(\kappa) = -\frac{1}{2\pi\kappa} \frac{\mathrm{d}V_u(\kappa)}{\mathrm{d}\kappa} \quad (5.18)$$

由式 (5.18), 在湍流模型中出现 $-11/3$ 指数律的原因: 如果一维谱服从 $V_u(\kappa) \propto \kappa^{-5/3}$, 则三维谱服从 $\Phi_u(\kappa) \propto -(5/3)V^{-8/3}/\kappa = -(5/3)V^{-11/3}$。值得注意的是, 式 (5.17) 中 $\Phi_u(\kappa)$ 有一个奇异点 $\kappa = 0$, 因此式 (5.17) 中 $B_u(R)$ 的收敛性对 $\kappa \to 0$ 时 $\Phi_u(\kappa)$ 的增长率提出了限制[4]。

实际上, 让一束光从一个平面传输到间隔 z 的另一个平面, 所以需要知道相距 z 的两个平面之间的二维 (2D) 空间功率谱 $F_u(\kappa_x, \kappa_y, 0, z)$[4]:

$$\left.\begin{aligned}
F_u(\kappa_x, \kappa_y, 0, z) &= \int_{-\infty}^{\infty} \Phi_u(\kappa_x, \kappa_y, \kappa_z) \cos(\kappa_z z) \mathrm{d}\kappa_z \\
\Phi_u(\kappa_x, \kappa_y, \kappa_z) &= \frac{1}{2\pi} \int_{-\infty}^{\infty} F_u(\kappa_x, \kappa_y, 0, z) \cos(\kappa_z z) \mathrm{d}\kappa_z
\end{aligned}\right\} \tag{5.19}$$

三维 (3D) 局部均匀随机场的结构函数 $D_u(\boldsymbol{R})$ 即式 (5.11) 通过下式与其三维 (3D) 空间功率谱 $\Phi_u(\kappa_x)$ 即式 (5.16) 相关联[4,60,155]:

$$D_u(\boldsymbol{R}) = 2 \int\int_{-\infty}^{\infty} \Phi_u(\kappa)[1 - \cos(\kappa \cdot \boldsymbol{R})] \mathrm{d}^3\kappa \tag{5.20}$$

如果该场也是各向同性的, 则会得到维纳 – 欣定方程组:

$$\left.\begin{aligned}
\Phi_u(\kappa) &= \frac{1}{4\pi^2 \kappa^2} \int_0^{\infty} \frac{\sin(\kappa R)}{\kappa R} \frac{\mathrm{d}}{\mathrm{d}R}\left[R^2 \frac{\mathrm{d}}{\mathrm{d}R} D_u(R)\right] \mathrm{d}R \\
D_u(R) &= 8\pi \int_0^{\infty} \kappa^2 \Phi_u(\kappa) \left(1 - \frac{\sin(\kappa R)}{\kappa R}\right) \mathrm{d}\kappa
\end{aligned}\right\} \tag{5.21}$$

我们注意到, 有一些处理光学湍流的方法利用了空间功率谱, 有一些则是利用了结构函数。文献 [88,90] 中对两类方法进行了比较。

5.2　大气中的光学湍流

大气中或别处的湍流被认为是源于介质中速度流的统计学变化。速度的剧烈变化导致了压力和温度的变化。空气随温度的膨胀或收缩导致被动的折射率涨落 (脉动), "被动" 意味着这些折射率的变化不会影响速度。在气流或管道中, 当不存在速度混合时, 流体是分层的。进入到气流中的突出体会导致速度混合, 产生迅速变化的漩涡。当雷诺 (Reynold) 数 Re 超过下式的值时, 湍流就会出现:

$$Re = \frac{vl}{\nu} \tag{5.22}$$

式中, v 是速度; l 是尺寸; ν 是黏滞度 (以 m^2/s 为单位)。湍流的纳威 – 斯托克斯 (Navier-Stokes) 偏微分方程一般在计算上过于费力。因此, 柯尔莫果洛夫 (Kolmogorov) 提出了一种统计学的方法[68]; 该方法综合了统计学和直觉判断, 而且现今被广泛使用。

5.2.1 柯尔莫果洛夫能量级联理论

当速度超过雷诺数时, 接近 L_0 的一些大尺寸漩涡将会出现 (见图 5.1)。惯性力使这些漩涡破裂以减小其尺寸, 直至尺寸达到 l_0; 在 l_0 处, 吸收速率大于能量注入速率且漩涡通过耗散而消失。因此, 在任何时刻, 都存在着其尺寸处于 $l_0 \sim L_0$ 范围 (惯性区) 的数量离散的漩涡。与水中的漩涡一样, 这些漩涡形状稍圆, 空气在速度上随半径增大而增大, 因而在密度上随速度增大而减小。密度较低意味着介电常数较低, 因此, 这些漩涡的行为就像是围绕着平均方向涨落 (脉动) 且尺寸各异的小凸透镜。直观地看, 这些透镜导致的光束漂移和扩散比仅是衍射的情况要更厉害。由级联理论可获得结构函数和相应的空间功率谱以用于计算速度、温度和折射率; 后者导致了光学湍流。

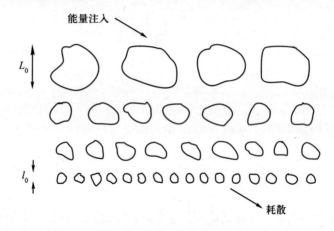

图 5.1　湍流的能量级联理论

速度的结构函数可写为

$$D_{\mathrm{RR}}(R) = \left\langle (v_2 - v_1)^2 \right\rangle = C_v^2 R^{2/3} \quad (l_0 \ll R \ll L_0) \qquad (5.23)$$

式中, $C_v^2 = 2\xi^{2/3}$ (C_v 为速度结构常数) 是总能量的度量, ξ 是平均能量耗散速率。对于小尺寸的漩涡, 最小尺寸为 $l_0 \approx \eta = v^3/\xi$, 故强湍流下的最小尺寸要更小。相反地, 因为有 $L_0 \propto \xi^{1/2}$, 故强湍流下的最大尺寸要更大。

由 5.1 节中的方程可知, 局部均匀各向同性随机场的三维空间功率谱可被写成

$$\Phi_{\mathrm{RR}}(\kappa) = 0.033 C_v^2 \kappa^{-11/3} \quad (l/L_0 \ll \kappa \ll 1/l_0) \qquad (5.24)$$

需注意的是, 正如在式 (5.18) 后正文中所讨论的那样, 在式 (5.24) 中, 局域均匀各向同性随机场情况下结构函数中的 2/3 指数律变成了一维波谱情况下的 5/3 指数律 [在三维 (3D) 各向同性波谱情况下变成一种 (柯尔莫果洛夫模型) 特有的 −11/3 指数律]。

类似地, 对于温度涨落 (即脉动), 波谱可写成

$$\Phi_T(\kappa) = 0.033C_T^2\kappa^{-11/3} \quad (l/L_0 \ll \kappa \ll 1/l_0) \tag{5.25}$$

式中, C_T 是温度结构常数。

光学湍流与通过分离出平均值 $n_0 = \langle n(\boldsymbol{R}, t) \rangle$ 的折射率相关联:

$$n(\boldsymbol{R}, t) = n_0 + n_1(\boldsymbol{R}, t) \tag{5.26}$$

通常情况下, 由湍流引起的折射率变化要比光束以光速穿过它所花的时间长得多, 所以可以忽略时间而得到

$$n(\boldsymbol{R}) = n_0 + n_1(\boldsymbol{R}) \tag{5.27}$$

在光学 (包括红外 IR) 波段, 折射率的一个经验公式是[4]

$$n(\boldsymbol{R}) = 1 + 77.6 + 10^{-6}(1 + 7.52 \times 10^{-3}\lambda^{-2})\frac{P(\boldsymbol{R})}{T(\boldsymbol{R})} \tag{5.28}$$

式中, $P(\boldsymbol{R})$ 是压力 (单位为毫巴①); $T(\boldsymbol{R})$ 是温度 (单位为 K); λ 为光学波长 (单位为 μm)。由于对波长的依赖较弱, 可设 $\lambda = 0.5$μm 以得到

$$n(\boldsymbol{R}) = 1 + 79 \times \frac{P(\boldsymbol{R})}{T(\boldsymbol{R})} \tag{5.29}$$

折射率 $n(\boldsymbol{R})$ 由速度的大小和范围所决定。

对于统计学上均匀的场, $\boldsymbol{R} = \boldsymbol{R}_2 - \boldsymbol{R}_1$, 所以协方差 $B_n(\boldsymbol{R}_1, \boldsymbol{R}_2) = B_n(\boldsymbol{R}_1, \boldsymbol{R}_1 + \boldsymbol{R}) = \langle n_1(\boldsymbol{R}_1)n_2(\boldsymbol{R}_1 + \boldsymbol{R}) \rangle$ (见 5.1 节)。如果场也是各向同性的, $R = |\boldsymbol{R}_1 - \boldsymbol{R}_2|$, 折射率的结构函数通过对式 (5.12) 的类推得到

$$D_n(R) = 2[B_n(0) - B_n(R)] = \begin{cases} C_n^2 R_0^{-4/3} R^2 & (0 \leqslant R << l_0) \\ C_n^2 R^{2/3} & (l_0 << R << L_0) \end{cases} \tag{5.30}$$

式中, 湍流的强度由折射率结构参数 C_n^2 (单位为 m$^{-2/3}$) 描述。内部尺寸是 $l_0 = 7.4\eta = 7.4(v^3/\xi)^{1/4}$。式 (5.25) 中 C_T^2 可通过用细丝温度计对均方

---

①毫巴为非法定计量单位, 1 毫巴= 10^2 Pa。—— 译者注

温度差进行点测量而获得。C_n^2 可从 C_T^2 计算得到:

$$C_n^2 = \left(79 \times 10^{-6} \frac{P(\boldsymbol{R})}{T(\boldsymbol{R}^2)}\right)^2 C_T^2 \tag{5.31}$$

从文献 [4] 得知, 在地面上方 1.5 m 高度处超过 150 m 水平范围所测得的 C_n^2 值在强湍流时的 10^{-13} 到弱湍流时的 10^{-17} 之间变化。

5.2.2 光学湍流中折射率的功率谱模型

下面的模型激发了人造湍流的产生。人造湍流可用于估算湍流对光学传输的影响, 并允许利用自适应光学开展试验。

1. 柯尔莫果洛夫谱情况下的功率谱

由 5.2.1 节, 折射率 n 的柯尔莫果洛夫功率谱具有与速度谱相同的形式; 因此, 用 C_n^2 取代式 (5.24) 中 C_v^2 得到

$$\Phi_n(\kappa) = 0.033 C_n^2 \kappa^{-11/3} \quad (1/L_0 \ll \kappa \ll 1/l_0) \tag{5.32}$$

为了计算相位屏以描述空域中湍流的影响, 需要对波谱进行反向傅里叶变换。因此, 希望模型能覆盖 $0 \ll \kappa \ll \infty$ 的范围。遗憾的是, 因为当 $\kappa \to 0$ 时 Φ_n 因 $\kappa = 0$ 处奇异点而增至 ∞, 扩展式 (5.32) 的下限 (大尺寸) 至零波数 (即零空间频率) 是不可能的, 而且这使得对傅里叶积分的估算变为不可能。截掉大尺寸极限 (频率最低) 的波谱也不合乎要求, 因为式 (5.32) 表明湍流中的能量在此极限下最大 (这会导致巨大的急剧转变从而提供不切实际的波谱)。

2. 塔塔尔斯基 (Tatarski) 谱和改进的冯·卡曼 (Von Karman) 谱

柯尔莫果洛夫谱可通过将式 (5.32) 乘以适当的系数得到改进, 以拓展其上限和下限。为了拓展到高波数 (空间频率) 以超越由耗散引起的小尺寸极限 $\kappa = 1/l_0$, 增加了塔塔尔斯基所提出的高斯指数[155]。为了拓展到较低的波数 (低空间频率) 以超越大尺寸极限 $\kappa = 1/L_0$, 除以因子 $(\kappa^2 + \kappa_0^2)$, 此处 $\kappa_0 = C_0/L_0$, $C_0 = 2\pi$、4π 或 8π (由具体的应用决定)[4]。对 C_0 选择的多样化其原因是: 超过大尺寸极限 L_0 时, 该随机场不再是统计学均匀的 (漩涡可受到大气纹波的干扰), 因此近似主要是使方程更容易处理。改进后的冯·卡曼谱是

$$\Phi_n(\kappa) = \frac{0.033 C_n^2}{(\kappa^2 + \kappa_0^2)^{11/6}} \exp\left\{\frac{-\kappa^2}{\kappa_m^2}\right\} \quad (\kappa_m = 5.92/l_0, \kappa_0 = 2\pi/L_0) \tag{5.33}$$

5.2.3 大气瞬态统计学

当风吹过大气中激光束传输路径时, 湍流将以风速 $v_\perp$ 横穿光束。因为漩涡形状的变化要花数秒的时间, 风的明显移动为 $L_0/v_\perp$ 要更快一些。这就是 "冻结湍流" 假设, 类似于经过天空中的空气湍流所引起的云的形状。因此, 就能将由漩涡流所引起的空间湍流转换为合并了风在垂直光束路径角度分量的影响的瞬态湍流。

$$u(\boldsymbol{R}, t + \tau) = u(\boldsymbol{R} - \boldsymbol{v}_\perp \tau, t) \qquad (5.34)$$

5.2.4 长程湍流模型

对于光束穿过若干英里的情况, 湍流强度可在整个路径上发生变化。例如, 如果光束是跨越海上悬崖传过陆地, 湍流强度将会改变, 这是因为陆地和海洋具有不同的温度而且到达悬崖的风将会产生强湍流。这种情况可通过将传播路径分区来处理, 每个区域有其保持不变的湍流。而且, 在数值计算中, 每个区域内湍流的影响可等同于一个相位屏。这些相位屏曾通过机载激光系统一套混合式试验设施的一连串光学圆盘来实现 (见 12.2.7.2 节)。

5.3　自适应光学

自适应光学可用于降低湍流的影响, 并在机载激光计划中得到了应用 (见 12.2 节)。

5.3.1 自适应光学的装置和系统

自适应光学有两个主要装置: 测量波前形状的波前传感器、改变波前的变形镜。

5.3.1.1 波前传感器

波前传感器对波前形状进行测量[144,60,163]。很多用来测量波前的方法是可行的。图 5.2 举例说明了如何利用常规的哈特曼 (Hartmann) 波前传感器来测量波前的形状。在图 5.2 中的 A 点处, 波前充分向上倾斜, 小透镜将使光聚焦进入相关传感器阵列的上一排。在 B 点处, 波前向上倾斜要小一些, 这导致光线被聚焦到传感器阵列上部的第二排。波前的下半区聚焦到传感器阵列的下半区。由波前传感器阵列获得的数据在波前 x 和 y 横断面指出了局部方向。

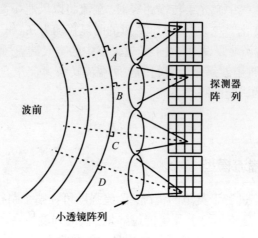

图 5.2 哈特曼波前传感器

波前的形状数据被输入计算机,用于计算变形镜的设置以给出所需的波前校正量。

5.3.1.2 变形镜装置

变形镜由一块通过活塞阵列支撑的能变形的反射镜构成,活塞可以在计算机控制下局部抬起反射镜。局部抬升反射镜可使该点反射光的相位提前,这是因为与附近的点相比光线可传播得近一些。

由于在高功率情况下存在严重的非线性效应 (见 8.1.2 节),因此从大多数高功率激光器发出的光都具有较差的空间相干性。图 5.3(a) 给出了空间相干性较差光束的畸变效应。波前的一些部分 (标记为 A、B、C、D 和 E) 处于光束方向上。但是,波前上的其他一些点沿着 F、G、H 和 J 指向了光束之外,并使光束质量随距离退化。

在光束净化装置中,通过调整变形镜至波前的共轭相位,波前就被平滑为一个平面波。例如,可将变形镜的反射镜单元向右移动,使其沿着与 C 点处光束一致的方向按照波前排列 (见图 5.3(a))。这将使来自 C 点的光波有一定延迟,所以,它必须比来自 B 点的光波传输得更远,从而使来自 B 点和 C 点的光波一致 (排齐)。这样,与主光束成一个角度传播的光波 (F、G、H 和 J) 将被消除。实际上,自适应光学将对波前进行整形,使其成为所需的空间平滑的函数,从而提高光束的空间相干性。

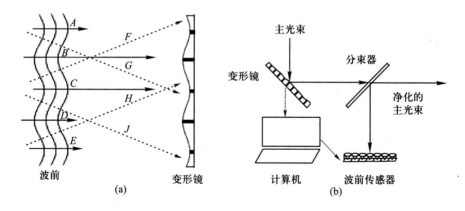

图 5.3　光束的较差空间相干性与自适应光学光束净化系统
(a) 光束的较差空间相干性; (b) 自适应光学光束净化系统。

5.3.1.3　自适应光学光束净化系统

图 5.3(b) 给出了自适应光学光束净化系统对一束高功率激光提高空间相干性和进行波前整形的原理。自适应光学光束净化系统与空间滤波器 (见 1.3.6 节) 相比具有很大的优势, 后者不能在不丢失相当大功率的情况下通过一个小孔对质量较差的光束 (例如被湍流干扰或者来自特高功率气体激光器的光束) 聚焦。空间滤波器适合于对 Nd:YAG 功率放大器引起的畸变进行净化 (见 13.2.1 节)。需要净化的主光束通过一个变形镜进行偏折, 变形镜将被设置来完成净化的任务[83,163]。变形镜通过分束器将一部分反射波发送到波前传感器, 以便计算机能够确定如何设置变形镜从而实现光束净化, 并将波前转换为所需的形式 (如计算机中规定的那样)。需要注意的是, 可改变光束尺寸以匹配不同尺寸的变形镜。例如, 德州仪器公司 (Texas Instruments) 制造的放映机用数字式投光器 (DPL) 1000 × 1000 面镜阵列就是非常小的, 因为它是一种改进的存储器芯片[83,113]。在 12.2.2 节中, 自适应光束净化系统 (见图 5.3) 被加入到机载激光 (ABL, 也称空基激光) 系统中。

5.3.1.4　湍流自适应光学补偿的原理

从导弹反射的主光束不足以提供充分信息来对湍流进行估算。由于这个原因, 需要使用一束单独的信标激光, 且要与主激光束的路径一致。与主激光不同, 为了估算湍流, 信标激光器的光到达目标并被反射回飞机 (见 5.2 节)。信标激光器是一台 1.06μm 二极管半导体泵浦的脉冲固体激光器

(见 8.2 节)。信标激光器被应用于许多天文望远镜的自适应光学系统中。在此情况下, 信标激光的作用类似于许多数码相机在照相前用于测量距离以设置聚焦的橘黄色测距光束。

运用信标激光器使得人们可在发射高功率主光束的脉冲之前利用一个变形镜 (见图 12.4 的湍流校正镜 DM 即变形镜) 对波前进行补偿校正。

图 5.4 给出了利用一束信标激光估算湍流并对主光束波前预补偿的原理。在图 5.4 中, 信标激光器的光从双色镜反射; 该双色镜反射 1.06 μm 的 Nd:YAG 信标光束 (见 8.2 节) 且透过 1.315 μm 的 COIL 激光主光束 (见 8.3.2 节)。现在, 信标光在经卡塞格林 (Cassegrain) 望远镜 (见 1.3.4.1 节) 聚焦到目标上的一点之前先通过变形镜反射。被目标反射回来的经过双程湍流干扰的信标光从变形镜和双色镜发射, 通过分束器作用到波前传感器上。计算机对变形镜的参数设置进行迭代计算, 以消除湍流对信标光束的影响。在消除湍流的变形镜达到稳定后, 传到目标又返回的光将转换成湍流, 影响被消除的平面波。如 5.3.1.3 节所述, 实施净化之后, 武器主光束发出一束高功率脉冲; 它在透过双色镜时被并入与信标光束同样的光路。需注意的是, 脉冲信标光束和主光束尽管沿着相同光路但却出现在不同时间。在 12.2.3 节中, 针对湍流的自适应补偿系统 (见图 5.4) 被加进 ABL 系统。

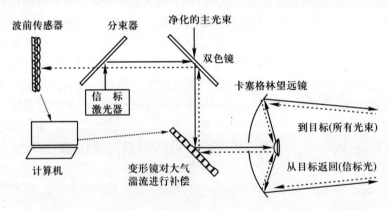

图 5.4　湍流补偿的自适应光学原理

5.4　对穿过大气湍流的激光的计算

地面上方空气的温度变化会产生对流, 而对流在空气流速中导致湍流。湍流会导致各种尺寸的漩涡, 其典型尺寸范围为数毫米到数十甚至数百米。后者对应于一个空间频率下限。随着最大漩涡尺寸的增大, 最小漩涡尺寸会减小[155]。当小漩涡的尺寸减小时, 需要在横向进行更多的取样用于精确计算。空气密度随速度的变化会导致一些折射率漩涡, 从而使光纤发生弯曲和发散。湍流影响着激光束的时空特性并与衍射过程相互作用[4,60,144,155]。

激光武器设计和分析 (见 12.2 节)、光通信[87] 和光成像[144] 都需对穿过湍流大气的光传输过程进行准确模拟。发展和试验自适应光学系统 (见 5.3.1.4 节) 需进行准确的建模; 自适应光学系统对于利用远程或近地面传输的激光束进行湍流补偿是必要的。对于机载激光计划 (见 12.2.7 节) 来说, 需要建立一套完备的试验台设施。如果没有一套配有模拟湍流的试验台, 要试验和优化机载激光这样的系统将是不可能的, 这是因为现实世界中的湍流因不同天气条件而极富变化。

尽管与纳威 – 斯托克斯模型结果相符的一些多项式模型已经被尝试[84], 但是, 利用纳威 – 斯托克斯方程计算湍流在计算上仍非常费力。因此, 如图 5.5 所示, 统计学方法和一种介质分层模型得到典型应用[4,88,90]。此处发展的模型在为自适应光学和跟踪建立的机载激光试验台上得到应用 (见 12.2.7 节)。

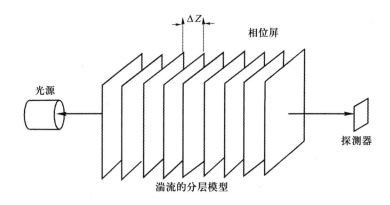

图 5.5　用于光穿过湍流大气传输建模的分层传输系统

5.4.1　穿过大气湍流传输的分层模型

在分层模型中 (见图 5.5), 传播距离被划分为长度选定的多层。在同一层内的大气参数被假设为保持不变, 而在层与层之间则可以不同。在一层中的传播被划分为: 不存在湍流时由衍射过程决定的传播, 不存在衍射时由湍流决定的传播。对每一层的这两步计算依次进行。首先, 光线传过一层大气。然后, 它穿过一个相位屏, 该相位屏代表了光线穿过该层大气时的湍流效应。

5.4.1.1 柯尔莫果洛夫功率谱湍流模型的空间频率边界

作为横向空间频率的函数, 柯尔莫果洛夫谱如图 5.6 即式 (5.32) 所示。柯尔莫果洛夫谱仅限于由图 5.6 所示曲线所指定的极限之间。在低于或高于该范围的空间频率 (或者波长) 条件下, 不能得出柯尔莫果洛夫谱。最低的空间频率对应于决定着相位屏尺寸的最大漩涡, 而最高的空间频率对应于决定着取样精度或分辨率的最小漩涡。需要注意的是, 柯尔莫果洛夫谱中的功率随空间频率下降而上升, 所以在低的空间频率条件下出现了更多的能量。因此, 低于该下边界时的功率能对湍流效应产生显著的影响。遗憾的是, 最大漩涡的尺寸不易确定且极易受到天气条件和应用情况的影响。由于功率随着漩涡尺寸减小而降低, 比空间频率为极限时更低的空间分辨率也基本不会产生什么差异。

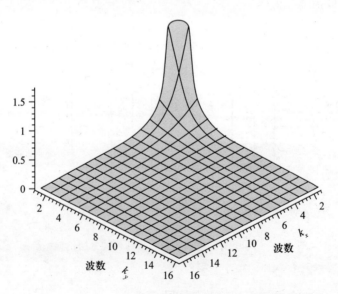

图 5.6　在 x 方向空间频率范围内的柯尔莫果洛夫谱

5.4.1.2 实际应用对柯尔莫果洛夫功率谱边界的依赖

对于使地面与卫星或高空飞机相互连接的光束而言,最大漩涡的尺寸可达到数百米直径 (见 12.2 节和 12.2.7 节)。这些大漩涡对于光束传输可能不再是稳态的而且一些分析可能会失去其有效性。

对于近地传输的水平光束 (例如用于点对点的无线光通信) 而言,最大漩涡尺寸的半径会受到光束到地面距离的限制。此时,可能会用到如下经验法: 最大涡旋的尺寸近似等于离地表高度的 0.4 倍[4]。在这种情况下,对更低的空间频率可以有一个突然截断。

对于一个大城市天空探测器间的无线光通信而言,最大湍流漩涡沿着路径变化,其尺寸取决于光束穿过的建筑物间的距离和光束从其上经过的建筑物的高度。建筑物空调的风扇也会在空气中产生漩涡。在波谱法中,如一项早期研究[88] 讨论的那样,低空间频率的突然截断在傅里叶变换过程中提出了一个振铃问题。

对于以一定角度向空中发射的激光束,空间谱的形状常常是未知且难以测量的,因为它会随着天气条件而变化。但是,最大漩涡尺寸变化越缓慢,就会使傅里叶变换计算越准确。

接下来研究分层模型 (见图 5.5) 中各层的湍流相位屏生成,并对两种方法进行比较: 第一种方法是直接依据柯尔莫果洛夫谱,第二种方法是依据结构函数的协方差。柯尔莫果洛夫方法从柯尔莫果洛夫功率谱出发并利用傅里叶变换将其转化为一个空间屏,而协方差方法则在空间域上从湍流结构函数出发并计算协方差。人们证实,在这两种方法中,相位屏具有类似的特性,而且平均起来都满足柯尔莫果洛夫湍流谱。然而,这两种方法对于大漩涡极限的处理不同,这里限定为在不同层中相位屏是独立的情况。实际上,如果风近似地沿着光束传播方向吹过,相位屏就与时间延迟和侧向速度相关。风的影响可被加入到协方差方法中。

5.4.2 柯尔莫果洛夫相位屏的波谱法生成

本节利用文献 [23, 48, 77] 所描述的方法由柯尔莫果洛夫谱生成相位屏。相位屏直接通过对柯尔莫果洛夫谱进行傅里叶变换生成。在机载激光计划中,相位屏是围绕数个紧密圆盘的边缘划出的,所以实验室激光束将会经历湍流效应 (见 12.2.7.2 节图 12.9); 湍流效应可复现但能通过旋转圆盘加以改变。

5.4.2.1 通过波谱傅里叶变换生成相位屏的方程

湍流的柯尔莫果洛夫谱模型 (式 (5.32)) 是[4,144]

$$\Phi(f_x, f_y) = 0.033 C_n^2 (2\pi)^{-11/3} (f_x^2 + f_y^2)^{-11/6} \qquad \left(\frac{1}{L_0} \leqslant f_x, f_y \leqslant \frac{1}{l_0}\right) \quad (5.35)$$

式中, $f_x = 2\pi/\kappa_x$ 和 $f_y = 2\pi/\kappa_y$ 是横切于传播方向的 x 和 y 方向的空间频率; C_n^2 是湍流强度; κ 是与漩涡的横向空间角频率; L_0 是最大漩涡的尺寸; l_0 是最小漩涡的尺寸。需要注意的是, 柯尔莫果洛夫谱只在规定的 κ 取值范围内才是有效的。

当波数 $k = 2\pi/\lambda$、波长 λ 的光传过厚度 δ_z 的第 n 层时, 相位改变了[48]:

$$\left(\Phi_n\left(f_x, f_y\right)\right)^{1/2} = \left(2\pi k^2 \delta_z\right)^{1/2} \left(\Phi\left(f_x, f_y\right)\right)^{1/2}$$

$$= 0.09844 \left(\delta_z C_n^2\right)^{1/2} \lambda^{-1} (f_x^2 + f_y^2)^{-11/12} \qquad \left(\frac{1}{L_0} \leqslant f_x, f_y \leqslant \frac{1}{l_0}\right) \quad (5.36)$$

相位屏是对式 (5.36) 左边的二维傅里叶变换 (FT)。该式右边表明, 此处可以通过对柯尔莫果洛夫谱的傅里叶变换即式 (5.35) 取平方根并乘以一个依赖于波长和层厚度的系数来进行计算。

如 5.4.1 节中所述, 如果波谱在低于图 5.6 所示的下边界时被突然截断, 就会出现一个问题。在相位屏中, 这个急剧的转变与离散傅里叶变换的循环特性一起导致了缓慢衰减的振铃, 这是波谱法不合乎要求的人为结果。

为了处理由谱域直接进行变换的低频截断问题, 已有包含不同近似的可选方法被提出。例如, 冯·卡曼谱 (见 5.2.2 节)[4,144] 给出了一种在直流情况下一直到零值的平滑函数。类似地, 多项式已被用于提供一种波谱平滑近似[23]。对类似机载激光这样的一种机载应用, 可选择在低于空间频率截断下限时维持功率谱不变。

5.4.2.2 相位屏波谱的例子和证明

为了描述模拟器中的湍流 (见 12.2.7.2 节), 需要建立具备柯尔莫果洛夫谱的随机相位屏样本。这里沿用一种传统方法[17]: 先将高斯白噪声与期望谱相乘, 然后对结果进行逆傅里叶变换。在此情况下, 给一个复随机变量二维阵列的实部和虚部建立两组二维高斯随机数阵列。此复数二维阵列被乘以柯尔莫果洛夫谱的平方根即式 (5.36)。选择以 $\Delta f_x = 1/L_0$ 的间隔对柯尔莫果洛夫谱进行空间频率取样, 以便使第一个样本位于柯尔莫果洛夫谱下边界。这种取样方法也为最宽预期光束提供了足够的横截面宽度。傅里叶变换的实部和虚部提供了两个独立的相位屏。

对相位屏生成函数的每次调用都会生成一个相位屏的二维相位阵列。由于一次只生成两个相位屏, 所以每第二次调用都会包含计算结果, 除非层与层之间的湍流强度发生了变化。图 5.7(a)、(b)、(c) 给出了三个样本相位屏。它们因湍流的随机模型而不同。然而, 它们都符合同样的柯尔莫果洛夫谱模型。因此, 它们有着同样的空间频率范围。由于柯尔莫果洛夫模型有较少的高空间频率, 其相位屏也就具有相似的波谱平滑化特性。相位屏中一个明显的小丘对光束起到一个透镜的作用。由于这些小丘是偏离中心的, 它们将以随机的方式使光线发生弯曲, 从而导致光束在接收器上发生漂移。

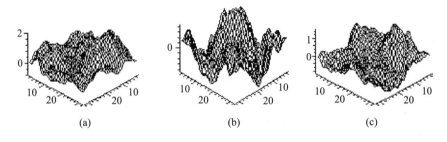

图 5.7　将波谱法用于柯尔莫果洛夫湍流模型的相位屏样本
(a) 第一个; (b) 第二个; (c) 第三个。

方程的正确性通过对 100 个随机相位屏进行 $|\mathrm{FT}|^2$ 平均得到了校验。其结果与图 5.6 所示完全一致, 并示于图 5.8 的一个三维图中。图 5.8 的一个象限与图 5.6 相匹配。

5.4.3　柯尔莫果洛夫相位屏的结构函数协方差法生成

下面考虑一种更为和缓的方法, 它避免了通过利用结构函数直接计算协方差矩阵来进行傅里叶变换[144]。这种方法更为通用, 因为它能够计入相位屏之间的瞬态依存关系。一种用于加速算法的方法已经被提出[54]。然而, 柯尔莫果洛夫谱在空间频率的下边界上不再被截断; 这导致了额外的低空间频率, 除非运用一种补偿方法。我们决定在计算相位屏之前通过排除最大的一些特征值来对描述特大尺度湍流的低空间频率进行截断。

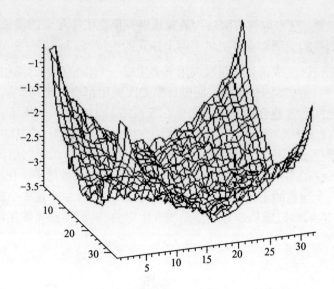

图 5.8　10 个相位屏 (用波谱法产生) 傅里叶变换绝对值的平均分布

5.4.3.1　计算柯尔莫果洛夫谱相位协方差的方程

结构函数被用来构造一个用于计算相位屏的协方差矩阵。如同在式 (5.10) 中一样, 一个零平均值均匀 (空间上静态) 场 f 的结构函数为[155]

$$D_f(r) = E\left[\{f(r_1+r) - f(r_1)\}^2\right] \tag{5.37}$$

$D_f(r)$ 对于随小于 r 的波长的周期性振荡来说是巨大的, 这给结构函数提供了一些原本在相关函数中并不存在的波谱特性。如同在式 (5.12) 中一样, 将式 (5.37) 展开得到

$$D_f(r) = 2[B_f(0) - B_f(r)] \tag{5.38}$$

式中, $B_f(r)$ 是 f 的相关函数。

通过假设一个穿过横平面的相位并扣除相位屏孔径内的平均值, 推导出相位协方差矩阵的方程。协方差则有四个相关项。$B_f(r)$ 形式的这些相关项被式 (5.38) 中的结构函数 $D_f(r)$ 所取代。$B_f(0)$ 项抵消了。需要注意的是, 这种方法可很容易拓展到不同层相位屏存在依赖关系的情况[144]。然后, 利用柯尔莫果洛夫湍流模型的结构函数, 可得 (类似于求解速度的式 (5.23))

$$D_n(r) = C_n^2 r^{2/3} \tag{5.39}$$

对于一层而言, 由此获得的相位协方差表达式是

$$\gamma_\phi \ (n, m, n', m') = \tag{5.40}$$

$$6.88 r_0^{-5/3} \left\{ -\frac{1}{2} \left[\{(m - m')\Delta x\}^2 + \{(n - n')\Delta y\}^2 \right]^{5/6} + \right.$$

$$\frac{1}{2} \sum_{u', v'}^{N_x N_y} \frac{1}{N_x, N_y} \left[\{(u' - m')\Delta x\}^2 + \{(v' - n')\Delta y\}^2 \right]^{5/6} +$$

$$\frac{1}{2} \sum_{u'', v''}^{N_x N_y} \frac{1}{N_x, N_y} \left[\{(m - u'')\Delta x\}^2 + \{(n - v'')\Delta y\}^2 \right]^{5/6} -$$

$$\left. \frac{1}{2} \sum_{u', v'}^{N_x N_y} \sum_{u'', v''}^{N_x N_y} \left(\frac{1}{N_x, N_y} \right)^2 \left[\{(u' - u'')\Delta x\}^2 + \{(v' - v'')\Delta y\}^2 \right]^{5/6} \right\} \tag{5.41}$$

式中, 大气相干长度即弗里德 (Fried) 参数是

$$r_0 = q \left[\frac{4\pi^2}{k^2 C_n^2 \Delta z_i} \right]^{3/5} \tag{5.42}$$

大气相干长度 r_0 用于确定在接收器处的孔径尺寸和透过湍流成像时的最大分辨率。参数 q 对平面波为 0.185, 对球面波为 3.69。在感兴趣的距离上, 高斯光束情况下的数值接近于平面波时的数值。在 $\Delta z = 1000$ m 处, $r_0 = 0.185$ m, 这导致一个约 0.2 m^2 的孔径。传播常数为 $k = 2\pi/\lambda$, 而湍流强度取为 $C_n^2 = 10^{-13}$。关于湍流强度, 有很多测量结果和模型[4]。对于一层而言, 沿着传播路径的间距 $\Delta z_i \geqslant N_x \Delta x N_y \Delta y$。在模拟器中, 曾使用 $N_x = N_y = 20$, $\Delta x = \Delta y = 1$。

5.4.3.2 由协方差计算基于柯尔莫果洛夫谱的单层相位屏样本

奇异值分解 (SVD) 可计算协方差矩阵的特征值 (即 Λ 的对角线) 和特征矢量 (即 U 的各列):

$$\Gamma = U \Lambda U^{\mathrm{T}} \tag{5.43}$$

构造一个无关联高斯随机变量的矢量 b', 它具有零平均值和长度 $N_x \times N_y$ 的方差 Λ。于是有

$$E\{b' b'^{\mathrm{T}}\} = \Lambda \tag{5.44}$$

式中, Λ 是一个对角线上元素为特征值、其他元素为零的矩阵。随机相位屏利用下式构成:

$$a = U b' \tag{5.45}$$

通过利用式 (5.45) 和式 (5.44) 证实, 新矢量 a 具有一个 Γ 的协方差:

$$E\{aa^{\mathrm{T}}\}E\{Ub'b'^{\mathrm{T}}U^{\mathrm{T}}\} \tag{5.46}$$

$$= UE\{b'b'^{\mathrm{T}}\}U^{\mathrm{T}}$$

$$= U\Lambda U^{\mathrm{T}} = \Gamma \tag{5.47}$$

5.4.3.3 协方差法相位屏和波谱证实举例

利用协方差法进行的相位屏计算可以通过关注以下特征来加速: 对于不同的湍流水平 C, 协方差矩阵可被定标, 因而, 特征值和特征矢量仅需要以 $O(p^2)$ 的成本计算一次, 式中 p 为一个 $n \times n$ 相位屏中点的数量。于是, 很多相位屏可通过矩阵乘法 $O(p^2)$ 由一套特征值和特征矢量来生成。

协方差法并没有一个用来对远离柯尔莫果洛夫谱方程的低空间频率进行改变的机制。结果, 就出现了额外的低空间频率。其影响是相位屏将有一个过高的斜率。

柯尔莫果洛夫谱的绝大部分功率位于低空间频率。同样地, 最大的特征值对应最大功率。因此, 低空间频率可以通过降低最大特征值来减少。对于一个 32×32 相位屏而言, 4 个最大的特征值被设置为零以得到图 5.9。

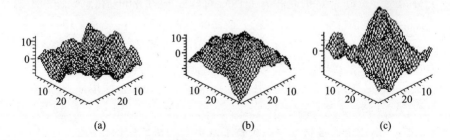

图 5.9 将协方差法用于柯尔莫果洛夫湍流模型的相位屏样本
(a) 第一个; (b) 第二个; (c) 第三个。

对由波谱法得到的图 5.7(a)、(b)、(c) 和由协方差法得到的图 5.9(a)、(b)、(c) 进行比较, 可看到相似形貌的相位屏。为了证实协方差法相位屏满足柯尔莫果洛夫谱, 再次对 10 个屏 (这次用协方差法生成) 的绝对值进行平均 (见图 5.10)。其结果再次与图 5.6 中所示的柯尔莫果洛夫谱一致, 这表明: 对于生成相位屏而言, 协方差矩阵法与波谱法 (见 5.4.2 节) 同样有效。尽管协方差法需要进行比波谱法略微多一些的计算, 但是, 协方差法更容易将风的影响考虑进来。

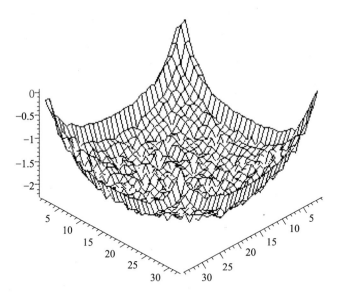

图 5.10   10 个相位屏 (用协方差法产生) 傅里叶变换绝对值的平均

第 6 章

光学干涉仪与谐振腔

相干光束既可以看成是波动现象，也可以看作是粒子现象。基于相位特性，光波之间可发生干涉，如果频率和偏振态都一样的两束光波同相，那么它们之间将发生相长干涉，也就是说，两束光波发生干涉后的光强 (即两束光波和的平方的平均值) 会因为波束的交叠而增大。相反，当两束光波异相时，它们和的平方就会因相消干涉而趋近于零。当二者相位介于异相和同相之间时，平均光强也就处在相消干涉和相长干涉的光强之间。在军事应用中，光学干涉扮演着关键性的角色。

在 6.1 节中，主要讲述干涉仪在检测一系列物理现象中的应用，包括最常见的三种干涉仪即迈克尔逊 (Michelson) 干涉仪、马赫 – 曾德尔 (Mach-Zehnder) 干涉仪和萨格纳克 (Sagnac) 干涉仪。6.2 节将重点分析法布里 – 珀罗 (Fabry-Perot) 谐振腔。法布里 – 珀罗谐振腔将腔内的光限制在两个平行的镜面之间。平面镜之间的光在特定频率振荡，从而使从镜面反射的光波与限制在腔内的光波形成相干增强。法布里 – 珀罗谐振腔是众多滤波器和激光器的基础 (见第 7 章)[83]。在 6.3 节中，将介绍使用不同介质的透明介电材料薄层制成的多级反射干涉滤波器。这些薄层在光学元件镀膜中应用广泛，例如，为镜片镀膜以避免反射。6.3 节将介绍用来设计和分析这些薄层的矩阵方法以及测量它们光学性质的逆矩阵法[95,97]。

6.1 光学干涉仪

干涉仪能够测量很多的物理现象，如距离、压力、温度、旋转 (陀螺仪)，并可用于探测生化武器以及周界保护等，这些在军事领域都有重要的应用[16,55]。干涉仪将激光器发出的相干光分为两束。在很多应用中，一束光是参考光而另外一束则参与要测量物理现象。发生的物理现象会改变测量臂中光的传输速度，从而使测量臂中光束与参考臂中光束产生相位差。需要指出的是两臂的吸收和折射率变化都会对输出光产生影响。在干涉仪中一旦将两束光重新合束，那么两束光之间的相位差就会转化为光强的变化并可以通过探测器或 CCD 进行检测。

激光器发出的相干光同时具有时间相干性和空间相干性，这些都会影响干涉仪的性能。空间相干性表征光波与平面波的相近度。高空间相干性可以通过一个小尺寸的光源获得 (见 1.3.6 节和 3.2.2 节)。时间相干性是光束单色性和单频性的一种度量。这里将着重探讨时间相干性。

激光源的线宽 $\Delta\lambda$ 决定着该激光束的相干长度 l_c。所谓相干长度是指干涉仪中两光束能够产生清晰干涉图案的最大光程差。在两束光光程差为 l_c 的情况下，中心波长 λ 处的相长干涉正好被 $\lambda + \Delta\lambda/2$ 处的相消干涉抵消掉。光程差为 l_c 时要使中心波长 λ 处产生相长干涉，那么光程差必为波长的整数倍，即

$$m\lambda = l_\mathrm{c} \tag{6.1}$$

相消干涉则发生在光程差为整数倍的波长再减去一个半波长的情况下。因此，光程差为 l_c 时，对于波带边缘的波长 $\lambda + \Delta\lambda/2$，有

$$(m - 1/2)\left(\lambda + \frac{\Delta\lambda}{2}\right) = l_\mathrm{c} \tag{6.2}$$

当中心波长 λ 处的相长干涉正好被 $\lambda + \Delta\lambda/2$ 处的相消干涉抵消掉时，由式 (6.1) 和式 (6.2)，可得到

$$m = \frac{\lambda}{\Delta\lambda} + \frac{1}{2} \approx \frac{\lambda}{\Delta\lambda} \tag{6.3}$$

将式 (6.3) 代入式 (6.1)，可得相干长度为

$$l_\mathrm{c} = \frac{\lambda^2}{\Delta\lambda} \tag{6.4}$$

利用式 (6.20) 将波长换为频域带宽 Δf，可得

$$l_\mathrm{c} = \frac{c}{\Delta f} \tag{6.5}$$

相干时间的定义是 $t_\mathrm{c} = l_\mathrm{c}/c$，它是指干涉仪中干涉图案依然存在的情况下所允许的两光束之间的最大时间差。由式 (6.5) 可知，相干时间是频域带

宽 (对于 Δf 很小的激光来说, 带宽又称为线宽) 的倒数, 即

$$t_c = \frac{1}{\Delta f} \tag{6.6}$$

干涉仪可以在自由空间中的光具座上搭建。实验室中需要使用气压支撑的实验平台已经可以获得很高的稳定性。一般情况下都使用光纤或集成器件来搭建干涉仪[57]。

在 6.1.1 节中, 将详细介绍迈克尔逊干涉仪, 这种干涉仪经常被用来对距离进行精确测量。在 6.1.2 节中, 将介绍自由空间、光纤以及集成电路中的马赫－曾德尔干涉仪, 这种干涉仪在集成光学中经常被用来作为传感器以及光开关。例如, 它可以被用来作为通信调制器[102,106]。在 6.1.3 节中, 将介绍一种稳定的光纤萨格纳克 (Sagnac) 干涉仪。它是制作现代陀螺仪以及各种新颖的周界安全系统的基础[112]。

6.1.1 迈克尔逊干涉仪

图 6.1 中心是一个分束器, 将光束分为两个相等的部分: 一部分传输到镜 M_1, 另一部分则传输到 M_2。这种情况下, 迈克尔逊 (Michelson) 干涉仪可以测量 M_2 的位移。这种干涉仪通常被用在 VLSI 平板印刷机中或其他领域中来进行精准的测距。

镜面反射光束后, 两束光再次穿过分束器合到一起。因此, 此处的电磁场可以写为

$$E(t) = E_1(t) + E_2(t) \tag{6.7}$$

此处的光强为

$$
\begin{aligned}
I = \langle EE^* \rangle &= \langle (E_1 + E_2)(E_1 + E_2)^* \rangle \\
&= \langle E_1 E_1^* \rangle + \langle E_2 E_2^* \rangle + \langle E_1 E_2^* \rangle + \langle E_2 E_1^* \rangle \\
&= I_1 + I_2 + 2\operatorname{Re}\{\langle E_1^* E_2 \rangle\}
\end{aligned} \tag{6.8}
$$

如果两个场的光强相同, 即 $I_1 = I_2$, 则

$$I = 2I_1 + 2\operatorname{Re}\{\langle E_1^* E_2 \rangle\} \tag{6.9}$$

6.1.1.1 迈克尔逊干涉仪的自相关函数

如图 6.1 所示, 迈克尔逊干涉仪中, 如果镜面 M_2 向右移动了距离 d, 那么电场 E_2 相对于 E_1 就被延迟了 $\tau = 2d/c$, 这里 c 是空气中的光速。因

此, 随着 M_2 的移动, $E_2(t) = E_1(t - \tau)$。迈克尔逊干涉仪就会计算入射光束的自相关。那么, 迈克尔逊干涉仪中的式 (6.8) 就可以写为自相关函数 $\Gamma(\tau)$。在光学中, 自相关函数 $\Gamma(\tau)$ 又称为是复自相干函数:

$$\Gamma(\tau) = \langle E_1^*(t) E_1(t - \tau) \rangle \tag{6.10}$$

因此, 将式 (6.10) 代入式 (6.9), 可得迈克尔逊干涉仪外的轴向光强分布为

$$I = 2I_1 + 2\mathrm{Re}\left\{\Gamma(\tau)\right\} \tag{6.11}$$

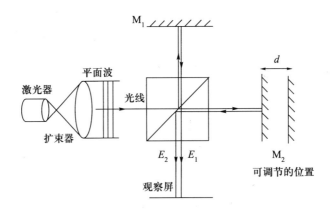

图 6.1　测量位移的迈克尔逊干涉仪

对于一个全过程而言 (见 5.1.1 节), 自相关函数可以写为

$$\Gamma(\tau) = \underset{T_m \to \infty}{\lim} \frac{1}{T_m} \int_{-T_m/2}^{T_m/2} E_1^*(t) E_1(t - \tau) \mathrm{d}t \tag{6.12}$$

式 (6.10) 和式 (6.12) 表示一个函数延迟时间 τ 后与原函数的相关度。需要指出的是, 对于一个在时间 τ 内的宽带函数, 如果它平移一段时间后仍与原函数有很好的相关度, 那么就可以对该函数未来的走势做出预测。这一点对于预测股票价格具有重要意义。由维纳 – 辛钦 (Wiener-Khintchine) 定理可知, 自相关函数的傅里叶变换 (见 5.1.3 节) 就是该函数的频谱。因此, 一个很容易预测的函数就拥有一个很窄的频谱。考虑极限情况, 一个单频正弦波的走势总体上是完全可以预测的。

对于一个时域上的正弦光束, 即 $E_1(t) = E_0 \exp(-\omega t)$, 由式 (6.12) 可

得

$$\Gamma(\tau) = T_m \overset{\lim}{\to} \infty \frac{1}{T_m} \int_{-T_m/2}^{T_m/2} |E|_0^2 (t) \exp(\mathrm{i}\omega t) \exp\{-\mathrm{i}\omega t(t-\tau)\} \,\mathrm{d}t$$

$$= |E_0|^2 \exp(\mathrm{i}\omega\tau) = I_1 \exp(\mathrm{i}\omega\tau) \tag{6.13}$$

由式 (6.11) 和式 (6.13) 可得, 迈克尔逊干涉仪的输出为

$$I(\tau) = 2I_1(1 + \cos\omega\tau) \tag{6.14}$$

图 6.2 将式 (6.14) 画了出来。$\omega\tau$ 轴上以 2π 为周期的峰都是干涉条纹。峰之间的距离相当于将图 6.1 中的镜面移动了 $\lambda/2$, 此处 λ 是光波长。那么对于一个可见的红光而言, $\lambda = 633\mathrm{nm}$, 镜面仅需移动 $d = 633/2 = 317\mathrm{nm}$ 的距离就可以使迈克尔逊输出屏中心的探测器探测到最大和最小光强。这样就能提供十分精确的位移测量。这种结构被用在 VLSI 平板印刷机中进行精确的位移测量。

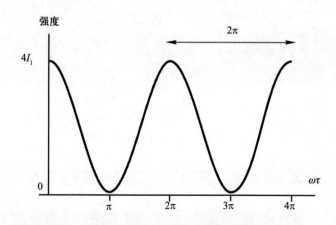

图 6.2   迈克尔逊干涉仪输出强度

如果我们观察整个屏幕, 就可以看到图 6.3 所示的在实验室拍摄的空间干涉图案。这里可以得到一个与时间干涉图案方程相似的空间干涉图案方程。之所以会产生这样的干涉图案是因为输出屏处不在轴上的不同点有着不同光程, 因此干涉就在空间呈放射状变化。

如果使用两个不同的光源, 那么自相关函数或复自相干函数就变成了互相关函数, 即光学中的互相干函数:

$$\Gamma_c(\tau) = \langle E_1^*(t) E_2(t+\tau) \rangle \tag{6.15}$$

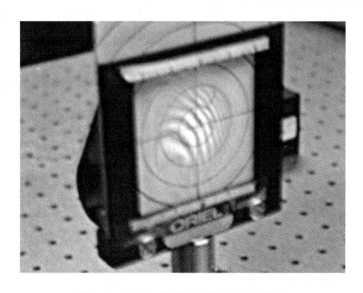

图 6.3 迈克尔逊干涉仪的空间干涉图样

该式可以归一化为

$$\gamma_c(\tau) = \frac{\Gamma_c(\tau)}{\Gamma_0} \tag{6.16}$$

此时, 迈克尔逊干涉仪的输出就可写为

$$I(\tau) = 2I_1 + 2\mathrm{Re}\left\{\gamma(\tau)\right\} \tag{6.17}$$

6.1.2 马赫 – 曾德尔干涉仪

根据应用场合和加工数量的不同, 马赫 – 曾德尔 (Mach-Zehnder) 干涉仪可以在自由空间、光纤或集成光路中搭建。应用中一般都首先在自由空间中进行测试, 但是光路的调整和稳定性对于大规模生产而言都是很不利的。光纤马赫 – 曾德尔干涉仪一般都应用在分布传感中。当加工数量很大时, 单位成本就会降低, 同时只有一次初始设计成本; 在此情况下, 马赫-曾德尔干涉仪的点传感就要利用集成光学。

6.1.2.1 自由空间马赫 – 曾德尔干涉仪

图 6.4 所示即为自由空间马赫 – 曾德尔干涉仪。图中分光束镜 BS_1 用来将光束分为两路。分成两路光经 BS_2 后又合成一束。如果两路光的光程相同, 则两者在 BS_2 处同相, 从而产生相长干涉。并且两路光合成后在图中屏的中央与原光束光强 (减去反射损耗) 相同。如果两路光中任一路

因环境变化而导致传输时间发生变化, 那么在屏上就会产生相位差。如果两者相位之差为 π, 则两者就会发生相消干涉, 在屏的中央也就不会有光。需要注意的是, 能量并未消失, 只是不再有光照射到屏的中央。

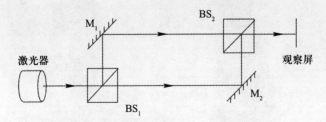

图 6.4　自由空间马赫 - 曾德尔干涉仪

　　我们在实验室中搭建了如图 6.5 所示的光路。通过干涉仪的两路光之间的光程差最多不能超过该激光所对应的一个相干长度。当两者的光程差恰好是一个相干长度 (参见 6.1 节) 时, 时间和空间上的干涉环都会消失。在后面所要讲述的光纤光学以及集成光学中, 相消干涉时光束都扩散到了包层中。

图 6.5　实验室中自由空间马赫 - 曾德尔干涉仪实物图

6.1.2.2　光纤马赫 - 曾德尔干涉仪

　　人们经常在光纤中搭建马赫 - 曾德尔干涉仪[164]。与自由空间中的马赫 - 曾德尔干涉仪相比, 光纤马赫 - 曾德尔干涉仪中不需要将一个元件插入另一个元件, 也不需要进行光路准直, 从而节省了组装成本。图 6.6 所示即为一个光纤马赫－曾德尔干涉仪。在没有反射光的情况下, 一个方向耦合器将入射光束等分到两根光纤中。其中一路为参考臂, 而另一路就为传感臂。当光束由一边经方向耦合器进入另一边时就会产生 90° 的相位延迟[176]。图 6.6 中第二个耦合器的作用相当于一个合束器, 它将两路光重新合成为一路。这样一来, 传感臂中的光束从入射到出射都没有经历过任何相位转变, 而参考臂中的光束则经历了两次相位延迟。这样两路光束之间就产生了 180° 的相位差, 它们之间发生相消干涉, 使出射光强为零。图 6.7 展示了这种光纤马赫－曾德尔干涉仪的实物照片。

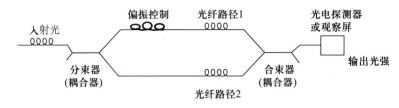

图 6.6　光纤马赫－曾德尔干涉仪

要获得最强的光学相干, 两路光必须是同频同偏振的。普通光纤不保偏, 故在图 6.6 中引入了一个偏振控制器 (参见 2.2.5 节)。光纤马赫－曾德尔干涉仪经常被用来测量力学系统和构架系统中因压力而引起的应力。在大桥的桥墩和支架中, 由于超重 (如坦克或载重量极大的卡车) 或者因年代久远发生沉降而导致的应力可以立刻察觉到。如果应力很大, 那么该信息就会通过无线信号传回到监测办公室。在军事应用方面, 光纤马赫－曾德尔干涉仪可以应用在军用飞机的机翼中。当飞机进行突然机动时, 光纤马赫－曾德尔干涉仪就可以监测到机翼上过度的应力以防止其超过机翼的损坏极限。当一个机翼受损、飞行员不得不在一个应力极限内进行机动时, 这种应力传感器就显得极其重要了。

光纤马赫－曾德尔干涉仪在危险环境中应用具有很大的优势。因为当光纤断开或者涂覆层磨损时不会产生火花。这样就可以在光学电信电路中实现热开关。几年前, 一架国际航班因为在储油的机翼中电线发生磨损而坠毁。将光纤马赫－曾德尔干涉仪一条臂上的涂覆层除去就成了一个有效的危险液态燃料测量仪。通过测量干涉仪的输出光强就可以得到燃料的深度。

对于一段折射率为 n、长度为 L 的光纤而言, 设其在空气中对应的光程为 p, 则有 $p = nL$。对于很多环境探测器而言, 传感臂上的涂覆层都要除去。需要注意的是, 要确保传感器只对要测量的量敏感。例如, 在一个测

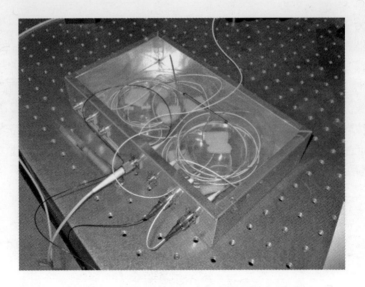

图 6.7　实验室光纤马赫 – 曾德尔干涉仪实物图

温装置中[57], 引起光程 p 变化的因素同时包括热膨胀 $\alpha = \mathrm{d}T/\mathrm{d}L$ 和由温度变化而引起的折射率变化 $\mathrm{d}n/\mathrm{d}T$, 因此, 输出量依赖于

$$\frac{\mathrm{d}p(n,L)}{\mathrm{d}T} = n\frac{\mathrm{d}L}{\mathrm{d}t} + L\frac{\mathrm{d}n}{\mathrm{d}T} \tag{6.18}$$

6.1.2.3　集成光路马赫 – 曾德尔干涉仪

人们利用平版印刷术将马赫 – 曾德尔干涉仪刻蚀在一个芯片上以作集成之用[57] (见图 6.8)。必须要把参考光路保护起来以防受到待测环境的干扰。

集成光路马赫 – 曾德尔干涉仪已经在温度测量中得到了应用[57,64]。如果要对周围的环境进行测量, 那么波导中的光场就不能紧紧地束缚在波导中; 因为由表面波[78] 发出的指数衰减的光场必须要穿透到集成芯片上方的空气中。在一些应用中, 装置的一只臂上要沉积一些带有气孔的玻璃 (溶胶 – 凝胶)。这些气孔的尺寸与一个化学分子或者病毒 (如沙门氏菌) 的大小相匹配。一旦有这种化学物质出现, 它就会堆积到这些气孔上, 从而改变波导的折射率或者是改变通过该臂的光束的吸收量。

另一种广泛应用是对电子通信进行高比特率的外部调制[2,176]。这种应用中, 干涉仪波导的一只臂或两只臂都填充光电材料。在加上电压时, 这种材料可以引起波导折射率的变化。通过施加携带通信信息的电信号 (可

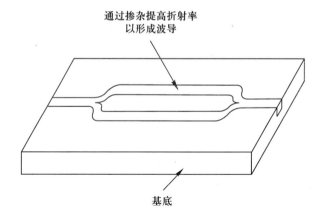

通过掺杂提高折射率
以形成波导

基底

图 6.8   集成光学马赫 – 曾德尔干涉仪

达 10 Gb/s) 可以对出射光进行开关控制。

6.1.3   光纤萨格纳克干涉仪

6.1.3.1   旋转传感

萨格纳克 (Sagnac) 干涉仪在陀螺仪中得到广泛应用。所有的军用移动平台,如飞机、舰艇和坦克等都需要使用陀螺仪来在三维坐标中确定自己的方位以使枪炮和其他武器系统保持稳定。在这之前,人们使用三个正交的陀螺来探测方向和运动。但是对于现代军事而言,它们已太慢。现在,机械陀螺已经被基于萨格纳克干涉仪的三维光纤陀螺所替代。

图 6.9(a) 所示是一个用来探测光纤环绕轴旋转的光纤萨格纳克干涉仪。在实际应用中,人们往往采用多个同轴光纤环来放大这一效应。激光源发出的光束等分成两路,一路在光纤环中顺时针传输,另一路则逆时针传输。由于顺时针光束和逆时针光束在相同的光纤环中传输,这样光束每纳秒就可以传输一米。外界环境的变化一般在毫秒量级,所以一般情况下两路光在静态环境中所处环境相同。这样,萨格纳克干涉仪就十分稳定,当外界环境变化时不需要对两路光进行人为的平衡,而马赫 – 曾德尔干涉仪则不然。从 A 传输到 B 的过程中 (见图 6.9),顺时针方向的光束在耦合器中从来没有穿越到另一边,而逆时针方向的光束则穿越过两次。如 6.1.2.2 节所述,每次穿越都会产生 $\pi/2$ 的相位变化。因此,到达 B 时,逆时针方向的光束比顺时针方向的光束相位延迟了 π,即 180°。这样,在图 6.9(a) 的 B 点两路光就发生相消干涉,光强为零。也就是说,一般情况下在 B 点

没有出射光。

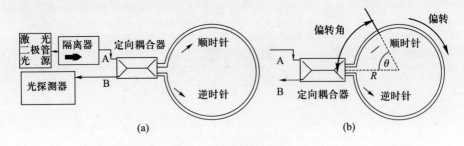

图 6.9 萨格纳克干涉仪

(a) 静止状态; (b) 旋转角度 ϕ 之后。

与之不同的是, 在从 A 传回到 A 的过程中, 顺时针和逆时针的光束都经历过了一次穿越。这样, 在 A 点就会发生相长干涉。这里就需要放置一个隔离器以防止光束返回到激光器。如果光束返回到激光器, 则返回的光束就有可能与激光发生干涉, 或者是损坏激光器。

在图 6.9(b) 中, 每当光束沿光纤环传输一周, 线圈就沿顺时针方向以 Ω rad/s 的速度旋转 θ 角。在这个过程中, 由于线圈沿顺时针方向旋转, 所以环中顺时针方向的光束到达耦合器时要比逆时针方向的光束传输更远的距离。在 B 端可以观测到由于线圈旋转而引起的两光束之间的相位差, 由此相位差就可以计算线圈的角速度 Ω。对于一个圆形环, 线圈在顺时针方向移动的速度是 ΩR, 而在逆时针方向速度为 $-\Omega R$。光束在环中传输一周的时间大致为 $2\pi R/(c/n)$。此处 n 是光纤的折射率。因此, 顺时针光束和逆时针光束之间的光程差为 $d_{\mathrm{f}} = 2\Omega R \times (2\pi R n/c)$, 即两个方向上线圈角速度之差乘以光束传输一周所需的时间。相应的相位差为 $\Delta \psi = k d_{\mathrm{f}} = 2\pi n/\lambda \times 4\pi R^2 \Omega n c = 8\pi^2 R^2 \Omega n^2/\lambda c$, 式中 k 是自由空间的传输常数。

实验室中的学生搭建并展示了一个自由空间的光学陀螺。他们在一个正方形的三个角上分别放置一面小镜子, 然后用分束镜将光束分为顺时针和逆时针方向, 从而形成一个萨格纳克干涉仪。将该系统放置在一个旋转平台 (旋转餐盘) 上, 并用一个普通光电探测器芯片进行信号接收。系统旋转时, 两路光束就会产生光程差, 从而引起光强变化。而这种本来用在自动售货机上的芯片则可以将光强变化转化成脉冲信号, 并直接驱动一个扬声器。转动旋转平台, 扬声器发出的音调与旋转速度成正比。

6.1.3.2　周界安全

在军事设施或其他的敏感地区环绕萨格纳克干涉仪可以用作周界安全。文献 [112] 介绍了人们在确定周界入侵点方面的研究。

6.2　法布里－珀罗谐振腔

光学谐振腔是产生激光 (见第 7 章)、实现滤波[105] 与放大的基础。

6.2.1　法布里－珀罗原理及公式

如果一个光学谐振腔是由可将光束束缚在其中的两个平行放置的竖直面镜构成，则两个面镜就是一个腔或者标准具。那么，这种谐振腔就是法布里－珀罗 (Fabry-Perot) 谐振腔[53,176]。如果我们站在一对法布里－珀罗镜中，那么就可以看到无数的反射图像。另一种谐振腔 —— 环形谐振腔常常被用在集成光学中[96,102,105,106]。在法布里－珀罗谐振腔中，光子在两面镜子之间来回地反射。在一定波长时，它们在腔内相干叠加，使得腔内束缚的能量达到很高的水平。这就好像以恰当的时间间隔推小朋友荡秋千以达到谐振，从而慢慢地增加秋千的能量。法布里－珀罗谐振腔还可以实现像增强。许多生活在黑暗环境中的鱼类和其他动物，如深海鱼等，在它们眼睛的前后两侧都有反射面来捕获光子，从而使标准具中的光强足以激发视网膜上的神经元。

6.2.2　法布里－珀罗公式

通过对单一镜面的反射和透射进行分析就可以推导出法布里－珀罗谐振腔的公式。光束可以入射到部分反射镜面间的腔内，同时也可以从腔内射出。图 6.10(a) 和图 6.10(b) 分别展示了在左端入射时，在无衰减和功率衰减为 A 的情况下镜面的反射和透射情况。可以通过功率放大将光束恢复到原来的功率。反射回来的功率是反射率 R 乘以入射功率。根据功率守恒，透射的光束功率就是 $1-R$ 乘以入射功率。因此对于图 6.10(b) 而言，存在功率衰减 A 时，当入射光场为 E_i 时，反射光场为 $\sqrt{R}E_i$，透射光场为 $\sqrt{1-R-A}E_i$。

由图 6.10 可以猜测光束在两个镜面间来回反射的情形，如图 6.11 所示。假设穿过标准具的相位变化为 βx，其中 β 为传播常数，单位为 rad/s；

x 是标准具宽度。这样, 当光束到达右边的镜面时, 如图 6.11 所示, 光场就是 $\sqrt{1-R-A}\,E_i \exp\{j\beta z\}$, 由此侧反射的光场为 $\sqrt{R}\sqrt{1-R-A}E_i$ $\exp\{j\beta z\}$。当镜面准直处于理想情况时, 光束就会沿着相同的光路来来回回地反射。为了在图 6.11 中表述清楚, 将反射光束向下进行了平移。

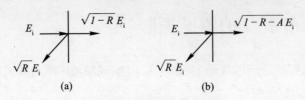

图 6.10　镜面反射与透射

(a) 无衰减; (b) 有衰减。

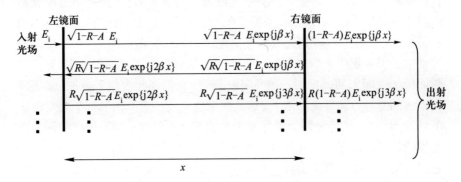

图 6.11　推导法布里 – 珀罗腔传递函数方程的图解

由图 6.11 可见, 标准具右侧的输出光场应该是光束每次往返时在输出镜面端透射的无数个光场之和:

$$E_o = (1 - A - R)E_i \exp\{j\beta x\} \sum_{m=0}^{\infty} [R\exp\{j2\beta x\}]^m \tag{6.19}$$

在这里, 光束每次往返中, 在连加项中代入 R 代表两次反射, 而 $\exp\{j2\beta x\}$ 则代表在腔内的两次传输。类似地, 将向左侧的无数个反射光场相加, 就可得到谐振腔的反射光场。

如果入射光场 E_i 为宽带光场, 那么只有其半波长整数倍与标准具宽度相等的波长才能发生谐振 (见图 6.12)。

这样, 如图 6.13 所示, 如果 E_i 的带宽为 $\Delta\lambda$, 则 $\Delta\lambda$ 内对应着不同倍数半波长的 λ_n, λ_{n+1}, $\cdots$, 都会起振。

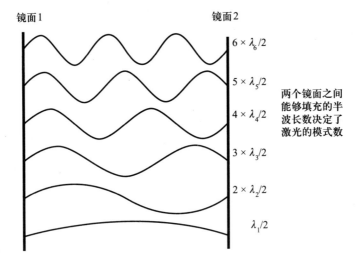

图 6.12　法布里－珀罗谐振腔内模式的电场分布

频率 f 和波长 λ 的转换以及频率的变分 Δf 和波长的变分 $\Delta \lambda$ 可由各自的方程进行, 对 $f = \dfrac{c}{\lambda}$ 求导得

$$|\Delta f| = \frac{c}{\lambda^2} \Delta \lambda \tag{6.20}$$

此处假设腔内的介质为空气 (折射率 $n = 1$)。

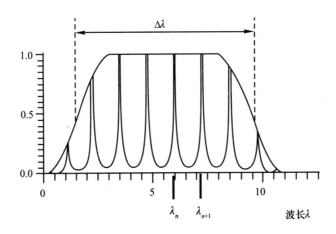

图 6.13　法布里－珀罗谐振腔输出波长谱的纵模

6.2.2.1 法布里 – 珀罗传递函数

平面波的传输可写成 $\exp\{j(\beta x - \omega\tau)\}$ 的形式。这样, 当平面波穿过标准具一次时, 相位角的变化量为

$$\beta x = -\frac{\omega}{c}x = -\omega\left(\frac{x}{c}\right) = -\omega\tau = -2\pi f\tau \tag{6.21}$$

式中, x 是标准具中两镜面间的距离; τ 是光波穿过标准具一次所用的时间。根据式 (6.21), 写出穿过标准具所带来的相位延迟与频率 f 之间的关系。在研究频谱滤波器时, 用频率来表示相位延迟将更方便。

由电磁理论可知, 导电镜面电场为零, 即 $E_{\mathrm{mirror}} = 0$。因此, 标准具内的电场 $E(x) \propto \sin(\beta x)$, 此处要求 βx 为 π 的任意整数倍。这样, 有

$$\beta x = m\pi \text{ 或 } x = \frac{m\pi}{\beta} \tag{6.22}$$

只有当标准具两镜面之间的距离 x 是半波长 $\lambda/2$ 整数倍的时候 (见图 6.12) 才能起振, 那么在式 (6.22) 中代入 $\beta = 2\pi/\lambda$, 可得

$$x = m\lambda/2 \tag{6.23}$$

标准具的透射光场即为输出光场, 则将式 (6.19) 除以入射光场 E_{i}, 并联合式 (6.21) 可得

$$H(f) = \frac{E_{\mathrm{o}}(f)}{E_{\mathrm{i}}(f)} = (1 - A - R)\mathrm{e}^{-\mathrm{j}2\pi f\tau}\sum_{m=0}^{\infty}\left[Re^{-\mathrm{j}4\pi f\tau}\right]^m \tag{6.24}$$

查表或者使用 Maple 函数, 类似式 (6.24) 中的无穷项相加可以写为闭合形式:

$$\sum_{m=0}^{\infty}a^m = \frac{1}{1-a} \quad (a < 1) \tag{6.25}$$

利用式 (6.24) 和式 (6.25) 简化无穷级数, 得

$$H(f) = (1 - A - R)\mathrm{e}^{-\mathrm{j}2\pi/\tau}\frac{1}{1 - Re^{-\mathrm{j}4\pi f\tau}} \tag{6.26}$$

由此可得标准具的功率透过传递函数为

$$
\begin{aligned}
T(\tau) &= |H(f)|^2 = H(f)H(f)^* \\
&= \frac{(1-A-R)^2}{(1-Re^{-\mathrm{j}4\pi f\tau})(1-Re^{\mathrm{j}4\pi f\tau})} \\
&= \frac{(1-A-R)^2}{1+R^2-2R\cos(4\pi f\tau)} \qquad ((e^{\mathrm{j}\theta}+e^{-\mathrm{j}\theta})/2 = \cos\theta) \\
&= \frac{(1-A-R)^2}{1+R^2-2R(1-2\sin^2(2\pi f\tau))} \qquad (\cos 2\theta = 1-2\sin^2\theta) \\
&= \frac{(1-A-R)^2}{(1-R)^2+4R\sin^2(2\pi f\tau)} \\
&= \frac{(1-A/(1-R))^2}{1+[(2\sqrt{R}/(1-R))\sin(2\pi f\tau)]^2} \qquad (\text{分子、分母同除以 } (1-R)^2)
\end{aligned}
$$

$$(6.27)$$

6.2.2.2 自由光谱范围

由式 (6.27) 可得,当透过率最大时,透射谱峰值频率满足 $\sin(2\pi f\tau)=0$,即

$$2\pi f\tau = 0, \pi, 2\pi, 3\pi, \cdots \text{ 或 } 2\pi f\tau = m\pi \quad \left(f=0, \frac{1}{2\tau}, \frac{2}{2\tau}, \frac{3}{2\tau}, \cdots\right) \quad (6.28)$$

式中,τ 是单程穿过标准具所用的时间。在图 6.14 中,每个峰对应激光器的一个纵模。向后移动标准具其中一个镜面以使下一个半波长发生相位重

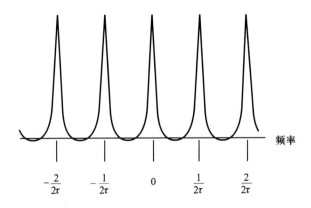

图 6.14 法布里 – 珀罗谐振腔输出的频域纵模

叠, 这中间的频谱范围就称为自由光谱范围 (FSR)。因此, 由图 6.14 可得

$$\text{FSR} = \frac{1}{2\tau} = \frac{1}{2}\frac{c}{x} \quad (\diamondsuit\ m = 1) \tag{6.29}$$

之前, 我们用标准具腔长 x 所对应的半波数来表示激光的模式 (见式 (6.23) 和图 6.12)。在式 (6.28) 和图 6.14 中, 用谐振频率来表示激光模式, 这些谐振频率相邻之间的间隔为穿过标准具所用时间的倒数的 $1/2$。

由式 (6.27) 可知, 传递函数在 $\sin(2\pi f\tau) = 0$ 时最大, 为

$$T(f) = \left(1 - \frac{A}{1-R}\right)^2 \tag{6.30}$$

由于增益 A 相对于 $1 - R(0 < R < 1)$ 来说是一个较大的值, 所以激光功率传递函数的值也很大。

当式 (6.27) 的分母为 2 时, 透射功率为入射功率的 $1/2$。设此时所对应的频率为 f_1, 则

$$\frac{2\sqrt{R}}{1-R}\sin(2\pi f_1\tau) = 1 \quad \text{即} \quad \sin(2\pi f_1\tau) = \frac{1-R}{2\sqrt{R}} \tag{6.31}$$

对于谐振腔而言, $2\pi f_1\tau$ 一般是个很小的量, 所以有 $\sin(2\pi f_1\tau) \to 2\pi f_1\tau$, 则

$$f_1 = \frac{1}{2\tau}\frac{1-R}{2\pi\sqrt{R}} \tag{6.32}$$

将透射功率为入射功率一半时所对应的频率的 2 倍定义为半功率带宽 (HPBW), 即

$$\text{HPBW} = 2f_1 = \frac{1}{2\tau}\frac{1-R}{\pi\sqrt{R}} \tag{6.33}$$

标准具的精细度定义为

$$F = \frac{\text{FSR}}{\text{HPBW}} = \frac{1/2\tau}{((1/2\tau)/(1-R)/(\pi\sqrt{R}))} = \frac{\pi\sqrt{R}}{1-R} \tag{6.34}$$

精细度表征着在发生模式重叠之前自由光谱范围内可容纳的谐振频率通道数。可用的通道数要比 F 少一个, 用图 6.15 对此进行举例阐述。图 6.15 中尽管精细度为 3, 但是由于三个通道中有一个被分成了两半, 分别在自由光谱范围的两侧, 在频率的取舍上模棱两可, 所以谐振频率的数目取为 2。这样, 如果需要一个 100 个通道的标准具, 那么在设计时就应该设计成 101 个。将 FSR 乘以 101/100 就可以解决这一问题。除此之外, 由于 HPBW

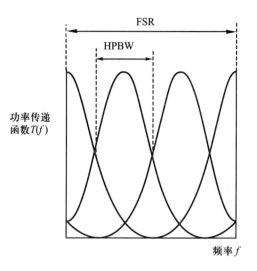

图 6.15   精细度所表征的谐振频率通道数

会在相邻的通道间产生很大的串扰, 所以一般都要多设计出 50%~65% 的通道, 而只使用所需数目的带有间隔的通道。精细度同时也表征了在腔内功率下降 $1/e$ 时, 光子在腔内来回反射的次数。

定义法布里 – 珀罗谐振腔输出的对比度 (Contrast) 为 $\max/\min$, 由式 (6.27) 可得, 输出最大值为 $T(f) = \left(1 - \dfrac{A}{1-R}\right)^2$, 最小值为 $T(\tau)$

$= \dfrac{(1 - A/(1-R))^2}{1 + 4R/(1-R)^2}$, 此处 $\sin(2\pi f\tau) = 1$。则对比度 $= \dfrac{\max}{\min} = 1 + \left(\dfrac{2\sqrt{R}}{1-R}\right)^2$,

联合式 (6.34), 可得

$$对比度 = 1 + \left(\frac{2F}{\pi}\right)^2 \tag{6.35}$$

6.2.3   法布里 – 珀罗腔调谐器的压电调谐

压电材料十分方便, 因为它能随着两端电压升高而缓慢膨胀[53]。图 6.16(a) 所示为放在法布里 – 珀罗标准具两个镜面间的压电材料管, 这样腔内光束就能在管内的孔中传输。如果压电材料长度为 X, 电压满载时伸长量为 ΔX, 则伸长量与长度的比值为 $\Delta X/X = r$。一般情况下, $r = 0.05$。如果最大伸长量还不足以提供所需的调谐范围, 那么就将压电材料长度取为法布里 – 珀罗腔长度的 $G = R/r$ 倍, 如图 6.16(b) 所示, 这样就可获得一个机械增益 G。

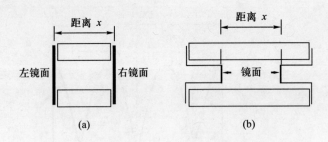

图 6.16　带有压电材料的法布里 – 珀罗滤波器调谐

(a) 标准具内的压电材料; (b) 带机械增益的压电材料。

6.3　薄膜干涉滤波器与介质镜

层状薄膜镀层在光学元件中广泛使用, 尤其是在高功率激光系统中, 它常被用来降低系统的损耗。高功率激光束的微小反射都足以在测试中损伤人的眼睛。薄膜干涉层组合可以对光束进行滤波。

6.3.1　薄膜的应用领域

6.3.1.1　介质镜用于单频产生

由于在金属界面有 $I^2 R_0$ 的损耗, 高功率激光可以烧毁金属镜面。此处, I 是导体的电流, R_0 是电阻。因此, 在类似机载激光计划 (见 12.2 节) 这样的高功率应用中, 不含导电材料 (故没有 $I^2 R_0$ 损耗) 的数层电介质就被用于取代金属镜。如果电介质层的厚度是激光的半波长, 即 $d = \lambda/2$, 那么电介质层前后两个端面反射回来的激光的光程差就是 $2d = \lambda$, 这样两者就会同相。反射系数的大小同时也依赖于所穿过界面的折射率, 见式 (6.36)。

如 6.2 节中所述, 对于一个入射光场 E_i, 如果其功率反射率为 R, 那么反射光场为 $\sqrt{R} E_i$, 基于功率守恒, 其透射光场应为 $\sqrt{1 - R} E_i$。如果有 N 层相同的电介质层, 那么 N 层后的透射光为 $(\sqrt{1 - R})^N E_i$。当 N 很大时, 透射光将极小。对于红外波段, 单层的厚度为 $d = \lambda/2 \approx 500\text{nm}$, 因此 100 层的厚度也不过只有 $0.05\ \text{mm}$[①]。未能透射的光都变成了反射光, 那么通过电介质层就可以获得极高的反射率, 这种反射率要比金属镜面反射率高很多。当几乎所有的高功率光束都被反射时, 那么残余的阻力所引起的

---

①原书中误为 μm, 此处作了修正。——译者注

热效应也就极小, 镜面就不会被破坏。利用 6.3.2 节中的矩阵方法可以对其进行更精确的计算。

实验室的学生设计并搭建了一个用于远程监听的干涉仪。系统发出一束激光, 激光穿过街道照射到另一栋建筑的会议室窗户上。实验中他们使用一个小的玻璃方块来充当窗户。窗户玻璃前后两个反射面反射回的光束发生干涉。会议室中的谈话会以声频振动玻璃方块。玻璃的弯曲会改变入射角, 从而引起光束照射方向上的玻璃厚度发生变化。这样一来, 玻璃前后两个反射面反射回的光束之间就会产生相位差。玻璃厚度只需改变纳米量级, 就足以引起两者之间产生明显的相位差。相位差影响着反射回光电探测器的光束的强度。探测器只能分辨光强的调制信号而不能分辨光束的频率。探测器探测到的信号传入一个声学放大器, 从而将对面街道上会议室内的谈话内容进行还原。带有窗户的军用以及商用安全房间经常在窗户上安装白噪声发生器来对付这种监听系统。

薄膜中的电介质周期结构或半导体材料中的起伏刻蚀结构都作为介质镜被用在分布反馈 (DFB) 激光器中来反射一段很窄的频谱。这就可以在 F-P 激光器或谐振腔中实现单纵模选频 (见图 6.13), 以用于波分复用 (WDM) 系统。极窄的线宽可使几百个不同波长通道在有限带宽的放大器中实现同时放大。这种周期性结构同样也可刻蚀在光纤中以实现对电子通信的滤波。例如, 在光纤网络中每 40 km 就对信号进行一次色散补偿或均衡。

6.3.1.2 介质镜和滤波器用于多波长的产生

为了保护眼睛, 军用眼镜和挡风玻璃都在几个主要的激光武器频率上 (见 8.1.3 节) 有很高的反射率。这种情况下, 每个频率都要使用大量的薄膜。这样做出来的薄膜滤波器具有极窄的带宽以至于整体的光强并没有受到太大的影响 (见第 14 章)。

在另一个学生项目中, 我们开发了一个小的低成本便携系统来测量沉积的 UV-A 和 UV-B。它们可以导致皮肤损伤。当太阳辐照超过安全水平时, UV 探测器和集成器就会发出提示。此处采用磷光薄膜将 UV 转换为可见光以实现硅探测[83,99]。

6.3.1.3 增透膜

在高功率激光系统中, 系统中的光学元件都会镀上增透膜来使损耗最小化。如果一个薄膜层的厚度正好是 $d = \lambda/4$, 那么薄膜层前后两个界面反射回来的光束之间光程差就为 $2d = \lambda/2$, 正好产生一个 180° 的相位差。

这样反射回来的光束就会发生相消干涉, 光强相互抵消。利用与高反电介质镜类似的方法, 多层薄膜可以获得极低的反射率。不同厚度的薄膜层能够对入射的光束进行滤波。例如, 眼镜镜片上的增透膜就通过采用多层薄膜来覆盖可见光波段。层状介质[18] 出现在很多领域中, 如自然界中的沉积现象[80,81]、平版印刷术中的集成电路[95,97] 以及在电子通信中用于稀疏波分复用技术 (CWDM) 的薄膜滤波器等。

隐身车是指对雷达或声纳响应很低的车辆。这就需要减少衍射 (见第 3 章), 当然其中也包括反射。在隐身车的设计中必须要去掉那些尖锐的金属物体, 因为这种尖锐的金属物体能够在各个方向上发生衍射, 从而在任意角度都能够被探测到。在这种情况下, 通过在平滑的金属构架外浇铸复合材料也可以获得气动外形, 例如一个尖锐的机翼边口。提高吸收系数的方法也被采用, 以尽量降低反射。近年来, 人们对制造光学波段或者雷达波段的隐形物体越来越感兴趣。周期性结构的超材料可以使负折射率材料将光束沿着与正折射率材料相反的方向偏折。目前, 对物体表面镀以特殊的层状薄膜可以使单频电磁波绕物体弯曲, 最终沿原路返回。这样一来, 物体就好像消失了一样。但要在更宽的光学频带实现这种隐身却更困难。

6.3.2　薄膜层前向计算的矩阵方法

这里采用矩阵方法[45,56,156]。在地球物理学中已经使用过矩阵法[80,81] 来计算集成光学中的泄漏场[95], 计算刻蚀的电介质层场[97]。当光束以某一角度照射波导, 而观察光束每个模式的出射角时 (这种分析方法称为线方法, 该方法还应用在光学集成电路中的棱镜耦合方法中), 该方法还可以用来计算多层介质的折射率。

当一个单位强度的光波分别从左、右两边入射到界面时, 其反射率 r、r' 和透过率 t、t' 如图 6.17(a) 和图 6.17(b) 所示。假设光波为正入射, 则反射光波和透射光波的角度都与入射光波相同。关于角度和吸收相关的问题可以参考文献 [81]。

图 6.18 所示为左、右方向传输的电场穿过第 k 层薄膜时的示意图。图中, 上标 "+" 代表向右传输电场,"−" 代表向左传输电场, 而 k 则代表层数。当光束分别从左、右两边入射到第 k 个界面时, 电场 E 垂直于入射光场, 则 TE 波导模的反射系数分别为

$$r_k = \frac{n_k - n_{k-1}}{n_k + n_{k-1}} \quad , \quad r_k' = -r_k \tag{6.36}$$

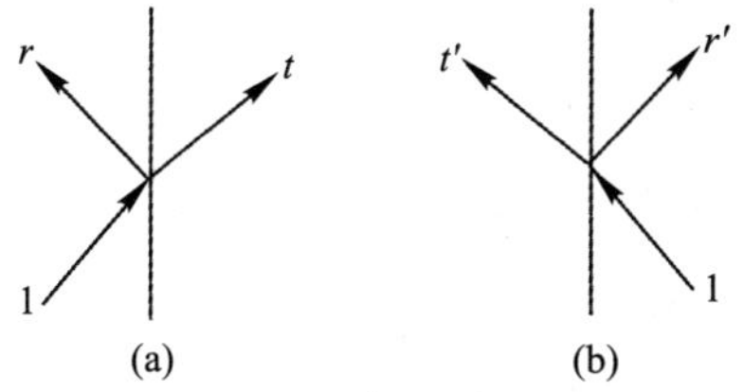

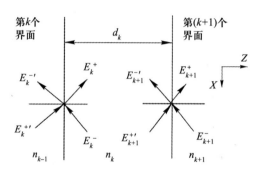

图 6.17 界面处 TE 模的反射与透射

(a) 左边入射; (b) 右边入射。

其透射系数分别为

$$t_k = \frac{2n_k}{n_k + n_{k-1}} \quad , \quad t_k' = \frac{2n_{k-1}}{n_k + n_{k-1}} \tag{6.37}$$

图 6.18 光束穿过单层膜示意图

可推导出图 6.18 中分别从左、右两侧入射到第 k 个界面的电场与入射到第 $k+1$ 个界面的电场之间的关系:

$$\left.\begin{array}{l} E_k^+ = t_k E_k^{+'} + r_k' E_k^- \\ E_k^{-'} = t_k' E_k^- + r_k E_k^{+'} \end{array}\right\} \tag{6.38}$$

即

$$\left.\begin{array}{l} -t_k E_k^{+'} = -E_k^+ + r_k' E_k^- \\ -r_k E_k^{+'} + E_k^{-'} = t_k' E_k^- \end{array}\right\}$$

这样, 矩阵形式为

$$\begin{bmatrix} -t_k & 0 \\ -r_k & 1 \end{bmatrix} \begin{bmatrix} E_k^{+'} \\ E_k^{-'} \end{bmatrix} = \begin{bmatrix} -1 & r_k' \\ 0 & t_k' \end{bmatrix} \begin{bmatrix} E_k^+ \\ E_k^- \end{bmatrix} \tag{6.39}$$

将矩阵转到左手侧, 可得

$$
\begin{bmatrix} E_k^{+'} \\ E_k^{-'} \end{bmatrix} = -\frac{1}{t_k} \begin{bmatrix} 1 & 0 \\ r_k & -t_k \end{bmatrix} \begin{bmatrix} -1 & 'r_k \\ 0 & t_k' \end{bmatrix} \begin{bmatrix} E_k^{+} \\ E_k^{-} \end{bmatrix}
$$
$$
= -\frac{1}{t_k} \begin{bmatrix} -1 & -r_k \\ -r_k & r_k r_k' - t_k t_k' \end{bmatrix} \begin{bmatrix} E_k^{+} \\ E_k^{-} \end{bmatrix}
\tag{6.40}
$$

由功率守恒知 $r_k r_k' - t_k t_k' = 1$, 则

$$
\begin{bmatrix} E_k^{+'} \\ E_k^{-'} \end{bmatrix} = \frac{1}{t_k} \begin{bmatrix} 1 & r_k \\ r_k & 1 \end{bmatrix} \begin{bmatrix} E_k^{+} \\ E_k^{-} \end{bmatrix}
\tag{6.41}
$$

由图 6.18 可知, 当电场由 k 层到 $k+1$ 层或者由 $k+1$ 层到 k 层时, 会有一个由 $\sqrt{Z}$ 变换表示的单位延迟[133]:

$$
\left.\begin{array}{l} E_{k+1}^{+'} = \sqrt{Z} E_k^{+} \\ E_k^{-} = \sqrt{Z} E_{k+1}^{-'} \end{array}\right\}
\tag{6.42}
$$

或者

$$
\begin{bmatrix} E_k^{+} \\ E_k^{-} \end{bmatrix} = \begin{bmatrix} 1/\sqrt{Z} & 0 \\ 0 & \sqrt{Z} \end{bmatrix} \begin{bmatrix} E_{k+1}^{+'} \\ E_{k+1}^{-'} \end{bmatrix}
\tag{6.43}
$$

将式 (6.43) 代入到式 (6.41) 可以得到 k 层界面左侧的电场与 $k+1$ 层界面左侧的电场之间的关系:

$$
\begin{bmatrix} E_k^{+'} \\ E_k^{-'} \end{bmatrix} = \frac{1}{t_k} \begin{bmatrix} 1 & r_k \\ r_k & 1 \end{bmatrix} \begin{bmatrix} 1/\sqrt{Z} & 0 \\ 0 & \sqrt{Z} \end{bmatrix} \begin{bmatrix} E_{k+1}^{+'} \\ E_{k+1}^{-'} \end{bmatrix}
$$
$$
= \frac{1}{t_k} \begin{bmatrix} 1/\sqrt{Z} & r_k \sqrt{Z} \\ r_k/\sqrt{Z} & \sqrt{Z} \end{bmatrix} \begin{bmatrix} E_{k+1}^{+'} \\ E_{k+1}^{-'} \end{bmatrix}
\tag{6.44}
$$

根据式 (6.44), 设由右侧穿过第 k 层的传输矩阵为 $\boldsymbol{S}_k$, 则

$$
\boldsymbol{S}_k = \frac{1}{t_k} \begin{bmatrix} 1/\sqrt{Z} & r_k \sqrt{Z} \\ r_k/\sqrt{Z} & \sqrt{Z} \end{bmatrix} = \frac{1}{\sqrt{Z} t_k} \begin{bmatrix} 1 & r_k Z \\ r_k & Z \end{bmatrix}
\tag{6.45}
$$

图 6.19 所示为一个水平的薄膜组合层。由式 (6.45) 和式 (6.43) 可得, 左侧顶端的电场与左侧底部电场关系可以表示为

$$
\begin{bmatrix} E_1^{+'} \\ E_1^{-'} \end{bmatrix} = \prod_{k=1}^{K} \boldsymbol{S}_k \begin{bmatrix} E_{K+1}^{+'} \\ E_{K+1}^{-'} \end{bmatrix}
\tag{6.46}
$$

式中, $\prod_{k=1}^{K}$ 代表从 $k=1$ 到 $k=K$ 的 2×2 矩阵的乘积。在组合层的最右端还有第 $K+1$ 个界面。用一个宽度 $d_{K+1}=0$ 的第 $K+1$ 层薄膜来代表该界面。这样, 式 (6.45) 或式 (6.41) 的散射矩阵就可简化为

$$S_{K+1} = \frac{1}{t_{K+1}} \begin{bmatrix} 1 & r_{K+1} \\ r_{K+1} & 1 \end{bmatrix} \tag{6.47}$$

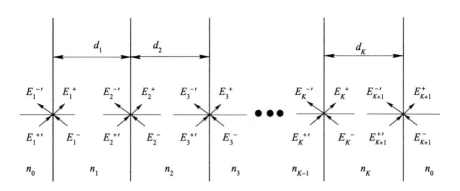

图 6.19 水平组合层

这样, 就有

$$\begin{bmatrix} E_{K+1}^{+'} \\ E_{K+1}^{-} \end{bmatrix} = \frac{1}{t_{K+1}} \begin{bmatrix} 1 & r_{K+1} \\ r_{K+1} & 1 \end{bmatrix} \begin{bmatrix} E_{K+1}^{+} \\ E_{K+1}^{-} \end{bmatrix} = S_{K+1} \begin{bmatrix} E_{K+1}^{+} \\ E_{K+1}^{-} \end{bmatrix} \tag{6.48}$$

可以将整个水平组合层的 2×2 矩阵的乘积定义为 M, 其元素为 M_{11}、M_{12}、M_{21} 和 M_{22}, 则

$$\begin{bmatrix} E_1^{+'} \\ E_1^{-'} \end{bmatrix} = S_{K+1} \prod_{k=1}^{K} S_k \begin{bmatrix} E_{K+1}^{+} \\ E_{K+1}^{-} \end{bmatrix} = \begin{bmatrix} M_{11} & M_{12} \\ M_{21} & M_{22} \end{bmatrix} \begin{bmatrix} E_{K+1}^{+} \\ E_{K+1}^{-} \end{bmatrix} \tag{6.49}$$

在式 (6.49) 中有四个未知量, 即组合层顶端的左向和右向电场、组合层右侧输出端的左向和右向电场, 但是目前只有两个方程。在特定的问题中, 这四个未知量就能够得到确定。例如, 如果假设在第 $K+1$ 层界面后边没有更多的反射面, 则就没有电场耦合回组合层的右侧, 这样 $E_{K+1}^{-}=0$。那么式 (6.49) 可以写为

$$\begin{bmatrix} E_1^{+'} \\ E_1^{-'} \end{bmatrix} = \begin{bmatrix} M_{11} & M_{12} \\ M_{21} & M_{22} \end{bmatrix} \begin{bmatrix} E_{K+1}^{+} \\ 0 \end{bmatrix} \tag{6.50}$$

这样, 就可以计算组合层的透射率 Q:

$$Q = \frac{E_{K+1}^+}{E_1^{+'}} = M_{11}^{-1} \tag{6.51}$$

式中, M_{11} 是矩阵 M 的一个元素。

也可以由 $E_1^{-'}$ 和 $E_1^{+'}$ 来计算组合层的反射率[80,81]:

$$P = \frac{E_1^{-'}}{E_1^{+'}} = M_{22} M_{11}^{-1} \tag{6.52}$$

6.3.3 薄膜层参数计算的反向问题

根据图 6.20 所示简化的线性反向计算方法[80], 可算出一个表征输出灵敏度的雅可比 (Jacobian) 矩阵。所谓灵敏度是指在时间取样 p 点第 k 层的折射率变化对输出电场的影响。

$$J_{p,k} = \frac{\partial \boldsymbol{Q}_p}{\partial n_k} \tag{6.53}$$

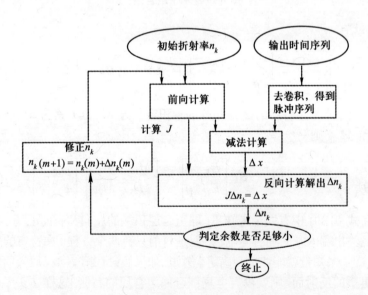

图 6.20　检查封闭包裹的反向计算方法结构图

由式 (6.51) 可知, $\boldsymbol{Q}_p$ 是每个薄膜层的 2×2 矩阵的乘积。由式 (6.36) 可知, 对于第 k 层而言, 只牵涉到 n_k 和 n_{k-1}, 而矩阵链中其他矩阵都不变[80]。

这种情况下, 雅可比矩阵中任一元素为

$$
\begin{aligned}
J_{p,j} &= \left[\prod_{k=1}^{j-2} S_k\right] \left\{\frac{\partial(M_{j-1}M_j)}{\partial n_j}\right\} \left[\prod_{k=j+1}^{K+1} S_k\right] \\
&= \left[\prod_{k=1}^{j-2} S_k\right] \left\{M_{j-1}\left(\frac{\partial M_j}{\partial n_j}\right) + \left(\frac{\partial M_{j-1}}{\partial n_j}\right)M_j\right\} \left[\prod_{k=j+1}^{K+1} S_k\right] \\
&= \left[\prod_{k=1}^{j-1} S_k\right] \left\{\frac{\partial M_j}{\partial n_j}\right\} \left[\prod_{k=j+1}^{K+1} S_k\right] \\
&\quad + \left[\prod_{k=1}^{j-2} S_k\right] \left\{\frac{\partial M_{j-1}}{\partial n_j}\right\} \left[\prod_{k=j}^{K+1} S_k\right]
\end{aligned}
\tag{6.54}
$$

由式 (6.54) 可知, 矩阵中的四个乘积项是前向计算中的一部分计算内容。因此, 雅可比矩阵最好与前向计算 (见图 6.20) 同时进行, 这样能够使计算速度最快。

采用高斯 – 牛顿 (Gauss-Newton) 方法, 设用时间表示的前向计算结果为 Q_p, 传感器 Q' 测量的结果经去卷积 (如果有必要的话) 后得到的脉冲输出为 Q'_p, 将两者进行比较可得两者的差矢量为 $\Delta y_p = Q_p - Q'_p$。差矢量 Δy 与雅可比矩阵 $J_{p,j}$ 一起, 通过求解线性方程可以计算出组合层的折射率修正矢量 Δn:

$$
\Delta y = J\Delta n
\tag{6.55}
$$

这样, 修正后的折射率就可以用来在简化的线性算法中 (见图 6.20) 进行第 $m+1$ 次迭代:

$$
n_{m+1} = n_m + \Delta n_k(m)
\tag{6.56}
$$

重复前向和反向运算, 直到修正矢量的方均根收敛到一个更低的极限。如果雅可比矩阵是个稀疏矩阵, 就采用共轭梯度算法[83]。这种方法已经在地球物理学中获得了成功应用[80,81]。

第 2 部分　用于防御系统的激光器技术

第 7 章

束缚电子态激光器原理

单词 laser (激光器) 取自于 light amplification by stimulated emission of radiation (受激辐射式光频放大器) 的首字母缩写, 而名称 maser (微波激射器) 则取自 microwave amplification by stimulated emission of radiation (受激辐射式微波放大器) 的首字母缩写。受激辐射指的是韧致辐射 (Bremsstrahlung radiation), 它将电子向下能级跃迁产生的能量转变成微波辐射或光辐射。

对于相干的电磁辐射, 低于 1 GHz 时称为无线电频率 (RF 即射频), 它低于微波频率且微波激射器通常不用; 从 1 ~ 100 GHz 时, 称为微波, 它可利用微波激射器产生 (也有人将 300 GHz 作为上限); 在 100 ~ 300 GHz 之间, 辐射有时被称为毫米波, 而且它落在微波激射 (maser) 和激光 (laser) 之间; 高于 300 GHz 时, 称为光, 它可利用激光器产生; 更高频率则包括 X 射线、γ 射线、核子射线和宇宙射线, 其每个光子具有更高能量。X 射线激光器也已得到演示并被用于高分辨率的超大规模集成电路 (VLSI) 平版印刷术。

韧致辐射意味着使电子束中的电子减速, 从而将能量转换成电磁辐射。韧致受激辐射有两种类型。本章讨论第一种类型, 即电子从一个较高能量跃迁到较低能量束缚电子态而产生相干光子的激光器。频率由介质的能级决定。第二种韧致受激辐射类型是在第 10 章和第 11 章介绍的回旋加速微波激射器或激光器 (自由电子激光器), 用于可在任何频率下工作的超高功率微波激射器和激光器。

在 7.1 节中, 列举相干光对于在束缚电子态激光器中产生激光的一些重大优势, 它有助于使战争和基本的光与物质相互作用过程发生根本改变。在 7.2 节中, 介绍基本的半导体激光二极管, 它有广泛的低功率应用,例如用作更高功率激光器的泵浦源和用于阵列。在 7.3 节中, 讨论半导体光放大器。

7.1 束缚电子态相干辐射的激光产生

针对束缚电子态激光器, 本节先讨论相干辐射的优势, 再讨论基本的光与物质相互作用。

7.1.1 激光器中相干光的优势

相干光具有时间相干性 (见 6.1 节) 和空间相干性 (见 1.3.6 节和 3.2.2 节)。在本节中, 从系统的观点进行讨论相干光辐射的一些优势。

(1) 相干光有能力将能量投射到一定的距离之外, 例如, 激光笔、激光指示器、测距仪或激光武器就是如此 (见第 12 章)。

(2) 相干光可被聚焦到一个很小的区域内, 用于激光武器, 或用于高密度的紧凑光盘储存器。

(3) 相干光可探测化学和生物武器, 因为其波长可与分子和细菌的尺寸相当。

(4) 约 10^{14} Hz 的频率提供了 10^{14}bit/s 的发送潜力, 这相当于通过空气或在光纤中每秒传输一百万亿比特的信息。这对光通信和光纤连接的互联网很重要。

(5) 短波长为卫星的高分辨率成像以及白天或夜视相机的应用提供了可能。

相干辐射的一个重要优势是, 其能量接近单频从而产生一个逼近零的熵 (或不确定度), 在一个正弦波中不存在不确定度。相反, 由燃烧煤炭即在某种程度上由太阳获得的热能则会被高熵值扰乱。当相干光进入一个系统时, 它将会降低系统的熵值, 而当一个系统被加热时相干光会增大熵值。较高的熵降低了效率。在一台化学激光器中, 化学反应产生的热量被用来直接泵浦激光器以产生相干的电磁波。高功率相干光的直接形成在其产生 (见第 10 章) 和分配过程中会是高效率的, 特别是在将来, 就像一些人预测的, 能量将被主要用于照明和运算[83]。这表明, 能源产生和分配的新途径可行。

7.1.2 用于相干光产生的光与物质相互作用基本理论

在可见光区域 (300 nm ~ 5 μm) 接近单频的情况下, 束缚电子态相干光辐射的产生过程可通过光子来描述。光子理论是以爱因斯坦 (Einstein) 1917 年的光与物质相互作用研究结果、黑体辐射定律的普朗克 (Planck) 光谱分布、单原子中不同能级之间原子布居分布的玻耳兹曼 (Boltzmann) 统计为基础[176]。

一般认为, 泵浦源和谐振腔对于在束缚电子态激光器中产生相干光辐射是必需的。在这样一种情形下, 原子周围电子只能处于不同能级许多能态 (按照量子力学) 中的一个能态上。尽管要产生激光需要三个或四个能态, 但要首先考虑两个能级之间简单双能态情形的跃迁: 在下能态 E_1 中具有单位体积内 N_1 个原子的能量密度, 在上能态 E_2 中具有单位体积内 N_2 个原子的能量密度[67,119]。对于感兴趣的荧光跃迁而言, 好的激光介质具有锐利荧光谱线、强吸收带和高量子效率。而且, 高效率激光器直接利用类似砷化镓 (GaAs) 这样的带隙介质, 其上能级内的能量凹陷出现于近似电子动量为下能级峰值处。在这样的一种介质内, 当一个原子 (且因而包括其中的能量) 中的电子 (即载流子) 穿过带隙 E_g 后从一个能级 E_2 跃迁到较低的能级 E_1 时, 就会发出一个其能量与电子能量损失相当的光子:

$$E_g = E_2 - E_1 = h\nu = \hbar\omega \tag{7.1}$$

式中, h 是普朗克常数; ν 是频率; $\hbar = h/2\pi$; $\nu = 2\pi\omega$。不同物质具有不同的带隙, 因此, 发出不同频率 (或颜色) 的光。

爱因斯坦的光与物质相互作用理论解释了电子在能级间迁移 (见图 7.1) 的下列方式[67,119]。

(1) 吸收: 如果其带有能量高于式 (7.1) 中 ν 的光子的光照射到介质上, 则该光子就会以电子从较低 E_1 能级穿过带隙 E_g 跃迁至较高 E_2 能级的方式被吸收。该光子的能量被储存在高能级中。对于此处所描述的光泵浦, 按照下式, 从低能级跃迁至高能级的原子数量取决于输入光辐射的通量密度 $D(\nu)$ 和原子密度 N_1:

$$R_{abs} = \frac{dN_1}{dt} = -B_{12}D(\nu)N_1 \tag{7.2}$$

式中, B_{12} 是爱因斯坦吸收系数 (或比例吸收系数); ν 是输入光频率。当 $N_2 > N_1$ 时, 就会获得产生激光所必需的粒子数反转。吸收也使得光电探测成为可能: 一个被吸收的光子将产生一个从低能级到高能级的电流。

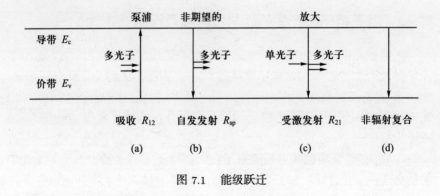

图 7.1 能级跃迁

(2) 光子的自发发射: 在无外部影响的情况下, 电子从高能级随机地落到低能级时发出光子。这些光子是彼此不相干的, 具有随机的偏振、相位和频率。随着时间的推移, 根据下述的玻耳兹曼统计理论, 自发发射会降低上能级的载流子密度 N_2 (即单位体积内的载流子数) 直至低于下能级的载流子密度 N_1:

$$\frac{N_2}{N_1} = \exp\left\{\frac{E_g}{k_B T}\right\} = \exp\left\{\frac{-h\nu}{k_B T}\right\} \tag{7.3}$$

式中, k_B 是玻耳兹曼常数; T 是绝对温度。在室温 (293 K) 下, $N_2 < N_1$ 且激光发射不能出现, 这是因为在上能级中缺乏载流子。因此, 采用光泵浦或电流泵浦是激光发射所需要的。通过自发跃迁, 从上能级 E_2 到下能级 E_1 的载流子跃迁速率为

$$R_{\text{spon}} = \frac{\mathrm{d}N_2}{\mathrm{d}t} = A_{21} N_2 \tag{7.4}$$

式中, A_{21} 是爱因斯坦系数 (或比例常数), 它代表从 E_2 到 E_1 的自发发射概率。

(3) 光子的受激发射: 入射光子激励一种具有增益和粒子数翻转 $N_2 > N_1$ 的激光介质, 从而导致电子从能级 E_2 落到 E_1。在此过程中, 能量 $E_g = E_2 - E_1$ 的光子被发射, 它与激励光子是无差别的: 相同的各向性、相同的偏振、相同的相位和相同的光谱特性。相干光的性质由处于连续步伐一致状态的很多光子所产生。受激发射速率为

$$R_{\text{stim}} = \frac{\mathrm{d}N_2}{\mathrm{d}t} = B_{21} N_2 D(\nu) \tag{7.5}$$

式中, B_{21} 是受激发射的爱因斯坦系数; $D(\nu)$ 是在频率 ν 条件下谐振腔中的光通量密度。

(4) 非放射性的退激发: 一个电子可以从高能级落到低能级而不产生一个光子。载流子损失的能量通过平动、振动、转动或其他类似形式出现。

假设 N_1 和 N_2 分别是下能态和上能态的电子密度, 由式 (7.2)、式 (7.4) 和式 (7.5), 在热平衡状态下, 两个能态之间的向上和向下跃迁速率最终会相等:

$$\overbrace{A_{21}N_2}^{\text{自发发射}} + \overbrace{B_{21}N_2 D(\nu)}^{\text{受激发射}} = \overbrace{B_{12}D(\nu)N_1}^{\text{吸收}} \tag{7.6}$$

在式 (7.6) 中用玻耳兹曼方程即式 (7.3) 取代 N_2/N_1, 并用由下式给出的黑体辐射定律[176]:

$$D(\nu) = \frac{8\pi n^3 h v^3}{c^3(\exp\{h\nu/(k_{\mathrm{B}}T) - 1\})} \tag{7.7}$$

得到了 A 和 B 之间的爱因斯坦关系:

$$\overbrace{A_{21}}^{\text{自发发射系数}} = \frac{8\pi n^3 h\nu^3}{c^3} \overbrace{B_{21}}^{\text{受激发射系数}} \tag{7.8}$$

$$\overbrace{B_{21}}^{\text{吸收系数}} = \overbrace{B_{12}}^{\text{受激发射系数}} \tag{7.9}$$

式中, 在折射率 n 介质中的光速为 $c = c_0/n$, c_0 是真空或空气中的光速。式 (7.8) 表明, 自发发射 (产生非相干的噪声) 速率的爱因斯坦系数与受激发射 (产生所需要的相干光) 速率的爱因斯坦系数是成比例的。这样, 就不能从具备有用输出的激光器中消除噪声。式 (7.9) 表明, 受激发射速率的爱因斯坦系数与吸收 (或泵浦) 速率的爱因斯坦系数相等。因此, 在合适的介质中这两项性质对于发射激光都是必需的。

发射激光的第一条准则是: 受激发射产生激光的速率必须大于吸收速率 (否则, 所有产生的光会立即被吸收)。根据式 (7.2) 和式 (7.5), 有

$$\frac{|R_{\mathrm{stim}}|}{|R_{\mathrm{abs}}|} = \frac{B_{21}N_2 D(\nu)}{B_{12}N_1 D(\nu)} = \frac{N_2}{N_1} > 1 \tag{7.10}$$

当 $N_2 > N_1$ 时, 存在电子的反转, 而且激光发射可通过受激发射出现。由式 (7.3) 可知, 在室温条件下, 反转不会自然出现。所以, 一台激光器必须利用其光子能量高于介质能级带隙的光进行泵浦。闪光管、荧光和其他非相干光可用于泵浦。泵浦光必须有足够的能量以克服吸收。在低于该阈值时, 激光器发射出非相干光; 超过该阈值时, 激光发射就会出现, 其功率输出为 P_{out} 的光是相干的, 而且输出的光功率更大 (见图 7.2)。就半导体激

光器而言, 泵浦是通过电流 I 而不是光来进行的。对有效泵浦而言, 与从上能级向下能级衰减相关联的时间常数必须长于复合时间, 以便在较高的能带中建立起剩余电子的储备。

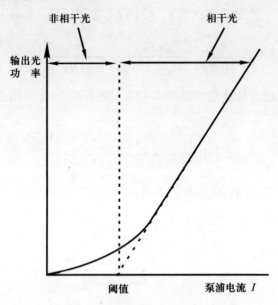

图 7.2　用于阐述阈值的激光特性曲线

产生激光的第二条准则是: 由式 (7.5) 决定的受激发射速率必须大于由式 (7.4) 决定的自发发射速率 (否则, 非相干的噪声光会淹没相干的激光)。

$$\frac{R_{\text{stim}}}{R_{\text{spon}}} = \frac{B_{21}N_2 D(\nu)}{A_{21}N_2} = \frac{B_{21}}{A_{21}}D(\nu) \tag{7.11}$$

对于式 (7.11), 在激光器中需要高的光子浓度 $D(\nu)$。这可通过一个利用两块平行面镜即反射镜 (见 6.2 节) 构成的共振腔或一个集成的光学环形谐振腔[96,102,105,106] 来实现。概括地说, 需要一个泵浦源来实现载流子反转, 即式 (7.10), 而且需要一个共振腔来确保相干光超过非相干光, 即式 (7.11)。

7.2　半导体激光二极管

半导体激光二极管将电流转换成相干光束。它们效率高 (超过 50 %), 尺寸小 (0.5 mm) 而且耐用, 被用作无线通信、光盘播放器、激光笔的光源, 及集成和光纤光学传感器的光源, 也被用来泵浦军用指示器和测距系统中的固体激光器。成批量的激光二极管可用于激光武器系统 (见 7.2.4 节)。图 7.3(a) 给出了一种简单结构。类似 GaAs 这样直接带隙介质的未掺杂的薄本征层, 被 n 掺杂 (剩余电子) 层和 p 掺杂 (缺少电子) 层夹在中间而组成一个起二极管作用的 p-n 结。活性夹层由一块约 30 cm 直径的 GaAs 晶体薄片制成; 该晶体被切割成数千个毫米尺寸的矩形片, 每只激光二极管用一片。单片正反侧的两个切割面能反射足够的光, 起到面镜的作用, 而在激光二极管内部这两个切割面构成了一个来回反射光子的谐振腔。电流向下流过 p-n 结, 将本征层内的电子泵浦至高能级以实现反转。如图 7.3(a) 所示, 光从右侧发射。图 7.3(b) 给出了激光二极管的符号。当正向电流超过其克服吸收过程所需的数值时, 相干光就被发射出来。

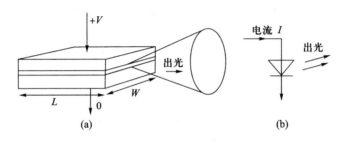

图 7.3　激光二极管

(a) 结构; (b) 符号。

7.2.1　p-n 结

图 7.4 给出了能级与动量 k(电子的波矢) 的关系。上能级 (导带 c) 即 n 掺杂能级存储着剩余电子。费米能级 E_{fc} 为这样一种能级: 低于该能级时, 发现一个电子的概率大于一半。增加掺杂能级将会提高 E_{fc}。下能级 (价带 v) 即 p 掺杂能级存储着剩余的空穴 (缺乏电子)。费米能级 E_{fv} 为这样一种能级: 高于该能级时, 发现一个空穴的概率大于 0.5。高于波数 k 的能级最小差别对应于带隙能量 E_g; E_g 由式 (7.1) 决定着光的频率。对于泵浦而言, 光子的频率 (因而也是能量) 必须足以超过带隙能量 $E_g = E_c - E_v$。

当 p 掺杂介质和 n 掺杂介质被放在一起 (见图 7.5) 而形成 p-n 结时, 二者费米能级就像所展示的那样排成直线。其结果是形成了一个 eV_0 电子伏特的能垒 (其中 e 是一个电子上的电荷), 阻止电子从 n 掺杂介质流向 p 掺杂介质。

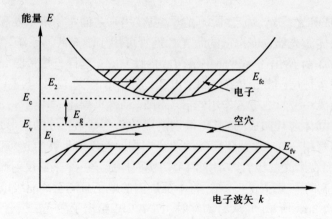

图 7.4   半导体激光二极管能带图

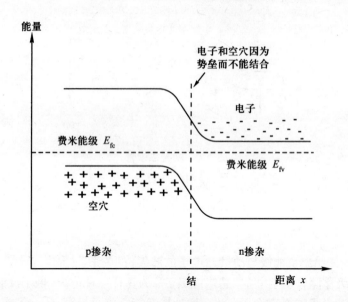

图 7.5   未加偏压的半导体激光二极管

通过在二极管两侧由电池或电源施加一个正向电压 V_f (见图 7.6), 势垒就从 eV_0 减小到 $e(V_0 - V_f)$, 而且 n 掺杂介质中的电子立刻转向所谓耗尽层厚度内的空穴上方。此时, 电子可迅速地从高能级向低能级迁移。

图 7.7 揭示了活性如何被激励得集中在双异质结构激光二极管的半导体结处。图 7.7(a) 给出了激光二极管的示意符号。为了在半导体结附近对载流子 (电子和空穴) 进行限制, 在 n 掺杂和 p 掺杂介质之间夹入了一个

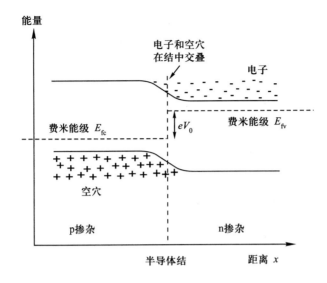

图 7.6　加正向偏压的半导体激光二极管

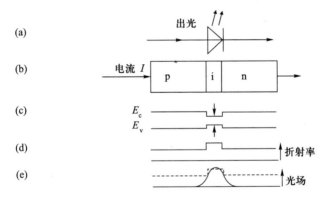

图 7.7　双异质结构激光器二极管

(a) 符号; (b) 结构; (c) 带隙减小后的约束; (d) 波导约束下的折射率; (e) 波导约束下的光模场。

被称为活性或本征"i"层的薄层, 以形成一个异质结构或双异质结构 (见图 7.7(b))。这通过限制层间载流子迁移和捕获活性层的光而提高了性能。首先, 活性层具有比别处更小的带隙 (见图 7.7(c)), 这使得层间电子迁移被限制到活性层中。其次, 通过使活性层折射率大于周围 n 掺杂和 p 掺杂层折射率, 产生的光波就被捕获在折射率控制的波导中[130], 如图 7.7(d) 所示。所产生光的最低级次模式场表明, 光被捕获在图 7.7(e) 所示的活性层中。

7.2.2　半导体激光二极管增益

半导体激光二极管的切割面起到了法布里 – 珀罗谐振腔反射镜的作用 (见 6.2 节), 从而得到光强反射率为

$$R_{\mathrm{m}} = \left(\frac{n-1}{n+1}\right)^2 \tag{7.12}$$

式中, 假设空气折射率 $n = 1$。GaAs 折射率典型值 $n = 3.5$, 光强反射率为 $R_{\mathrm{m}} = 30\%$。激光介质的增益足以克服反射镜不完美时的谐振腔损耗。背面的反射率常常通过光学反射涂层来提高, 该涂层只给光电探测器留下足够的光以提供幅值反馈控制。泵浦必须提供足够的电流 I 来克服在发射激光之阈值状态下的损耗 (见图 7.2)。

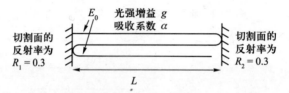

图 7.8　阈值状态下激光二极管谐振腔中的稳态条件

下面通过使用一种不同于 6.2 节 (为达到目的而以更直观的形式得到结果[176]) 的方法来逐步阐述增益和谐振的方程。如果 g 是活性介质中单位长度的光强增益, α 是单位长度的内部吸收系数, 就可针对长度 L 谐振腔中刻面之间的一次往返传输将幅值增益 (引入因子 2 是源于双程, 取平方根是为了得到幅值) 写成 $[\mathrm{e}^{g2L}]^{1/2} = \mathrm{e}^{gl}$, 将吸收写成 $[\mathrm{e}^{-\alpha2L}]^{1/2} = \mathrm{e}^{-\alpha l}$。光从两个光强反射率 R_1 和 R_2 的刻面反射, 所以其一次往返传输的幅值损耗为 $\sqrt{R_1 R_2}$。一次往返传输期间的相位变化为 $2kL$。因此, 对于一个稳态, 一次往返传输后场 E_0 与开始时相等:

$$E_0 = E_0 \sqrt{R_1 R_2}\mathrm{e}^{gL}\mathrm{e}^{-\alpha L}\mathrm{e}^{\mathrm{j}2kL} \tag{7.13}$$

在式 (7.13) 两边使幅值相等并省去相位项, 就得到

$$1 = \sqrt{R_1 R_2}\mathrm{e}^{gL}\mathrm{e}^{-\alpha L} \tag{7.14}$$

取自然对数, 有

$$gL = \ln[(R_1 R_2)^{-1/2}] + \alpha L \tag{7.15}$$

只有活性层具有增益介质。所以, 如果采用一个约束因子 $\gamma = d/D < 1$, 式中, d 是活性层厚, 度而 D 是最低级次模式的厚度 (常用), 则单位长度的有效增益系数是 $g(d/D)$; 该值较小, 这是因为一部分场不在活性层中。因此, 可将与损耗相等的增益写为

$$g\frac{d}{D} = \alpha + \frac{1}{L}\ln[(R_1R_2)^{-1/2}] \quad \text{即} \quad g\frac{d}{D} = \alpha + \frac{1}{2L}\ln\frac{1}{R_1R_2} \tag{7.16}$$

式中, 腔内损耗包含衰减系数 α (源于介质吸收) 和第二项 $L^{-1}\ln[(R_1R_2)^{-1/2}]$ (源于从谐振腔通过充当输出口的反射镜所发射的激光)。

在式 (7.13) 中使相位相等就得到 $0 + jm2\pi = 2jkL$ 即 $kL = m\pi$。利用传播常数 $k = (2\pi)/(\lambda/n)$, 在空气中即 $n = 1$ 条件下的结果与式 (6.23) 的结果相同:

$$L = m\frac{\lambda/n}{2} \tag{7.17}$$

该式表明, 纵模 m 是介质中与谐振腔相匹配的半波长数量 (见 6.2 节, 图 6.12)。

利用式 (6.29), 在波长上的模式间隔 x_{sp} 和在频率上的模式间隔 ν_{sp} 就分别是

$$x_{\text{sp}} = (\lambda/n)/2 \quad \text{和} \quad \nu_{\text{sp}} = \frac{c/n}{2L} = \frac{1}{2\tau} \tag{7.18}$$

式中, $\tau = L/(c/n)$ 是穿过标准具的传播时间。因此, 结果再一次表明, 节点之间的频率间隔等于刻面之间光双程传播时间的倒数即式 (6.28) (见图 6.14)。

只有那些具有足够增益 (大于 g') 的模式能克服损耗并产生谐振, 所以, 与图 6.13 相比, 我们在图 7.9 中去掉了任一端的低增益模式。

在标称波长 λ_0 下, 激光二极管中活性介质的增益取决于注入的泵浦电流密度 $J(\text{A}/\text{m}^2)$ 和文献 [57,176] 给出的其他参数, 即

$$g = \frac{\eta_{\text{q}}\lambda_0^2 J}{8\pi en^2 d\Delta\nu} \tag{7.19}$$

式中, n_{q} 是将电子转换成光子的内部量子效率; e 是一个电子的电荷; n 是活性层的折射率; d 是活性层厚度; $\Delta\nu$ 是激光器的输出线宽。当增益与损耗相等时, 在稳态下开始发射激光所需的电流, 即阈值电流密度 J_{th} 出现于增益与损耗相等时。所以, 将式 (7.19) 的 g 代入式 (7.16) 并求解 J_{th} 得 (发射激光时 $J > J_{\text{th}}$)

$$J_{\text{th}} = \frac{8\pi en^2\Delta\nu D}{\eta_{\text{q}}\lambda_0^2}\left(\alpha + \frac{1}{L}\ln\frac{1}{R_1R_2}\right) \tag{7.20}$$

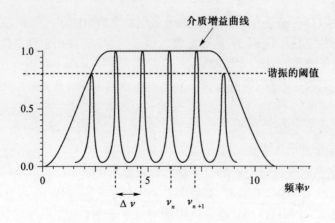

图 7.9　激光二极管中的频率纵模

通过二极管活性层, 吸收损耗可写成 $P_{\text{loss}} = \alpha P z$, 且增益可写成 $P_{\text{gain}} = g P z$。因此, 内部量子效率可写成 (用因约束而被修正的 g)

$$\eta = \frac{P_{\text{gain}} - P_{\text{loss}}}{P_{\text{gain}}} = \frac{g(d/D) - \alpha}{g(d/D)} \tag{7.21}$$

或利用式 (7.16) 写成

$$\eta = \frac{(1/2L)\ln(1/R_1 R_2)}{\alpha + (1/2L)\ln(1/R_1 R_2)} \tag{7.22}$$

进入激光二极管的光功率为

$$P_{\text{opt-in}} = \frac{J}{e}(L \times W)\,\eta_{\text{q}} h\nu \tag{7.23}$$

式中, J 是电流密度; J/e 是单位面积上每秒内的电子数; $L \times W$ 是长度 L 和宽度 W 的活性层面积; η_{q} 是每个电子所产生的光子数; $h\nu$ 是每个光子的能量。使用式 (7.22) 的效率 η, 激光二极管的光功率输出为

$$P_{\text{opt-out}} = \eta P_{\text{opt-in}} = \frac{(1/2L)\ln(1/R_1 R_2)}{\alpha + (1/2L)\ln(1/R_1 R_2)}\left(\frac{J}{e}\eta_{\text{q}}(L \times W)h\nu\right) \tag{7.24}$$

由于引入了 $I^2 R$ 的损耗以便获得加载到集成电路芯片上的电流 (代替式 (7.23) 中的 η_{q}), 所以, 电输入功率 $P_{\text{elec-in}}$ 不同于光输入功率 $P_{\text{opt-in}}$:

$$P_{\text{elec-in}} = \frac{J}{c}(L \times W)h\nu + [J(L \times W)]^2 R_{\text{serics}} \tag{7.25}$$

因此, 从式 (7.24) 式和式 (7.25) 可得到总的所谓 "插头效率":

$$\eta_{\text{wall}} = \frac{P_{\text{opt-out}}}{P_{\text{elec-in}}} \tag{7.26}$$

7.2.3 半导体激光器动力学

束缚电子态激光器的最简单动力学模型需包含两个被称为 "速率方程" 的一阶微分方程, 它们描述了两个储备之间的相互作用: 一个提供电子载流子密度即每立方米内的载流子数或电子数 N, 另一个提供光子密度即每立方米内的光子数 N_{ph}。由于两个储备具有不同的时间常数, 因而其相互作用很复杂。

对于一只激光二极管而言, 载流子密度储备的能级在时间上随着通过泵浦电流密度 $J(A/m^2)$ 注入的每立方米内载流子数 J/qd 而上升, 此处 q 是一个电子上的电荷, d 是活性层的厚度。

因受激发射产生光子而造成复合, 载流子密度储备的能级在时间上会降低 (见 7.1.2 节)。受激发射速率 $\Gamma v_g g(N) N_{ph}$ 取决于约束因子 Γ (见 7.2.2 节)、群速度 v_g、增益系数 $g(N) = a(N - N_0)$ (与储备中剩余载流子 $N - N_0$ 成比例, 此处 N_0 是在阈值即透明状态下所需要的载流子数) 以及光子储备中的光子数 N_{ph}。由于存在着对产生光子无贡献的复合, 因而还有一项损耗 N/τ_e, 此处 $1/\tau_e$ 是有效复合速率。该损耗可被写成[75]

$$\frac{\partial N}{\partial t} = \frac{J(t)}{qd} - \Gamma v_g g(N) N_{ph} - \frac{N}{\tau_e(N)} \qquad (7.27)$$

光子密度储备的能级在时间上随修正后的受激发射减少量 $\Gamma v_g g(N) N_{ph}$ (源于载流子密度储备) 上升, 并由于光子衰减时间常数 τ_{ph} 而下降。τ_{ph} 代表光子在谐振腔内的逗留时间 (对高反射率面镜, 光子逗留时间更长)。因为修正后的自发发射速率 BN^2 即式 (7.4) 的一定比例 β_{sp} 是与受激发射相干的, 所以光子密度储备的能级也会上升。这可写为

$$\frac{\partial N_{ph}}{\partial t} = \Gamma v_g g(N) N_{ph} - \frac{N_{ph}}{\tau_{ph}} + \beta_{sp} BN^2 \qquad (7.28)$$

文献 [98,109] 中指出, 对于单一的通过光学注入并用上述两个耦合的一阶微分方程模拟的激光二极管而言, 激光二极管速率方程产生了超临界霍普夫 (Hopf) 分叉, 这些分叉 (分支) 严格地模拟了用于描述大脑中神经元的流行的威尔逊 – 考恩 (Wilson-Cowan) 数学模型。威尔逊 – 考恩模型可被视为两个交叉耦合的动力学非线性神经元网络 (一个是兴奋的而另一个是受抑制的)。改变一个输入参数即来自其他所有被引入的神经元的输入强度总和, 就会导致威尔逊 – 考恩神经元振子通过一个超临界的霍普夫分叉发生迁移, 从而导致其输出从稳定关闭状态 (当输入低于一个激发阈

值时) 转换为电波信号高于阈值的稳定振动状态 (极限周值), 其频率取决于输入激励的水平。单一的光注入激光二极管在文献 [171] 中曾得到过展示, 以便能够描述任何形式的非线性动力学和混沌[153]。

7.2.4 用于高功率的半导体阵列

由于可靠性好、尺寸小和效率高, 激光二极管在低功率应用的军事领域很普及。较高的功率可通过将数个大面积的激光二极管发射器在一块基底上组装成一排 (称为巴条或 Bar 条) 而获得。如图 7.10 所示[6], 为了进一步获得更高的功率, 将 20 个尺寸 10 mm × 1 mm 的 50 W 激光巴条排列起来以构成一台 1 kW 的激光器。组装工作需要专门的技术来在成本上高效地对各子光束进行合并从而产生单一的空间相干光束, 而维持光束质量和工作特性的方法在文献 [6] 中得到了论述。

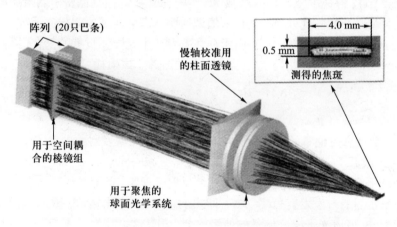

图 7.10　为 1 kW 激光二极管阵列进行的 10 路光线追迹

7.3　半导体光放大器

对于任何产生相干光的激光器而言, 它都可被加以改变从而能放大同一波长的光。下面用一台属于激光二极管变种的半导体光放大器 (SOA) 来对此举例说明。通常, 对高功率激光器 (见 8.2 节和第 13 章), 光放大器被用于分几级来增大功率。

对于光探测和测距 (激光雷达, 见第 15 章) 以及无线电频率探测和测距 (雷达) 而言, 包括毫米波雷达在内 (见第 16 章), 为了获得最理想的信号处理性能, 需要一些复合信号, 所以, 这样的信号通过电子方法产生。然后, 它们被适时转换成光 (例如, 用一只激光二极管转换), 并进而用光放大器来放大到高功率。

半导体光放大器 (SOA) 不同于激光二极管, 因为它避免了光腔内的谐振。半导体激光芯片的反射面被覆盖上了一些抗反射涂层 (见 6.3.1.3 节)。如果剩余的谐振仍表现显著, 半导体光放大器就会被称为法布里 – 珀罗式半导体光放大器 (Fabry-Perot SOA)。如果谐振实质上被消除了, SOA 被认为是行波式 SOA。为了进一步减弱前后面之间的谐振, 波导就会成一定角度, 如图 7.11 所示。在中部引上来的电线提供了实现光放大所需功率的电流。电流横穿芯片传播到波导中。穿过波导中增益介质的光通常会被放大约 1000 倍。这样, 1 μW 的输入功率就变成了 1 mW 的输出功率。如果过高的功率被加进去, 它将会损伤波导的输出面 (除非用锥度进行特殊设计)。

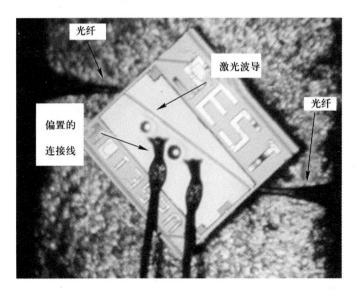

图 7.11　半导体光放大器照片

在使用一只半导体光放大器 (SOA) 的情况下, 激光必须被引导进出分别作为放大器输入端和输出端的活性层波导。这可以利用透镜或通过加工一根光纤连接到小尺寸的波导来完成 (其尺寸小是因为 Ⅲ-Ⅴ族介质的折射率约为 3.5)。图 7.12 给出了与光纤耦合的情况。尽管直径只有 8 μm, 带有抗反射涂层的纤芯仍应被加工成尖顶的形状并被抛光。由于其高放大倍数和非线性饱和特性, 许多非线性过程可以通过低功率输入、削波、变频和脉冲净化来实现[93]。对于半导体光放大器的分析和模拟在文献 [25]中得到了描述, 而我们的一些研究结果参见文献 [91,92,94]。

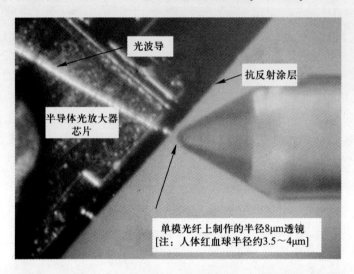

图 7.12　光纤耦合进半导体光放大器的照片展示

第 8 章

高功率激光器

从 1 W 到数十亿瓦以上的强激光可从固体 (Nd:YAG 掺杂的玻璃)、液体 (染料激光器) 或气体 (二氧化碳、氧碘) 获得。通过在保持光束质量不变的条件下对激光二极管巴条阵列输出的光束进行合成 (见图 7.10), 这些半导体激光器 (见第 7 章) 就可被用于获得一束 1 kW 或更高功率的激光。在第 13 章中将介绍一种高功率固体激光器, 它可用于在禁止试验条约生效的时期发展核武器。在 11.1 节中将介绍自由电子激光器, 它不受制于束缚的电子态。从数千瓦量级到数十亿瓦量级的特高功率自由电子激光器正日益成熟。

在探讨激光功率的时候, 必须区别对待持续时间超过 1 s 的连续波激光器和远小于 1 s 的脉冲激光器。脉冲激光器通常以脉冲能量 (峰值功率与脉冲持续时间即脉冲宽度之积) 度量。能量和持续时间都对激光的打靶效应有影响, 同时也会影响平均泵浦功率、重量以及成本。由连续波激光器制造脉冲激光器的方法将在第 9 章中详细介绍。高功率通常是通过激光器后面的一系列放大器来获得的。这些放大器与用作种子源的激光器完全相同, 只是没有振荡腔而已。在这种情况下, 脉冲整形器可以保证光束具有很好的时间相干性, 放大器之后的空间滤波器 (针孔) 则可以保证光束具有很好的空间相干性, 从而在最终输出时可拥有很好的光束质量 (见第 3 章)。在 12.2.2 节中, 将介绍提高光束空间相干性的自适应光学方法。

在 8.1 节中, 探讨高功率激光的一些特点。在 8.2 节中, 介绍固体激光器及其倍频产生绿色可见光的技术。在 8.3 节中, 阐述气体动力学原理并介绍 CO_2 高功率激光器和化学氧碘激光器 (COIL)。其中, CO_2 高功率激光器早在 1983 年就能击毁舰艇并击落 "响尾蛇" 导弹; 而 COIL 则装备在

机载激光系统 (ABL) 中用来拦截洲际弹道导弹 (ICBM), 在先进战术激光系统 (ATL) 中用来攻击装甲车。

8.1 高功率激光器的特征

高功率激光可以依据波长、功率、类型、材料 (气体、固体和液体)、光纤、半导体、泵浦技术、连续波或脉冲长度分为不同的类型。在针对不同应用需求选择激光器时, 也要考虑重量、成本、光束质量以及效率等因素。

8.1.1 波长

波长是激光最重要的特征之一。对于束缚电子激光器而言, 波长取决于材料的能带宽度, 并且只有很少几种材料能很经济地获得高功率输出。根据第 3 章的衍射理论, 尺寸比波长小的粒子不会对一定波长的光束产生影响, 而尺寸大于波长的粒子则会对光束有反射或者吸收。这种现象和沙滩边海浪冲击大的石头和小的石头的情景类似。对于一些分子尺寸与波长相近的物质而言, 粒子会与光波发生谐振并吸收光波的能量, 比如空气中的水蒸气 (见第 15 章)。有些应用要求使用可见光, 如目标导引以及激光观测等; 而另一些应用则需要使用不可见的红外光, 如测距仪以及热损伤激光等。

人们有时更倾向于使用人眼安全的激光以保护部队。波长大于 1.4 μm 的激光通常被称为人眼安全激光, 因为这个波段的光束能够被眼睛的角膜和晶状体强烈地吸收掉, 从而不能到达更加敏感的视网膜。正因为如此, 工作在 1.5 μm 通信系统中的铒激光器以及掺铒光纤放大器要比工作在 1 μm 附近的相同功率的 Nd:YAG 激光器更安全。在更长的波段, 例如工作在 10.4 μm 的 CO_2 激光器, 角膜的吸收深度很小, 这样能量就集中在其表面很小的一块, 从而只对角膜表面产生损伤。当然, 入射到眼睛中的光脉冲其峰值功率和能量也很重要。因此, 在激光器方面有很多安全文件和规定。

8.1.2 光束质量

如果一束激光要把能量高效地传输到远处的目标, 那么它就必须拥有很好的光束质量; 这就意味着它应该具有很高的时间和空间相干性并且具有合适的光束会聚能力 (依赖于几何结构)(见第 3 章)。摧毁车辆所需的激光功率与工业加工中的应有需求相似。将高斯光束聚焦成一个很小的点以用来切割和焊接的能力已发展出了一个专门的光束质量测量方法: 光点直径乘以会聚角 (见图 8.1 左侧)。

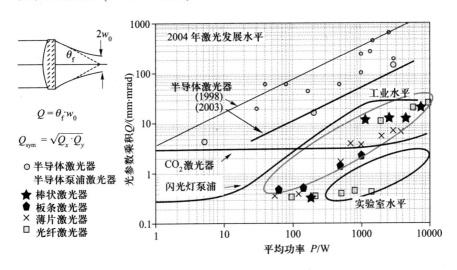

图 8.1 不同类型激光器的光束质量

图 8.1 所示为功率达到 10000 W 的不同类型激光器之间光束质量的比较[6]。图 8.1 的顶部是激光二极管阵列, 它坚固耐用, 体积小而且效率高, 但是光束质量最差 (见第 7 章); 然而, 激光二极管的光束质量在 1998 年到 2003 年之间提高了一个数量级。高功率 CO_2 激光器在大气中能够很好地传输 (见 8.3.1 节), 它拥有比固体 Nd:YAG 激光器 (见 8.2 节) 更好的光束质量。工作在通信波段即 1.5 μm 的光纤激光器具有与高功率 CO_2 激光器接近的光束质量, 且对人眼安全。光纤激光器可以做到很高的功率, 因为其增益介质可以长达数米并且可以放在水箱里进行冷却; 大模场光纤能够承载和传输很高的功率[14,118]。氧碘激光器 (见 8.3.2 节) 需要存储危险的化学物质, 因此以前并没有被考虑应用到工业加工中; 尽管这一点在军事应用中也是一个难题, 但是氧碘激光器在机载高功率激光系统中还是很有吸引力的, 这是因为化学物质能够像汽油一样提供轻质高效的能量存储。

8.1.3 功率

将激光功率或峰值功率与军事应用匹配起来是十分重要的。但是, 其成本、重量、能源需求、复杂性、耐用性、安全以及效率等因素也都很重要。表 8.1[36] 对于被军事应用所考虑的一些高功率激光器的关键特性进行了大致的比较。

表 8.1 高功率激光器的一些大致特性

激光器类型	波长	峰值功率/W	脉冲宽度	重复频率	效率
1 掺钕 YAG	1.064 μm	$10^6 \sim 10^{12}$	10 ps~100 ns	$1 \sim 100$ Hz	10^{-3}
2 双倍频掺钕YAG	532 nm	$10^6 \sim 10^{12}$	10 ps~100 ns	$1 \sim 100$ Hz	$< 10^{-3}$
3 三倍频掺钕YAG	351 nm	0.5×10^{15}	ps~ns	0.001 Hz	$< 10^{-3}$
4 二氧化碳	10.4 μm	10^8	10 ns~1 μs	$100 \sim 500$ Hz	10^{-1}
5 碘	1.315 μm	$10^9 \sim 10^{12}$	160 ps~50 ns	0.014 Hz	10^{-2}
6 氟化氪	249 nm	$10^6 \sim 10^{10}$	30 ns~100 ns	$1 \sim 100$ Hz	10^{-2}
7 激光二极管阵列	$0.475 \sim 1.6$μm	10^8	10^5 ps	10^5 Hz	0.5
8 自由电子	$10^{-6} \sim 2$ mm	10^5	10~30 ns	$0.1 \sim 1$ Hz	10^{-2}
9 光纤	1.018μm, 1.5μm	10^4	$10^{-15} \sim 10^{-8}$s	10^{11}Hz	0.03

注:

1. 掺钕 YAG 激光器是一种广泛使用的固体激光器 (见 8.2 节)

2. 对掺钕 YAG 激光器进行倍频 (见 8.2.2 节), 可以使波长由红外波段变为可见光

3. 表中 "三倍频掺钕 YAG" 是指世界上正在建设的功率最高的一些激光器, 包括美国的激光点火装置 (NIF) 和法国的兆焦耳激光 (Megajoule Laser)。目前还处于测试阶段的激光点火装置是将 192 路高功率掺钕 YAG 激光器经过波长转换 (由红外 1.064μm 转换到紫外的 351 nm) 聚焦到一个目标靶上。其中每路都包含 16 个放大器

4. 1985 年, 在机载激光实验室 (ALL) 中, 气动 CO_2 激光器被用来摧毁 "响尾蛇" 导弹和巡航导弹

5. 目前, 气动氧碘激光器在 ABL 项目中被用来击落即将进入大气层的装有核弹头的洲际弹道导弹 (ICBM)

6. 表中纳入氟化氪激光器 (紫外波段) 是因为在军事应用中已演示了产生高功率的能力

7. 表中所指激光二极管阵列由同时工作并保持光束质量的大量激光二极管排列而成

8. 作为回旋加速激光器的代表, 自由电子激光器 (FEL) 是未来最有前景的破坏性激光器, 这是因为它可以产生任意波长的高功率激光 (见 11.1 节)

9. 光纤激光器 [32] 在光纤放大器 [30] 的基础上迅速发展。它在一些应用场合可替代掺钕 YAG 激光器, 并且还可以进行倍频。多个水冷光纤激光器还可进行合束。表中功率和效率是指 1.018 μm 波段, 在 1.5 μm 波段的效率则没有那么高, 但后者属于人眼安全波段

8.1.4　泵浦方式

泵浦能量是为了使激光器和放大器实现粒子数反转 (见第 7 章)。很多泵浦方式都可获得粒子数反转。当然, 各种泵浦方式也可组合使用。这些方式包括电泵浦、光泵浦、热泵浦和粒子束加速泵浦等。

8.1.4.1　电泵浦

半导体激光器使用电泵浦方式 (见第 7 章)。电流中的电子跃迁到更高能级来产生粒子数反转。激光二极管中从电子到光子的转换效率很高。随数百个激光二极管进行合束可以获得很高的功率, 但是要保持光束质量就又极大地限制了总功率。脉冲 CO_2 激光器也可使用电泵浦 (见 8.3.1 节)。

8.1.4.2　光泵浦

闪光管 (灯) 中发出的非相干光可用于泵浦脉冲式的激光器或光学放大器。在这种情况下, 非相干光就被转化为所有光子都步调一致的相干光。通常, 很多较低功率的激光器会被用来以级联的方式去泵浦产生特高功率。

8.1.4.3　化学泵浦

热量是由很多化学反应产生的, 而这些热能又可以用来将粒子激发到更高的能级 (见 8.3.2 节)。

8.1.4.4　气动泵浦

对于气体激光器, 冷的气体或气态化学物质流经激光器并将热的气体排出可以防止增益介质过热, 但是这也会大大降低激光器的输出功率。将气体加热到高温高压, 然后再让它们从喷嘴处以超声速喷出到低温低压的环境中, 这样就可获得粒子数反转。这种情况下, 导致粒子数反转的是化学能。这种由热导致的能量转换方式更像蒸汽机中的过程。

8.1.4.5　粒子束加速泵浦

在自由电子激光器中, 回旋加速泵浦或同步加速泵浦是将电子束以相对论性的速度穿过一个处于周期场中的真空管 (见 11.1 节)。质量和速度相互影响的相对论电子束能够引起电子密度周期性分布的振荡, 从而产生了高高低低的能级。外部产生的周期场以及电子枪的能量决定了自由电子激光的频率。

8.1.5 用于高功率激光器的材料

本章以及第 9 章、第 10 章所介绍的高功率激光器其功率足以损伤在较低功率水平应有的光学元件。因此, 需要使用能够承受住高功率激光而不被损伤的专门材料。在 $1 \sim 3$ μm 波段的高功率激光材料包括熔铸氟化钙 (CaF_2)、多谱段硫化锌 (ZnS-MS)、硒化锌 (ZnSe)、蓝宝石 (Al_2O_3) 和熔融石英 (SiO_2) 等 [35]。所有这些材料都可以在直径大于 175 mm 的坯体中生成。与其他材料相比, 蓝宝石和氟化钙在制作起来需更多的经验; 不过, 所有这些材料都可被抛光到所要求的光束偏差。材料的最终选择取决于系统的要求, 并且随着最大激光功率、使用环境、耐用性、波段、尺寸以及成本的要求而变化。在 12.2.2 节中, 我们将探讨机载激光计划中高功率光学元件与硒化锌窗口[34] 所使用的材料。

8.2 固体激光器

8.2.1 固体激光器原理

以钕离子 (Nd^{3+}) 为例, 因为钕离子是军事应用固体激光器中最重要的稀土离子。最常见的基质材料是 Nd:YAG, 它的输出波长是 1.064 μm[67]。极高功率的激光器中, 玻璃基质能够承载更高的功率 (见 13.1 节和 13.2.1 节)。Nd:YAG 激光器通常通过调 Q 来获得脉冲输出 (见 9.3 节)。

固体激光器通常使用棒状的增益介质。抛光的椭圆腔中, 在增益介质的一侧或两侧放置与增益介质同样长度 (20 cm) 的闪光灯。增益介质的两个端面就是激光腔的两个腔镜。图 8.2(a) 为这种结构的固体激光器[67] 的截面图, 图中在介质棒的两侧放着两个闪光灯。双椭圆腔则将泵浦光高效地聚焦到介质棒上。该激光器采用水冷的工作方式, 并且有可能掺杂了其他粒子以抑制不需要的波长。图 8.2(b) 给出该激光器顶部的一张照片, 介质棒和闪光灯装配进了带有双谐振腔和流动冷却通道的底部。

图 8.3 所示为一个拥有 8 个放大级的高功率脉冲 Nd:YAG 固体激光器[67]。该激光器波长是 1.064 μm, 脉冲能量 750 mJ, 重复频率 40 Hz。关于该激光器的具体描述和分析详见文献 [67]。主振荡激光器通过调 Q 来提供恰当的脉冲。光束经望远镜系统 (见 1.3.4 节) 缩小光斑尺寸以满足后续系统的要求。光路中的法拉第 (Faraday) 隔离器和 $\lambda/2$ 波片用来防止后续系统所产生的反射光与主振荡器发生干涉。法拉第隔离器将入射光的

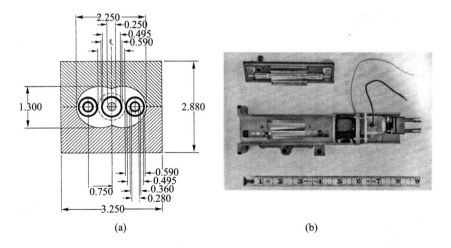

图 8.2 军用 Nd:YAG 激光器

(a) 露出激光棒和闪光灯的横截面; (b) 上下两部分的照片。

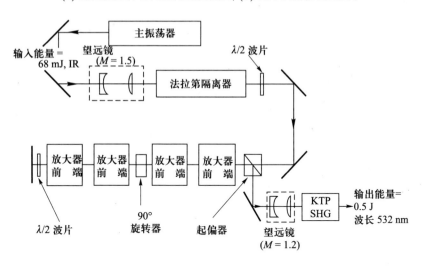

图 8.3 经过 8 级放大的高功率 Nd:YAG 激光器

偏振态顺时针旋转 $\pi/4$, 再将反射光的偏振态逆时针旋转 $\pi/4$, 最终导致一个 $\pi/2$ 的相位变化, 因此反射光会被一个 $\pi/2$ 起偏器阻挡。光束穿过两级 Nd:YAG 的放大器, 并且介质棒的两端镀有增透膜来防止发生振荡。然后, 光束在穿过一个 $\lambda/4$ 波片 ($\pi/2$ 相位角偏转) 和另外两个放大器之后被左侧的镜面反射。从 $\lambda/4$ 波片反射回来后, π 相位角偏转的光束回到偏振分束器, 偏振态旋转了 $\pi/2$ (见 2.2.1.2 节)。最后, 偏振分束器将新的偏振态偏折到了输出端; 此处再有一个望远镜将光束压缩到高强度后入射到非线性的 KTP 晶体上, 通过倍频效应将激光波长由 1.064 μm 转化到了 532 nm (倍频等同于使波长变为一半)。倍频效应将在 8.2.2 节中进行详细讨论。

该系统中使用沿激光介质棒放置的激光二极管阵列 (见 7.2.4 节) 来代替闪光管进行侧面泵浦。该系统的效率被报道如下:

(1) 激光二极管效率 0.35。

(2) 光泵浦能量到上能级粒子数的转换效率是 0.51。

(3) 上能级粒子数的转换效率是 0.38。

(4) 总的效率是 $0.35 \times 0.51 \times 0.38 = 0.068 (\approx 7\%)$。

在 13.2.1 节中, 将介绍国家点火装置 (NIF) 中所使用的超高功率固体激光器。

8.2.2 固体激光器中的二倍频

利用固体 Nd:YAG 激光器可以很容易地产生高达 8 kW 的高功率红外激光输出。其功率超过数毫瓦的红外激光对人眼就是危险的, 这是因为它能在很小的面积上产生热量并且人眼由于看不到红外光而不能躲避。在测距、目标识别、对抗以及激光雷达等一些军事应用中, 常使用二倍频晶体将红外光转换为可见的绿光。倍频激光器的非军事应用则包括工业产品、医学前列腺手术、用以替代交警电磁波雷达以降低警察癌症发病率的激光雷达等。

本节中将推导二倍频即二次谐波产生 (SHG) 的公式。通过二倍频产生技术可使激光频率加倍, 也就是将激光波长减半。对一台固体 Nd:YAG 激光器而言, 红外波长 $\lambda = 1.064$ μm 可通过 SHG 转换到绿光 $\lambda = 0.5$ μm[67,176]。一块非线性晶体就可以实现二倍频 (SHG)。

8.2.2.1 用于二倍频的非线性晶体

二倍频可以通过将红外激光穿过非线性晶体产生 [176]。在弹性介质中, 电子被交替的红外光束电场来回推动。晶体就呈现出与红外光束场相反的诱导极化。适当地放置探测系统, 就可探测到这种极化。氯化钠即 NaCl(常称为食盐) 等中心对称晶体[176] 不能被用来产生二倍频, 这是因为该晶体关于钠离子 (Na^+) 中心对称 (见图 8.4(a)), 它对正负电场的响应会形成线性而且相等的极化 (见图 8.4(b))。因此, 在入射光束与诱导极化之间就不存在频率上的变化。

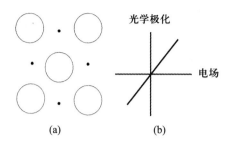

图 8.4　对称晶体

(a) 结构; (b) 光学极化。

在磷酸二氢钾 (KDP) 或硫化锌 (ZnS) 等非中心对称晶体中, 如图 8.5(a) 所示, 中心的硫离子与它右上方和左下方的锌离子并不能形成中心对称, 这是因为结构中的锌离子在两个位置上的深度不同, 从而使得入射电场与晶体的极化之间呈非线性关系 (见图 8.5(b))。在非中心对称结构中, 电子更容易被拉到某一个方向。在晶体中, 正极化方向的入射光要比负极化方向的入射光受到更大压制。对畸变的极化正弦波进行傅里叶 (Fourier) 分解时就会出现倍频成分。非线性极化 (P_i) 可以用泰勒 (Taylor) 级数表示为

$$P_i = E_0 \chi_{ij} E_j + 2d_{ijk} E_j E_k + 4\chi_{ijkl} E_j E_k E_l + \cdots \qquad (8.1)$$

式中, χ_{ij} 是一级极化率 (线性极化率); d_{ijk} 是二级非线性极化率 (产生二倍频); χ_{ijkl} 是三级非线性极化率 (可引起不同的非线性效应)。这里只对产生二倍频的二阶非线性效应感兴趣。二阶极化取决于两个不同方向

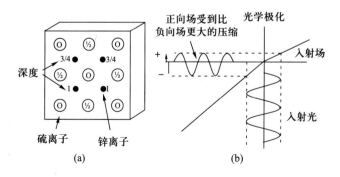

图 8.5　非中心对称晶体

(a) 结构; (b) 光学极化。

(j 方向和 k 方向) 电场的乘积。特别地, 由式 (8.1) 右边第二项, 可推导从两个正交方向 j 和 k 入射的两束红外光经相互作用而引起的 i 方向二倍频极化 $P_i^{2\omega}$:

$$P_i = 2d_{ijk}E_jE_k \tag{8.2}$$

将 P 和 E 展开成指数形式, 有

$$E = \mathrm{Re}\{E_0\} = \frac{1}{2}\{E_0\mathrm{e}^{\mathrm{i}\omega t} + E_0\mathrm{e}^{-\mathrm{i}\omega t}\} = \frac{1}{2}\{E_0\mathrm{e}^{\mathrm{i}\omega t} + \mathrm{c.c.}\} \tag{8.3}$$

式中, c.c. 代表复共轭; 下标 "0" 表示矢量 (需要注意的是, 这里使用了物理术语时谐波 $\exp(\mathrm{i}\omega t)$, 而在其他地方则用过 $\mathrm{Re}\exp\{-\mathrm{j}\omega t\}$)。利用式 (8.3), 可通过好几种方法来产生式 (8.2) 中所描述的二倍频 2ω。其中有两种方法最典型: 第一种方法是选择两个 E_0 场, 这样它们的频率 ω_1 和 ω_2 在非线性作用过程中就会出现 $2\omega_1$ 的项; 第二种方法是选择两个频率都为 ω 的 E_0 场。

第一种方法中, 由 j 方向频率为 ω_1 的电场和 k 方向频率为 ω_2 的电场通过非线性效应产生二倍频, 此时有

$$
\begin{aligned}
&\frac{1}{2}P_{0i}^{\omega_1+\omega_2}\mathrm{e}^{\mathrm{i}(\omega_1+\omega_2)t} + \mathrm{c.c.} \\
&= 2d_{ijk}\frac{1}{2}\{E_{0j}^{\omega_1}\mathrm{e}^{\mathrm{i}\omega_1 t} + E_{0j}^{\omega_2}\mathrm{e}^{\mathrm{i}\omega_2 t} + \mathrm{c.c.}\}\frac{1}{2}\{E_{0k}^{\omega_1}\mathrm{e}^{\mathrm{i}\omega_1 t} + E_{0k}^{\omega_2}\mathrm{e}^{\mathrm{i}\omega_2 t} + \mathrm{c.c.}\}
\end{aligned}
\tag{8.4}
$$

从式 (8.4) 中提取含有 $\omega_1 + \omega_2$ 的项 (这样的项相加可以得到二倍频 $2\omega_1$)。式中只有两个交叉项相乘可以得到含有 $\omega_1 + \omega_2$ 的项。同时, 将项 $\mathrm{e}^{\mathrm{i}\omega_1 t}\mathrm{e}^{\mathrm{i}\omega_2 t} = \mathrm{e}^{\mathrm{i}(\omega_1+\omega_2)t}$ 从等式两边消掉, 从而得到式 (8.2) 的矢量形式:

$$P_{0i}^{\omega_1+\omega_2} = 2d_{ijk}E_{0j}^{\omega_1}E_{0k}^{\omega_2} \tag{8.5}$$

对于第二种方法, 不需要使两个不同的频率 ω_1 和 ω_2 相加等于 2ω, 而是将两个频率都选择为 ω, 即在式 (8.4) 中 $\omega_1 = \omega_2 = \omega$。然后只选取二倍频 2ω 的项。考虑到式 (8.4) 右边的两个括号内的项相等, 这样就产生一个因子 2(相对于第一种方法)。消掉指数项可得

$$P_{0i}^{2\omega} = d_{ijk}E_{0j}^{\omega}E_{0k}^{\omega} \tag{8.6}$$

由于有三个直角坐标方向 (x, y, z) 和 6 对组合场, 这样二阶非线性系数 d_{ijk} 就是一个 3×6 的张量 (通过对 3×9 矩阵合并不同的指数级次而

简化得到):

$$\begin{bmatrix} P_{0x}^{2\omega} \\ P_{0y}^{2\omega} \\ P_{0z}^{2\omega} \end{bmatrix} = \begin{bmatrix} d_{11}d_{12}d_{13}d_{14}d_{15}d_{16} \\ d_{21}d_{22}d_{23}d_{24}d_{25}d_{26} \\ d_{31}d_{32}d_{33}d_{34}d_{35}d_{36} \end{bmatrix} \begin{bmatrix} E_{0x}E_{0x} \\ E_{0y}E_{0y} \\ E_{0z}E_{0z} \\ 2E_{0y}E_{0z} \\ 2E_{0z}E_{0x} \\ 2E_{0x}E_{0y} \end{bmatrix} \tag{8.7}$$

在大多数晶体中, 矩阵内只有几个系数非零。对 KD 晶体 P 而言, 只有 d_{14}、d_{25} 和 d_{36} 三个值有意义, 从而得出

$$\left. \begin{aligned} P_x^{2\omega} &= 2d_{14}E_{0y}^{\omega}E_{0z}^{\omega} \\ P_y^{2\omega} &= 2d_{25}E_{0x}^{\omega}E_{0z}^{\omega} \\ P_z^{2\omega} &= 2d_{36}E_{0x}^{\omega}E_{0y}^{\omega} \end{aligned} \right\} \tag{8.8}$$

需注意的是, 当 $E_z = 0$ 时, 式 (8.8) 中最后一个等式就代表 z 方向的 TEM 模入射电场在 z 方向产生二次谐波。对频率为 ω 的入射波相对于晶轴的入射角要仔细选取, 以便使入射波与出射的二次谐波达到相位匹配从而实现高效二倍频。具体的二阶非线性系数请参考文献 [176]。

8.2.2.2 二倍频的电磁波公式

这里沿用文献 [176] 中的方法, 使用 E_1、E_2 和 E_3 来分别表征沿 z 方向传播的光波在 x、y 和 z 方向的矢量场。这里的 z 和前面使用的晶体的 z 轴的 z 是不同的。仅考虑 8.2.2.1 节中的第二种方法。在式 (8.6) 中有两个频率分别为 ω 和 2ω 的耦合波。在二倍频产生过程中, 它们同时沿 z 方向穿过晶体。由于能量不断转移到频率为 2ω 的二次谐波上, 故 $dE_1/dz < 0$, 所以频率 $\omega_1 = \omega$ 的入射电场在晶体中不断衰减。因 $dE_3/dz > 0$, 故频率为 $\omega_3 = 2\omega$ 的 E_3 波在晶体中从零不断增强。通过将每个场 $E_{0i}^{\omega_1} = a_{1i}E_1$ 和 $E_{0i}^{\omega_3} = a_{3i}E_3$ 的极化分开, 利用式 (8.5) 和式 (8.6) 及 $\omega_3 - \omega_1 = 2\omega_1 - \omega_1 = \omega_1$, 就可如文献 [176] 中一样写出 ω 和 2ω 的瞬态非线性极化, 有

$$\left. \begin{aligned} \left[P_{\mathrm{NL}}^{\omega_3-\omega_1}(z,t) \right]_i &= d_{ijk}a_{3j}a_{1k}E_3E_1^* \mathrm{e}^{\mathrm{i}\{(\omega_3-\omega_1)t-(k_3-k_1)z\}} + \mathrm{c.c.} \\ \left[P_{\mathrm{NL}}^{2\omega_1}(z,t) \right]_i &= \frac{1}{2}d_{ijk}a_{1j}a_{1k}E_1E_1 \mathrm{e}^{\mathrm{i}(2\omega_1 t - 2k_1 z)} + \mathrm{c.c.} \end{aligned} \right\} \tag{8.9}$$

式中, 重复下标项之和写为 $d = \sum_{ijk} d_{ijk} a_{1i} a_{2j} a_{3k}$。按照一个标准步骤, 依次将式 (8.9) 中的极化代入波动方程。设材料不导电 (导电率 $\delta = 0$), 则波动方程为

$$\nabla^2 E_1(z,t) = \mu_0 \frac{\partial^2}{\partial t^2}(\epsilon_1 E_1(z,t) + P_{\mathrm{NL}}) = \mu_0 \epsilon_1 \frac{\partial^2 E_1(z,t)}{\partial t^2} + \mu_0 \frac{\partial^2}{\partial t^2} P_{\mathrm{NL}} \quad (8.10)$$

将式 (8.9) 里第一个等式代入式 (8.10), 可得

$$\nabla^2 E_1^{\omega_1}(z,t) = \mu_0 \epsilon_1 \frac{\partial^2 E_1^{\omega_1}(z,t)}{\partial t^2} + \mu_0 d \frac{\partial^2}{\partial t^2} \{ E_3 E_1^* \mathrm{e}^{\mathrm{i}[(\omega_3 - \omega_1)t - (k_3 - k_1)z]} + \mathrm{c.c.} \}$$
$$(8.11)$$

式 (8.11) 中的 E_1 是 z 的函数, 则等式左边可以用矢量 E_1 表示为

$$\nabla^2 E_1^{\omega_1}(z,t) = \frac{1}{2} \frac{\partial^2}{\partial z^2}[E_1(z)\mathrm{e}^{\mathrm{i}(\omega_1 t - k_1 z)} + \mathrm{c.c.}]$$
$$= -\frac{1}{2}\left[k_1^2 E_1(z) + 2ik_1 \frac{\mathrm{d}E_1(z)}{\mathrm{d}z}\right] \mathrm{e}^{\mathrm{i}(\omega_1 t - k_1 z)} + \mathrm{c.c.}$$
$$(8.12)$$

这里做了慢变化振幅近似, 认为当 E_1 满足下式时 $\mathrm{d}^2 E_1(z)/(\mathrm{d}z^2)$ 可忽略 (见 2.1.1 节):

$$\frac{\mathrm{d}^2 E_1(z)}{\mathrm{d}z^2} \leqslant k_1 \frac{\partial E_1(z)}{\partial z} \quad (8.13)$$

将式 (8.12) 代入式 (8.11) 左边, 并利用 $\partial^2/\partial t^2 \equiv -\omega_1^2$, 可得

$$-\frac{1}{2}\left[k_1^2 E_1(z) + 2ik_1 \frac{\mathrm{d}E_1(z)}{\mathrm{d}z}\right] \mathrm{e}^{\mathrm{i}(\omega_1 t - k_1 z)} + \mathrm{c.c.}$$
$$= -\mu_0 \epsilon_1 \omega_1^2 \left[\frac{E_1(z)}{2} \mathrm{e}^{\mathrm{i}(\omega_1 t - k_1 z)}\right] + \mathrm{c.c}$$
$$-\mu_0 d \omega_1^2 [E_3 E_1^*(z) \mathrm{e}^{\mathrm{i}\{(\omega_3 - \omega_1)t - (k_3 - k_1)z\}}] + \mathrm{c.c}$$
$$(8.14)$$

式中, $k_1^2 = \mu_0 \epsilon_1 \omega_1^2$, 故等式两边相关项可以抵消。又因 $\omega_3 = 2\omega$, $\omega_1 = \omega$ 和 $\omega_3 - \omega_1 = \omega$, 故等式左边 $\mathrm{e}^{\mathrm{i}\omega_1 t}$ 项可与等式右边 $\mathrm{e}^{\mathrm{i}(\omega_3 - \omega_1)t}$ 项相抵消, 有

$$-ik \frac{\mathrm{d}E_1}{\mathrm{d}z} \mathrm{e}^{-\mathrm{i}(k_1 z)} + \mathrm{c.c.} = -\mu_0 d \omega_1^2 [E_3 E_1^* \mathrm{e}^{-\mathrm{i}(k_3 - k_1)z} + \mathrm{c.c.}] \quad (8.15)$$

由此可得频率为 ω 的入射光场沿晶体的衰减速率为

$$\frac{\mathrm{d}E_1}{\mathrm{d}z} = -\mathrm{i}\omega_1 \sqrt{\frac{\mu_0}{\varepsilon_1}} d E_3 E_1^* \mathrm{e}^{-\mathrm{i}(k_3 - 2k_1)z} \quad (8.16)$$

此处使用了 $(\mu_0 \omega_1^2)/(\mathrm{i}k) \equiv -\mathrm{i}\omega_1 \sqrt{\mu_0/\epsilon_1}$ (其中 $k = \omega\sqrt{\mu_0 \epsilon_1}$)。

类似地, 将式 (8.9) 中的第二个等式代入波动方程式 (8.10), 就可得到频率为 2ω 的二次谐波沿晶体的增长速率 ($\omega_3 = 2\omega$):

$$\frac{\mathrm{d}E_3}{\mathrm{d}z} = -\frac{\mathrm{i}\omega_3}{2}\sqrt{\frac{\mu_0}{\epsilon_3}}dE_1E_1^*\mathrm{e}^{-\mathrm{i}(k_3-2k_1)z} \qquad (8.17)$$

式 (8.16) 和式 (8.17) 分别描述了频率为 ω 的入射波的衰减情况和频率为 2ω 的二次谐波的增长情况。由此可见, 当没有损耗时, 入射波和二次谐波功率之和是一个常数。也就是说, 频率为 ω 的入射波随距离衰减的功率与频率为 2ω 的二次谐波随距离增长的功率相等[176]:

$$\frac{\mathrm{d}}{\mathrm{d}z}(\sqrt{\epsilon_1}\,|E_1|^2 + \sqrt{\epsilon_3}\,|E_3|^2) = 0 \qquad (8.18)$$

对高强度的激光和通过角度调节的相位匹配而言, 100% 的转换效率是可能的。

8.2.2.3 二次谐波功率输出的最大化

正如文献 [176] 所述, 在足够的距离上进行相位匹配可提高转换效率。这一点可以通过假设频率为 ω 的入射波损耗能被忽略而看出来 (激光在入射到晶体内的很短距离后或者光强很低时, 都会发生损耗)。在此情况下, E_1 是常数, 只需要考虑描述二次谐波 (2ω) 从零开始增长的式 (8.17):

$$\frac{\mathrm{d}}{\mathrm{d}z}E_3^{(2\omega)} = -\mathrm{i}\omega\sqrt{\frac{\mu_0}{\epsilon_3}}d\,|E_1|^2\,\mathrm{e}^{-\mathrm{i}\Delta kz} \qquad (8.19)$$

式中, 定义 $\Delta k = k_3 - 2k_1$ 和 $\omega = \omega_3/2$。对上式沿晶体长度 L 积分, 可得二次谐波场 E_3 为

$$E_3^{(2\omega)}(L) = \int_{z=0}^{L}\frac{\mathrm{d}}{\mathrm{d}z}E_3^{(2\omega)}\mathrm{d}z = -\frac{\mathrm{i}\omega}{n^2}\sqrt{\frac{\mu_0}{\epsilon_0}}d\,|E_1|^2\left(\frac{\mathrm{e}^{-\mathrm{i}\Delta kL}-1}{\mathrm{i}\Delta k}\right) \qquad (8.20)$$

式中, 使用了 $\epsilon_3 = n^2\epsilon_0$。所产生的二次谐波强度为

$$I^{(2\omega)}(L) = E_3^{2\omega}(L)E_3^{*(2\omega)}(L) = \frac{\omega^2d^2}{n^2}\left(\frac{\mu_0}{\epsilon_0}\right)L^2\,|E_1|^2\,\frac{\sin^2(\Delta kL/2)}{(\Delta kL/2)^2} \qquad (8.21)$$

在这里, 曾使用了关系式 $\exp(\mathrm{i}\Delta kL) - 1 = \exp(\mathrm{i}\Delta kL/2)[\exp(\mathrm{i}\Delta kL/2) - \exp(-\mathrm{i}\Delta kL/2)] = \exp(\mathrm{i}\Delta kL/2)(-2\mathrm{i}\sin(\Delta kL/2))$, 并对分子和分母都乘了 L^2。由正向进行的 ω 波强度以及本征阻抗 $\eta = \sqrt{\mu_0/\epsilon_0}$, 可得

$$I^{(\omega)} = \frac{1}{2}n\sqrt{\frac{\epsilon_0}{\mu_0}}\,|E_1|^2 \quad \text{即} \quad |E_1|^2 = 2I^{(\omega)}\sqrt{\frac{\mu_0}{\epsilon_0}}\frac{1}{n} \qquad (8.22)$$

式 (8.21) 除以式 (8.22) 可得二次谐波的产生效率为

$$\eta_{\text{SHG}} = \frac{I^{(2\omega)}}{I^{(\omega)}} = \frac{\omega^2 d^2}{n^2} \frac{\mu_0}{\epsilon_0} L^2 \left(2I^{(\omega)} \sqrt{\frac{\mu_0}{\epsilon_0}} \frac{1}{n} \right) \frac{\sin^2(\Delta kL/2)}{(\Delta kL/2)^2}$$

$$= \frac{2\omega^2 d^2}{n^3} \left(\frac{\mu_0}{\epsilon_0} \right)^{3/2} L^2 \frac{\sin^2(\Delta kL/2)}{(\Delta kL/2)^2} I^{(\omega)} \tag{8.23}$$

由式 (8.23) 可得, 二倍频产生的效率正比于入射光的强度。因此, 要使二次谐波的强度最大, 应该选择 d 值很大的材料 (如 KDP), 使用更大的长度 L, 入射光的强度要高, 并且入射的 ω 波要与二次谐波有相同的传播常数 k (波数)。最后一个条件使得 $\Delta k = k^{(2\omega)} - k^{(\omega)} = 0$, 这时入射波和二次谐波的是相位匹配的。但是, 在同一个晶体中传输的频率分别为 ω 和 2ω 的光波不可能有相同的传播常数, 因此 Δk 不可能为零。下一节将详细阐述这个问题。

8.2.2.4　二倍频的相位匹配

通过选择频率为 ω 的入射光的入射角度可以使 $\Delta k = 0$, 实现相位匹配。单轴各向异性晶体 (如 KDP) 通常会表现出如图 8.6 中折射率椭球所示的双折射特性。折射率椭球的方程为

$$\frac{x^2}{n_{\text{o}}} + \frac{y^2}{n_{\text{o}}} + \frac{z^2}{n_{\text{e}}} = 1 \tag{8.24}$$

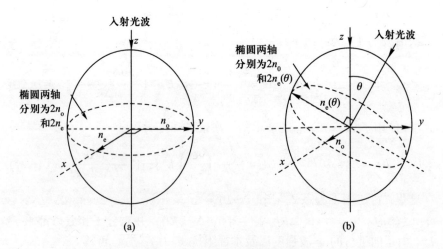

图 8.6　二倍频的相位匹配过程

(a) 折射率椭球; (b) 寻找相位匹配角 θ。

入射光波在 x 和 y 偏振分量上的折射率为 n_{o}, z 偏振分量折射率为 n_{e}。在单轴晶体中, n_{o} 和 n_{e} 的下标分别表示寻常方向和非常方向。后者的折射率与另外两个正交方向的寻常折射率 n_{o} 不同, 所以称为非常方向。如果入射光束在 zy 平面上沿与 z 轴夹角为 θ 的方向传输 (见图 8.6(b)), 则光波传输距离比正入射要长 (图中由虚线标出)。入射波的垂直分量的折射率 n_{o} 未发生任何变化, 而平行分量则由 n_{e} 延伸为 $n_{\mathrm{e}}(\theta)$。下面将计算该延伸量。zy 平面上的椭圆方程为

$$\frac{y^2}{n_{\mathrm{o}}^2} + \frac{z^2}{n_{\mathrm{e}}^2} = 1 \tag{8.25}$$

$n_{\mathrm{e}}(\theta)$ 到 y 轴的垂直分量为

$$y = n_{\mathrm{e}}(\theta) \cos \theta \tag{8.26}$$

到 z 轴的垂直分量为

$$z = n_{\mathrm{e}}(\theta) \sin \theta \tag{8.27}$$

将式 (8.26) 和式 (8.27) 代入式 (8.25), 就可得到在特定晶体中实现相位匹配所对应的 $n_{\mathrm{e}}(\theta)$ 值的一个方程:

$$\frac{1}{n_{\mathrm{e}}^2(\theta)} = \frac{\cos^2 \theta}{n_{\mathrm{o}}^2} + \frac{\sin^2 \theta}{n_{\mathrm{e}}^2} \tag{8.28}$$

对于频率为 2ω 的二次谐波, 有

$$\frac{1}{[n_{\mathrm{e}}^{(2\omega)}]^2} = \frac{\cos^2 \theta}{[n_{\mathrm{o}}^{(2\omega)}]^2} + \frac{\sin^2 \theta}{[n_{\mathrm{e}}^{(2\omega)}]^2} \tag{8.29}$$

要实现 ω 和 2ω 波的相位匹配, 则要求:

$$n_{\mathrm{e}}^{(2\omega)}(\theta) = n_{\mathrm{o}}^{(\omega)} \tag{8.30}$$

这样, 两种波的速度及传播常数相等, 速度为 $c/n_{\mathrm{e}}^{2\omega}(\theta) = c/n_{\mathrm{o}}^{\omega}$。将式 (8.30) 代入式 (8.29) 的左侧, 就得到一个用于计算相位匹配最佳角度 θ 的方程:

$$\frac{1}{[n_{\mathrm{o}}^{(\omega)}]^2} = \frac{\cos^2 \theta}{[n_{\mathrm{o}}^{(2\omega)}]^2} + \frac{\sin^2 \theta}{[n_{\mathrm{e}}^{(2\omega)}]^2} \tag{8.31}$$

根据 $\cos^2 \theta = 1 - \sin^2 \theta$ 可解得 θ 为

$$\sin^2 \theta = \frac{[n_{\mathrm{o}}^{(\omega)}]^{-2} - [n_{\mathrm{o}}^{(2\omega)}]^{-2}}{[n_{\mathrm{e}}^{(2\omega)}]^{-2} - [n_{\mathrm{o}}^{(2\omega)}]^{-2}} \tag{8.32}$$

图 8.7 所示为一个用于二倍频产生[67] 的简单装置。该装置中, Nd:YAG 晶体棒有很大的 TEM_{00} 模体积; 非线性非中心对称的铌酸钡钠晶体可传输很高强度的光束。Nd:YAG 激光器的谐振腔由两面对 1.064 μm 的 YAG 红外光高反的凹面镜组成。右侧的凹面镜对由铌酸钡钠晶体倍频产生的 532 nm 绿光高透。铌酸钡钠晶体放置在腔内光强最高的地方。由该晶体产生的向左传输的绿光则被 Nd:YAG 晶体棒吸收。KDP(KH_2PO_4) 晶体一般都用在高功率激光系统中, 这是因为它有很高的损伤阈值和很高的光学质量[67]。

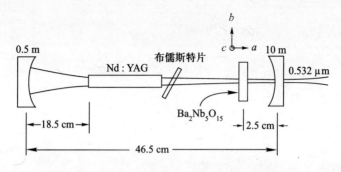

图 8.7　二倍频产生结构图 (二倍频晶体在谐振腔内)

8.3　高功率气体激光器

这里主要考虑气动 CO_2 激光器 (见 8.3.1 节) 和化学氧碘激光器 (见 8.3.2 节)。

8.3.1　高功率气动二氧化碳激光器

获得近单频、极高功率激光器的最好方式就是气动激光器, 尤其是连续波气动激光器[119]。固体激光器有着比气体激光器更高的分子数密度, 这意味着存在更高的增益。但是, 固体激光器有其固有的一些缺陷, 尤其是在连续运转的情况下。固体材料中, 泵浦和激光会导致热的不平衡分布, 这就是导致其缺陷的主要原因。国家点火装置 (见第 13 章) 采用的是固体激光器, 但是它发出的是持续时间只有 1 ns 的激光, 而且相邻两次发射之间还需要 5 h 的冷却时间。在固体激光器中, 即使极高的功率不会损伤介质, 它也会在介质中产生畸变, 使光束的空间相干性变差, 进而影响光束质量。

在气体介质中, 介质中的温度不均匀性要比固体中小得多。而且只有在光致电离引起的极高强度时介质性能才会变差。但是, 气体激光器中, 泵浦和激光会带来废热。这些废热不断累积, 会限制 CO_2 激光器的功率水平, 使其很难达到千瓦量级。这种 CO_2 激光可以在几秒内烧穿 1/4 英寸①的钢板, 但还不足以成为军用杀伤激光。而气动激光器就可以避免这种废热的累积, 从而获得更高的功率。

8.3.1.1 气动激光器原理

气动激光器中通过使气体在激光器中流动, 可以使连续运转激光器的功率水平提高几个量级。通过这种流动, 可以使冷气体进入激光器而热气体则流出[36]。这样就可以避免热量的累积。图 8.8 所示即为一个气动激光器。气动激光器不仅可以对激光器进行冷却, 而且可以采用一种非气体激光器都不能使用的非传统泵浦方法[119]。作为工作介质的混合气体在一个高压的燃烧室中加热到上千度, 压强达到兆帕量级。1954 年之后, 压强的国际制 (SI) 单位是帕斯卡 (Pa); 它与磅/英寸^2 (psi) 的换算关系为 1 磅/英寸^2 = 6.894×10^{-3} Pa; 海平面上一个大气压所对应的压强为 1 atm = 101325 Pa。

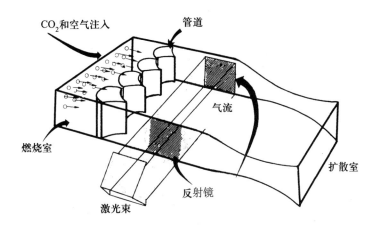

图 8.8 一台气动激光器的结构

粒子数密度满足玻耳兹曼 (Boltzmann) 分布 (见 7.1 节)。在高温高压环境下, 气体瞬间从喷嘴阵列喷出。这些喷嘴尺寸一般为 $1 \sim 2$ mm, 且都具有气动外形以确保气体的平稳流动; 这就会造成气体的超声速甚至高超

①英寸为非法定计量单位, 1 英寸= 25.4 mm。—— 译者注

声速膨胀。超声速是指以 4 倍声速 (空气中声速为 343 m/s) 移动; 高超声速则是以 4 倍声速 (即马赫数 $Ma = 4$) 以上的速度移动。由于气体的急速膨胀, 气体的温度和压强都下降几个量级, 这种情况下就会产生粒子数反转。在 CO_2 气动激光器中, 粒子数反转是由不平衡气流引起的, 这种不平衡气流使得处于低能级的低温气体能量迅速衰减, 而振动的 N_2 能量则衰减缓慢, 从而导致能量受激跃迁到 CO_2 气体[119]。粒子数反转是由温度差异或者说由热泵浦引起的。这样, 热能就转化成了相干的激光束。与之不同的是, 在采用卡诺 (Carnot) 循环的机器中热能则被转化成了机械能。

8.3.1.2　气动激光器击落导弹

在 3000 K 的温度和 5.5×10^6 Pa 的压强下, 将一氧化碳燃料在一氧化二氮气体中燃烧, 得到二氧化碳 (14%)、氮气 (85%) 和水蒸气 (1%) 的混合气体, 用于 COIL 的泵浦。这些高温气体流经一个水平的 2 m 长分流管[34] (见图 8.9), 然后转向垂直方向, 通过一系列的喷嘴进入到水平的两端带有反射镜的激光腔中。喷嘴大小约为 1.6 mm², 以便于气体经此流出后膨胀。这些喷嘴都有气动外形以保证激光束有很好的光束质量。喷嘴将

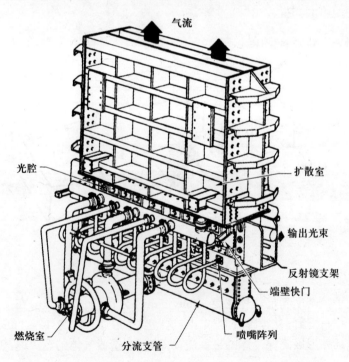

图 8.9　1983 年击落导弹的 ALL 气动 CO_2 激光器物理结构

气体加速到 6 倍声速 (即马赫数 $Ma = 6$) 以产生能够发出 10^{25} 个光子的粒子数反转。用过的气体经过扩散室向上流动。在扩散室中, 气体的压强恢复到大气压强的水平, 进而由飞机排出。

如图 8.10 所示, 在机载激光实验室 (ALL) 中, CO_2 气动激光器被倒过来同其燃料供应系统 (FSS) 和光学导向输出系统一起装载到一个 NKC-135 飞机中。图 8.10 中的激光系统 [34] 是 1983 年在世界上首次将飞行的"响尾蛇"导弹和巡航导弹成功击落的军用机载高功率激光器, 它是下面将要介绍的气动 COIL 系统的前身。

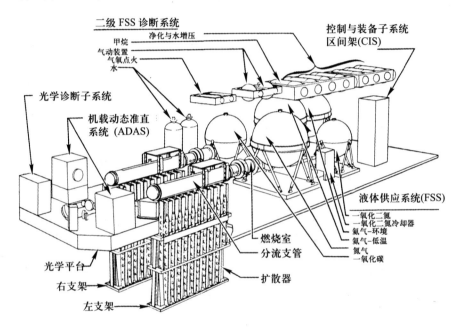

图 8.10　带有燃料系统和光学系统的 ALL 气动 CO_2 激光器

8.3.2　化学氧碘激光器 (COIL) 系统

军方自 1977 年起研究用 COIL 代替用机载激光实验室中的 CO_2 气动激光器 (见 8.3.1 节), 并被用在 ABL 和 ATL 项目中 (见 12.2 节)。化学激光器利用化学反应来泵浦, 泵浦极高功率激光器所需大量能量都高效地存储在化学物质中。COIL 效率高于 15%, 采用碘作为工作介质。碘的发射谱在 $1.315\ \mu m$, 处于人眼安全波段。此外, 该波长可以在光纤中传输, 且与大多数金属都能极好地耦合。COIL 通常都使用紫外光泵浦。泵浦光通过光解作用将碘分子分解, 使分解后的碘原子处于激发态, 从而产生粒子数反转。在 COIL 系统中是通过激发态跃迁的化学泵浦将碘泵浦到激发态的。该过程包括两个阶段。第一步, 将氧分子激发到亚稳态即所谓的单态 Δ 氧:

$$O_2 \rightarrow O_2^*(1\Delta) \tag{8.33}$$

第二步, 单态 Δ 氧与碘原子结合, 将氧分子的激发态转移到碘分子, 以产生粒子数反转:

$$O_2^* + I \rightarrow O_2 + I^* \tag{8.34}$$

泵浦之后, 激光发生过程使碘原子由激发态跃迁, 发出 1.315 μm 的光子:

$$I^2P_{1/2} \rightarrow I^2P_{3/2} \tag{8.35}$$

将两个阶段分开考虑: 单态 Δ 氧生成阶段 (见式 (8.33)) 和激发态碘原子生成阶段 (见式 (8.34))。

8.3.2.1 单态 Δ 氧的生成

人们已提出并测试了很多产生单态 Δ 氧的方法。对于机载应用 (见图 8.11[31] 左侧), 最方便的方法是将掺有 KOH 或 NaOH 基底的过氧化氢 (BHP) 与氯气混合来生成单态 Δ 氧。液态 BHP 通过 12000 多个小孔形成液滴以与通过一个小孔阵列的氯气充分接触。经反应, 绝大多数氯气都要被消耗掉。化学反应能够产生热量、氯化钾和一个自发寿命为 45 min 的单态 Δ 氧。这一过程发生在图 8.11[31] (美国专利 6027820) 中左侧的反应室内。其他的一些用于激发氧原子的方法通常都会更简单更快捷, 但是却

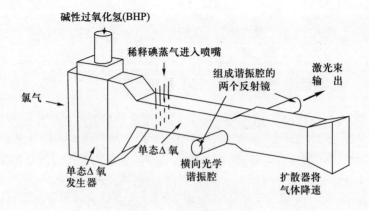

图 8.11　化学氧碘激光器

没有这种方法效率高。例如, 文献 [146] 中采用的放电法。该方法还被用在 CO_2 放电激光器 EDL 中。另外一种方法声称可以更快地产生一个激光脉冲, 这在机载武器系统中很有用。这种方法通过将氧气进行超声速膨胀来产生一个包含有氧原子团簇和单态 Δ 氧的分子束[19]。

8.3.2.2 受激碘原子的生成

第二步中要把单态Δ氧和碘在一个喷嘴阵列中进行混合(见图8.11[31])。单态 Δ 氧穿过喷嘴之间的间隙获得加速, 例如从马赫数为 0.4 加速到马赫数为 1。100 磅/英寸^2 的高压碘蒸气和氮气稀释气体 (该气体不参与化学反应) 混合。然后, 从具有气动外形的喷嘴喷出, 被加速到马赫数为 5, 而压强则降低到 0.2 磅/英寸^2。由于快速移动的碘要与慢速的单态 Δ 氧合并, 所以, 湍流混合是十分有效的。混合后的气流速度为马赫数 3.5, 温度为 100 K。这样就可以降低激光器的压强并对其进行冷却, 从而优化激光器的增益。通过在特定方向上放置反射镜形成谐振腔就可以得到与气流方向垂直的激光束。激光器的后面是一个扩散室。扩散室的作用与喷嘴的作用恰恰相反 —— 气体在扩散室内得到膨胀, 压强回复到 0.2 ～ 3 磅/英寸^2。这样, 在再滤去有毒化学物质后, 气体就可以直接被抽走或者由一个密闭系统吸收掉。需要注意的是, 在 CO_2 激光器系统中喷嘴用于产生粒子数反转, 而在 COIL 系统中则不同。COIL 系统是依靠化学反应产生的热量来实现粒子数反转的。喷嘴在 COIL 系统中用以提供优化激光增益所需要的温度和压强。

8.3.2.3 废气的吸收

COIL 系统产生的热废气可被用于对飞机进行探测, 并可被识别出飞机携带了激光武器。因此, 为了避免被探测到以确保安全, COIL 系统必须要吸收掉所有的非大气热废气, 而不能将这些热废气排到飞机外面。图8.12 所示为一个低温吸收真空泵[165] (见美国专利 6154478), 图中左侧是一个 COIL。废气通过一个阀门进入图中右侧的低温吸收真空泵中, 然后进入一个由杜瓦瓶中液氮或液氩制冷的温度 80 K 的冷室。在冷室的壁上, 氯气、碘蒸气以及水蒸气都会液化或凝固, 剩下的就只有冰冷干燥的氮气和氧气。这些剩下的气体又被真空容器中 80 K 的麻粒硅酸盐吸收。废气的吸收过程就好像一个真空泵将整个系统中的气体都吸收掉, 直到硅酸盐床达到吸收饱和, 压强达到平衡。然后, 通过控制阀门将系统重启, 气泵将洁净的空气从冷室和硅酸盐床中过滤, 并以与大气相近的压强和温度排出。

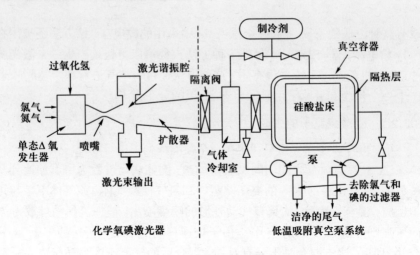

图 8.12　COIL 中废气的吸收

第 9 章

高峰值功率脉冲激光器

连续波激光器可经过改造而输出在很多情况下更为优越的脉冲激光。应用一种脉冲成形网络可由连续波激光器的输出形成脉冲,这种方法常用于产生特高的激光功率。在 9.1 节中, 讨论脉冲激光器可以比连续激光器优越的一些情形; 其中, 还要讨论利用两个光栅来改变脉冲宽度的方法。在 9.2 节中, 介绍如何对一台激光器进行锁模而使其变成脉冲激光器。在 9.3 节中, 对产生脉冲的调 Q 方法进行描述; 与锁模不同的是, 调 Q 不需要激光器具有很多的起振模式。在 9.4 节中, 介绍如何对一些激光器阵列进行同步以便能够在时间和空间上同时对光束进行聚焦。

9.1 脉冲激光器可以更为优越的一些情况

脉冲激光器在许多应用中都要比连续波激光器更合适。

1. 快速变化的环境

当环境和 (或) 几何关系迅速变化时, 脉冲激光器是有效的。

2. 激光雷达和光学雷达

发送脉冲与接收到该脉冲反射或散射信号之间的时间差可以为距离估计提供依据, 或者为表面轮廓获取提供信息以进行目标识别和地图测绘。利用脉冲雷达系统进行扫描可以探测化学武器和危险天气的状况。

3. 低功率的移动应用场合

在飞机、移动的车辆以及人员中, 脉冲激光器平均功率低, 这样与连续激光器相比就可以有更小的体积和更轻的电池与发电机。要产生相同的峰值功率, 一个占空因子为 1% 的脉冲或重频减为原先值 1/100 的固定脉冲可使平均功率降低 100 倍。减小功耗的其他方法还包括利用太阳能或者常规武器后坐力来产生能量。

4. 调整脉冲宽度

通过一个脉冲成形网络可以对脉冲宽度进行调整以满足应用的需要。例如, 利用一对平行光栅可将时域色散的脉冲窄化: 第一个光栅是将不同频率色散开, 然后获得不同的延时; 第二个光栅则是将这些不同的频率再拉回到一起。通过该过程就可使不同频率的能量在时域上靠得更近[72]。在放大高功率脉冲时, 一般都是将脉冲先展宽然后放大以使放大损耗最小, 经过放大后再对脉冲进行窄化。

5. 能量

脉冲的能量是脉冲峰值功率与脉冲宽度的乘积。激光器的脉冲能量、脉冲宽度和波长都必须符合应用的需求。如果要用一般功率的激光器获得热损伤效果, 脉冲的宽度就要大于纳秒量级。

6. 选择合适的脉冲宽度

当脉冲宽度很长时, 热损伤就会扩散到附近的区域。这种情况在击毁目标时适用, 但是在外科手术等其他应用中则不然。很短的脉冲 (皮秒量级) 可以在激光诱导击穿光谱[120] 中使材料跳过液态过程而直接汽化。此外, 很短的脉冲还可以产生击穿金属的冲击波。该过程产生的等离子体被认为可干扰飞机引擎吸入的空气。这样的一些脉冲还可像闪电一样击穿空气, 从而为危险的高功率微波 (通常不能聚焦) 产生一条可以传播的传导路径。

7. 光弹

脉冲激光器发出的光可以看作是一个光弹。例如, 如果脉冲宽度 Δt 是 1 ns (10^{-9}s)、1 ps (10^{-12}s) 或 1 fs (10^{-15}s), 则光弹长度就是 $\Delta l = c\Delta t = 3 \times 10^8 \times \Delta t$, 即分别为 0.3 m、0.3 mm 和 0.3μm。口径为 5.45 mm × 39 mm 的 AK74 步枪的子弹初速度 (子弹出膛速度) 和初能量 (子弹出膛能量) 分别为 900m/s 和 1.39 kJ。对拥有相同长度和能量的光弹而言, 其脉冲宽度为 $\Delta t = $ 距离/速度 $= 39 \times 10^{-3}/(3 \times 10^8) = 0.13$ ns $= 130$ ps, 其峰值功率为 $P_{\text{peak}} = $ 能量/时间 $= 1.39 \times 10^3/0.13 \times 10^{-9} = 10^{13}$W。本章所讲的调 Q 的 Nd:YAG 激光器就可以达到这样的指标。

8. 光弹与真实子弹的区别

光弹与真实子弹有很大区别。光弹光斑呈高斯分布, 在光斑中心强度更高。某些波长的光弹在恶劣天气中性能会受到很大的影响 (见 16.1 节)。但是, 当天气状况很好时, 它在传输中要比真实子弹能量损耗更小。而且,

光弹速度为 3×10^8 m/s, 相比之下目标的移动速度就无关紧要了。另外, 激光器每秒可以发出 100 个脉冲, 这样光弹就比真实子弹有着更快的发射重复频率。光束的功率还可根据距离进行调整, 这样就可以节省能耗。实际上, 为遵守日内瓦公约 (Geneva Convention) 关于禁止在战场上用激光器使人致盲的规定, 致眩激光器也必须基于测距仪对自身的出光功率实施控制。光弹与防弹背心的相互作用过程也将与真实子弹不同。激光器可以在陶瓷材料上打孔, 但是表面反射会降低其效能。能够将子弹的作用力扩散到一个更大区域的龙鳞装甲很可能对光弹就不起作用了。爆炸充电的方式可用来产生光脉冲以替代真实子弹的发射。

9.2 锁模激光器

激光器谐振腔长度一般大于其所产生激光的半波长。这样, 法布里 - 珀罗 (Fabry-Perot) 谐振腔内就会存在很多纵模 (见 6.2 节和图 6.13)。图 6.14 展示了法布里 – 珀罗谐振腔的频域谐振特性。谐振纵模取决于腔内包含的半波长数 (见图 6.12)。

由式 (6.23) 并利用 $f_n = c/\lambda_n$ 可给出相邻两个谐振纵模的角频率, 得

$$\left. \begin{aligned} \omega_n &= 2\pi f_n = \frac{2\pi c/\eta}{\lambda_n} = \frac{2\pi cn}{2d\eta} = \frac{\pi cn}{\eta d} \\ \omega_{n-1} &= \frac{\pi c(n-1)}{\eta d} \end{aligned} \right\} \tag{9.1}$$

式中, n 是纵模序号; η 是折射率; $d = n\lambda/2$ 为激光谐振腔长度。将式 (9.1) 中两个等式相减即可得到相邻两个纵模的间隔 $\Delta\omega$ (见图 6.14):

$$\Delta\omega = \omega_n - \omega_{n-1} = \frac{\pi c}{\eta d} \tag{9.2}$$

因此, 在空气中 ($\eta = 1$) 两个模式的频率间隔为

$$\Delta f = f_n - f_{n-1} = \frac{\Delta\omega}{2\pi} = \frac{c}{2d} = \frac{1}{2\tau} \tag{9.3}$$

式中, $\tau = d/c$ 是光束在谐振腔 (又称标准具) 内单程传输所用的时间。

9.2.1 对激光器的锁模

借助指数表达式 (其实部给出了随时间变化的瞬态电场), 可将 N 个

模式的电场表示为

$$E(t) = A \sum_{n=0}^{N-1} \exp\{-j(\omega_n t + \delta_n)\} \tag{9.4}$$

式中, ω_n 和 δ_n 分别是第 n 个模式的角频率和相位。为简单起见, 假设各模式的增益相同。

由于不同模式的频率不同, 式 (9.4) 中的功率就只能非相干地叠加。如果每个模式的强度都是 A^2, 那么 N 个模式的总强度就为

$$I = NA^2 \tag{9.5}$$

而且, 输出光束为连续波。

锁模是对每个模式的相位 δ_n 进行调整, 使得所有模式在时间点 t_0 及其整数倍的相同时刻达到峰值 (图 9.1 中会产生 10 个模式)。在时间点 t_0 的整数倍处, 模式会相干叠加从而产生一个比非锁模状态下高得多的峰值功率。其结果就是连续波被聚束为一系列峰值功率比连续波高得多的脉冲。将图 9.1 中的 10 个模式相加, 就会在时间点 t_0 的整数倍处产生一系列的脉冲 (见图 9.2)。图 9.1 中的模式信号可以被看成是图 9.2 中脉冲信号的傅里叶分解。如图 9.1 和图 9.2 所示, 基于谐振在时域上的周期性本质, 光波的峰值就会周期性地排列。对于 $N = 10$ 个模式的情况, 锁模脉冲的峰值功率就是非锁模状态下 $10(N)$ 个模式功率之和的 $10(N)$ 倍。

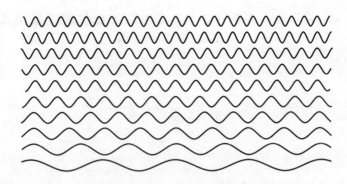

图 9.1　为实现锁模而使各模式在中心点匹配的示意图

现在通过方程来证明这一观测结论。假设式 (9.4) 中各个模式都是同步的, 即 $\delta = 0$, 且相邻模式的频率间隔 $\Delta\omega$ 与频率 ω_0 相比可以忽略。记

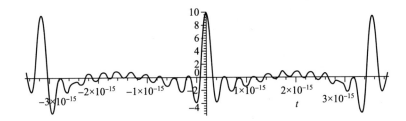

图 9.2　将图 9.1 中各模式经锁模相加而产生一个脉冲串

$\omega_n = \omega_0 + n\Delta\omega$, 忽略 $\mathrm{e}^{-\mathrm{j}\omega_0 t}$ 项, 则有

$$E(t) = A \sum_{n=0}^{n=N-1} \mathrm{e}^{-\mathrm{j}n\Delta\omega t} \tag{9.6}$$

第 n 个模式的频率为 $f_n = \omega_n/2\pi$, 设腔内折射率为 n, 由式 (6.23) 可得

$$d = n\frac{\lambda_n}{2} = \frac{n}{2}\frac{c/\eta}{f_n} = \frac{n\pi c}{\eta\omega_n} \quad 即 \quad \omega_n = \frac{n\pi c}{\eta d} \tag{9.7}$$

此式与式 (9.1) 中的第一个等式相同。

由式 (9.2) 可知, 相邻模式 (从第 n 个到第 $n+1$ 个) 频率间隔为 $\Delta\omega = \pi c/(\eta d)$。对于式 (9.6), 当 $a < 1$ 时, 有一个闭合形式的解, 即

$$\sum_{n=0}^{N-1} a^n = \frac{1-a^N}{1-a} \tag{9.8}$$

将式 (9.8) 用于式 (9.6) (取 $a = \mathrm{e}^{-\mathrm{j}\Delta\omega t}$), 可得

$$E(t) = A\left(\frac{1-\mathrm{e}^{-\mathrm{j}N\Delta\omega t}}{1-\mathrm{e}^{-\mathrm{j}\Delta\omega t}}\right) \tag{9.9}[①]$$

利用 $(1-\exp\{\mathrm{j}\Delta\omega t\}) = \exp\{\mathrm{j}\Delta\omega t/2\}(\exp\{-\mathrm{j}\Delta\omega t/2\}) - \exp\{\mathrm{j}\Delta\omega t/2\}) = \exp\{\mathrm{j}\Delta\omega t/2\}(-\mathrm{j}2\sin(\Delta\omega t/2))$, 由式 (9.9) 得到的功率为

$$P_t = E(t)E^*(t) = A^2\frac{\sin^2(N\Delta\omega t/2)}{\sin^2(\Delta\omega t/2)} \tag{9.10}$$

对于在时间上相对 $t = 0$ 处峰值偏离较小的情况, $\sin\theta \rightarrow \theta$, 峰值光强可由式 (9.10) 进行估算:

$$A^2\frac{(N\Delta\omega t/2)^2}{(\Delta\omega t/2)^2} = A^2 N^2 \tag{9.11}$$

式 (9.11) 给出 N 个模式锁模激光的峰值功率为 $A^2 N^2$, 它是由式 (9.5) 给出的 N 个模式非锁模激光总功率 $A^2 N$ 的 N 倍。

───────────

① 公式 (9.9) 原书有误, 原书右式分母为 $1-\mathrm{e}^{\mathrm{j}\Delta\omega t}$, 现已作了修正。—— 译者注

9.2.2　实施锁模的方法

锁模能够使连续波激光器的输出聚束为一串脉冲。当模式被锁定时，脉冲在激光器谐振腔内的面镜之间往返振荡。如图 9.3(a) 所示，在腔内放入一个其开启时间足以使锁模脉冲通过的快门就可实现锁模。开启快门的脉冲是周期性的，其周期是脉冲在腔内面镜间传输时间的两倍 (见图 9.3(b))。只有被锁定的脉冲才能在腔内振荡并积蓄能量，而其他没有被锁定的模式将都被快门阻挡。

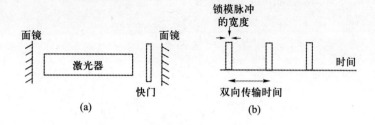

图 9.3　锁模的实施

(a) 在腔内放置快门; (b) 使快门实现同步。

9.3　调 Q 的激光器

作为锁模的一种替代方法且在不要求有很多模式时，可以通过调 Q 来从一台激光器获得一串高峰值功率的脉冲输出。在调 Q 的过程中，当泵浦光将粒子不断向上能级泵浦的时候，腔内的光束传输是被阻断的。当经快门释放上能级过多的粒子时，上能级粒子就突然跃迁，在短时间内产生大量的光子，从而形成一个高功率的脉冲。图 9.4 所示为快门开启、上能级激发态原子比例以及输出脉冲随时间的变化曲线。当快门关闭时，泵浦光继续将粒子激发到上能级 (见图 9.4(b))。快门开启时 (见图 9.4(a))，过多的激发态原子就迅速跃迁到基态，产生比没有快门的情况下要多得多的光子。这样，上能级激发态原子数量就恢复到很低水平。图 9.4(c) 给出了所产生的巨型输出脉冲。

快门可采用一个由电压脉冲控制的电光调制开关来实现。更常见的方式是将一个可饱和吸收体放在谐振腔内。可饱和吸收体能够阻挡光束，直到光功率超过某一阈值。这就避免了对同步的要求。需要注意的是，可饱和吸收体与防护盾或护目镜的工作方式相反。防护盾和护目镜用于阻挡可能损伤眼睛的强度过高的光束。

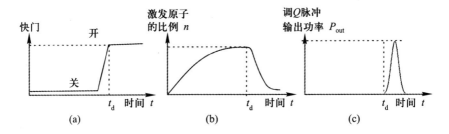

图 9.4 调 Q 激光的同步

(a) 快门; (b) 上能级受激原子的比例; (c) 输出脉冲。

设 n_i 和 n_t 分别是初态和末态下单位体积内的粒子数百分比, N_0 是激发态原子总数, V 是谐振腔体积, h 是普朗克 (Plank) 常数, ν 是由材料能带隙所决定的频率, 则调 Q 激光脉冲的总能量为

$$E = \frac{1}{2}(n_i - n_t)N_0Vh\nu \tag{9.12}$$

设 $t_1 = 2d/c$ 是光子在腔内的往返时间, R 是面镜反射率, 则 $1 - R$ 的光束能从谐振腔输出且光子的谐振腔寿命可写成

$$t_c = \frac{t_1}{1 - R} \tag{9.13}$$

结果, 由式 (9.12) 和式 (9.13) 可计算出峰值功率:

$$P_m \approx \frac{E}{2t_c} \tag{9.14}$$

9.4 激光的时间和空间聚焦

通过锁模可以将从激光器输出的连续光聚集为时序脉冲[176] (见 9.2 节)。

9.4.1 利用阵列和光束合成实现空间聚焦

通过对激光器阵列进行同步或者使一台光源分为多束光, 一组激光器发出的相干光可以在空间上进行聚焦。在图 9.5 中, 一个线性的一维 (1D)

激光器阵列所发出的光束被引导至 Q 点[162]。对于 M 台激光器, 如果没有同步, Q 点的平均功率就是单台激光器功率的 M 倍。通过使 M 台激光器同步, Q 点的功率可以提高到 M 倍。通过将各台激光器光束的相位进行延迟或提前, 使各光束的相位波前指向 Q 点, 就可以实现同步。由图 9.5 可知, 要使各光束聚焦到 Q 点, 第 m 束激光与第 0 束激光的光程差就应为

$$x_m = mh \sin \alpha \tag{9.15}$$

式中, h 是线性阵列中激光器之间的距离; α 是指向角度。这样, 相邻激光器间的附加时间差就是

$$\Delta t(\alpha) = \frac{x_{m+1}}{c/\eta_{\mathrm{p}}} - \frac{x_m}{c/\eta_{\mathrm{p}}} = \frac{h \sin \alpha}{c/\eta_{\mathrm{p}}} \tag{9.16}$$

式中, 如果用光纤作时间延迟线,η_{p} 就是光纤中用作延迟线的材料的折射率。对于窄频带 ω_0, 时间延迟所对应的相位延迟为 $\Delta t(\alpha)\omega_0$。通过调节相位可以对光束进行引导。

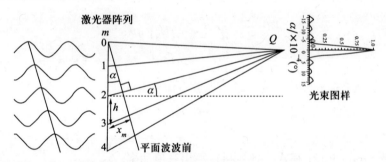

图 9.5　通过阵列处理在空间某特定角度产生一个激光脉冲的示意图

全部 M 束激光在同步后, Q 点的光场就是

$$E(\alpha) = A \sum_{m=0}^{m=M-1} \mathrm{e}^{-jm\Delta t(\alpha)\omega_0} \tag{9.17}$$

通过与时域锁模的式 (9.6) 和其闭合形式式 (9.9) 类比, 可将式 (9.17) 写为闭合形式:

$$E(\alpha) = A \left(\frac{1 - \mathrm{e}^{-jM\Delta t(\alpha)\omega_0}}{1 - \mathrm{e}^{-j\Delta t(\alpha)\omega_0}} \right) \tag{9.18}①$$

――――――――
①公式 (9.18) 原书有误, 原书右式分母为 $1 - \mathrm{e}^{j\Delta t(\alpha)\omega_0}$, 现已作了修正。―― 译者注

与式 (9.10) 中锁模光强对比, 由式 (9.18) 得到空间光束图案强度为

$$P_\alpha = E(\alpha)E^*(\alpha) = A^2 \frac{\sin^2(M\Delta t(\alpha)\omega_0/2)}{\sin^2(\Delta t(\alpha)\omega_0/2)} \tag{9.19}$$

式中, $\Delta t(\alpha)$ 由式 (9.16) 给出。在直角坐标系和极坐标系中, 功率与光束引导角度的关系分别如图 9.6(a) 和图 9.6(b) 所示。极坐标系中的结果被称为阵列光束图样。

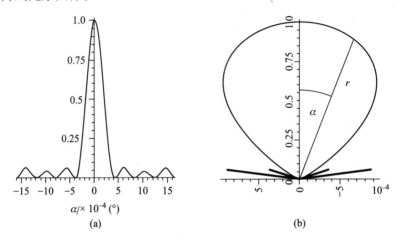

图 9.6 一维 (1D) 阵列强度与光束角关系图

(a) 直角坐标; (b) 极坐标。

需要注意的是, 与式 (9.11) 中相似, 当阵列单元间隔 h 很小时, 有 $\sin\theta \to 0$。由此可近似得出峰值功率为

$$P(\alpha)_{\text{peak}} = A^2 \frac{(M\Delta t(\alpha)\omega_0/2)^2}{(\Delta t(\alpha)\omega_0/2)^2} = A^2 M^2 \tag{9.20}$$

该峰值功率是未实现同步情况下光强 A^2M 的 M 倍。在四维空间 (x, y, z, ct) 中, 时间和空间都可被看作维度, 所以时间和空间具有相似性。实际应用中, 采用一个包括 M 台激光器的两维 (2D) 阵列; 此时, 可以采用与一维 (1D) 阵列相类似的计算方法。

9.4.2 在时间和空间上将光束同时聚集

为使光束以角度 α 在时间和空间上到达同一点并相干叠加, 需要同时满足以下两个条件: ① 不同激光器发出的锁模脉冲以角度 α 同时到达 Q 点; ② 不同激光器的载波频率在 Q 点达到同相。

9.4.2.1 排列锁模脉冲使其同时到达同一点

通过调节锁模快门的同步, 可以在时域上对锁模脉冲进行控制 (见图 9.3)。图 9.7 所示是通过计算机控制第 m 台锁模激光器的时间延迟 $m\Delta T$。

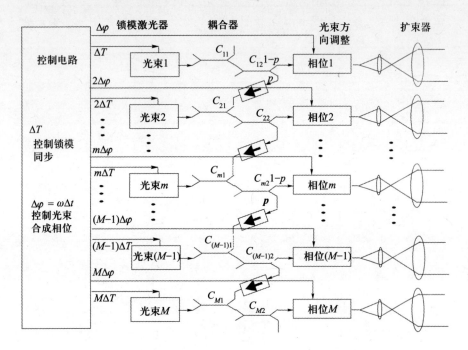

图 9.7   阵列锁模激光器通过方向调整实现空间和时间上的聚集

9.4.2.2   光载波频率的同步

在图 9.7 中, 经光纤耦合输出的半导体激光直接耦合进入到第一列光纤连接的光束方向耦合器 (从 C_{11} 到 C_{M1}) 之中。这些耦合器的第一个下标代表着从 $m = 1$ 到 $m = M$ 的不同激光器, 第二个下标代表着耦合器的列数 (见图 9.7)[57,89,106]。

通过从第二列第 m 个耦合器分出一束小百分比 p 的光进入相邻第一列第 $m + 1$ 台激光器, 就可实现阵列中不同激光器在光波频率上的同步, 实施光束合成, 从而进行光束聚焦。在反馈光路中放置一个隔离器可确保第 $m + 1$ 台激光器能够与第 m 台激光器在频率和相位上同步[110]。没有参与反馈耦合的百分比为 $1 - p$ 的光则进入到一个相位控制器 (即光纤延迟线)。相位根据 $\Delta t(\alpha)\omega_0$ 进行设置。这里 $\Delta t(\alpha)$ 由式 (9.16) 给出, 用以将光束以固定的方向 α 从法线引导到阵列中。

扩束器 (即倒镜, 见 1.3.4 节) 可将光束准直, 使得所有激光器发出的光束都可在阵列的焦点重叠。由于单台激光器所发出的光束在空间上呈带有小曲率半径的高斯分布, 所以光学系统被设计用来将光束聚焦到最小的束腰 (见 2.1 节)。当频带较宽时, 应该用时间延迟 (例如光纤延迟) 取代相位控制器, 根据延迟量 $\Delta t(\alpha)$ 进行排布。

9.4.2.3 用于使激光在时间和空间上聚集的方程和模拟仿真

利用 9.2.1 节和 9.4.1 节中分别在时间和一维 (1D) 空间中聚集光束的结果, 下面来推导对 M 台锁模激光器进行同步的方程。如图 9.8 所示, M 台锁模激光器各自都含有 N 个模式。通过分别联合时间和空间场的方程式 (9.6) 和式 (9.7), 可以得到空间中 Q 点的光场为

$$E(\alpha,t) = A \sum_{n=0}^{n=N-1} \sum_{m=0}^{m=M-1} e^{-j(m\Delta t(\alpha)\omega_0 - n\Delta\omega t)} \tag{9.21}$$

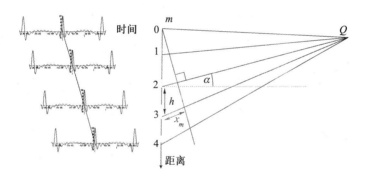

图 9.8   对阵列中的锁模激光器进行组合

对于给定角度 α 和特定时间 t, P 点的功率 $P(\alpha,t)$ 由下式计算:

$$P(\alpha,t) = E(\alpha,t)E^*(\alpha,t) \tag{9.22}$$

在一维 (1D) 阵列中, 图 9.8 中 Q 点的功率由式 (9.21) 和式 (9.22) 计算可得。该功率与光束角 α 和时间 t 的关系如图 9.9 所示, 图中所表示的是一个包含 $M = 5$ 台半导体激光器的线阵。其中, 每台激光器的腔长为 $d = 0.5$ cm, 激光波导折射率为 $\eta = 3.5$, 模式数为 $N = 10$。相邻激光器之间的间隔为 $h = 3$ cm, 标称波长为 $\lambda = 1.04$ μm。激光脉冲在时间和空间上的半高全宽就是用来在阵列焦点 Q 处进行合束的。

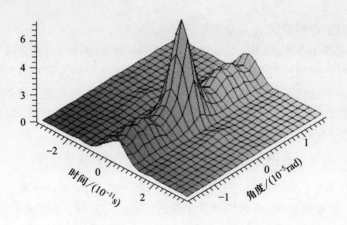

图 9.9　时间和空间上的光场聚集

　　对于各自拥有 N 个模式的 M 台激光器, 其在靶目标处的峰值功率比各自拥有 N 个模式的未进行光束合成的 M 台非锁模激光器要高 MN 倍。一个 $M = 100$、$N = 50$ 的 10×10 激光器阵列, 其峰值功率比未进行光束合成的非锁模激光器高 5000 倍。如果阵列中使用 $2\,W$ 半导体激光器, 就可产生 $10\,kW$ 的峰值功率。通过使用像水套冷却光纤激光器这样更长的激光器 (能够产生更多纵模), 还可以将峰值功率进一步提高。由于是对激光器阵列进行光束合成, 因此, 在距离 Q 点更近或更远的位置上, 光强要低于使用单台激光器 (其功率与激光器阵列相同) 时的情况。这就避免了武器系统可能造成的间接损伤, 削弱了敌方能力以促使其向某通信系统妥协, 并为能谱测量方法提供了更好的应用区域选择。

9.4.2.4　大气湍流的影响

　　Q 点的脉冲在时间和空间上都有可能受到大气湍流的严重干扰: 其畸变程度及由此导致的峰值功率降低程度均取决于大气湍流的强度[4,155] (见5.4 节)。对于单一的激光路径而言, 湍流将使脉冲在时间上得到展宽[87], 并且会将其分为多束。这样一来, 多束光之间由于光程不同会在不同的时间产生相长干涉和相消干涉 —— 这就是星星会 “眨眼” 的原因。图 9.7 中的扩束器将激光束的直径扩大, 通过将光束在较大横截面积上均匀化[4,49,155]来减小湍流效应。最佳光斑尺寸和靶目标面积随着应用场合而异。例如, 在激光武器中, 大光斑能够减小湍流的影响, 但是会降低辐照在靶目标上的光强, 从而降低损伤效果。

一组激光器阵列要比单台激光器 (与激光器阵列的多路径衰减情况相反) 更加坚固耐用, 这是因为每束光会经历不同的湍流。由于衍射和湍流的影响[4,48], 在焦点 Q 的脉冲也会左右抖动, 并在空间扩展。将输出光束近似为标准偏差的高斯光束就可对该效应进行计算, 其中标准偏差的高斯函数由光束输出孔径和曲率半径所决定。通过对这些参量的确定可决定光斑束腰在激光器和靶目标之间的位置。通过计算文献 [48,88,90,144] 所描述的相位屏并利用衍射傅里叶变换公式计算光束在相位屏之间的传输情况, 就可分别对湍流和衍射的影响进行说明 (见 5.4 节)。

第 10 章

超高功率回旋加速型微波
激射器/激光器

第 7 章中介绍了通过韧致辐射使传统的束缚态电子激光器产生受激发射。本章中，将介绍利用回旋加速器 (陀螺器件) 的概念来产生更高功率的受激发射。由于在技术上有相通之处，所以本章也会介绍回旋加速型微波激射器。例如，回旋加速型微波激射器和回旋加速型激光器有很大相似性，并且一些新的有着重大应用的波段都介于激光和微波之间。值得一提的是，最有希望的回旋加速型激光器和微波激射器是自由电子激光器。考虑到自由电子激光器的重要性，后面将用第 11 章整章介绍自由电子激光器。

10.1 节中，将探讨传统的微波器件与更高功率的、利用韧至辐射来获得高频电磁辐射的回旋加速型器件之间的关系。10.2 节中，将介绍基本的连续波陀螺振子的原理和操作，它一般都工作在高频微波段。10.3 节中，将介绍一个虚阴极振荡器的操作和实验室演示，它利用回旋加速效应在一个高频载体上获得简单耐用的高功率脉冲 (通常在微波段) 并应用在脉冲技术领域 (见第 9 章)。

10.1 回旋加速型激光器与微波激射器简介

微波管已经问世多年，它对在第二次世界大战中发挥了重大影响的雷达是至关重要的。现在，微波管被广泛应用在微波炉以及工业加热装置中，并且是电子工程系微波课程的重点内容。在微波管中，通过使用谐振腔入口装置 (如速调管和磁控管) 和周期结构表面波、行波管 (TWT) 及回波

振荡器 (BWO)[24], 电子与电磁场的电子回旋加速相互作用被限制在了低相速电磁场中。慢波产生在周期结构或谐振腔入口装置之中, 这就限制了相互作用的空间, 因而也就限制了所能产生功率的大小。这种装置被称为普通装置或 "O" 形装置 (见图 10.1)[65]。

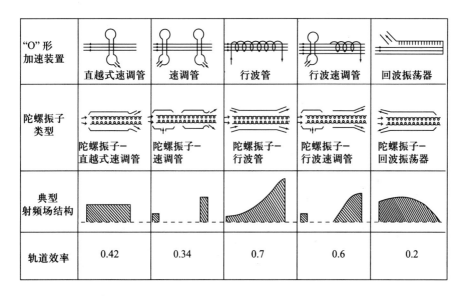

图 10.1　回旋加速器与传统加速器对比图

"O" 形加速装置	直越式速调管	速调管	行波管	行波速调管	回波振荡器
陀螺振子类型	陀螺振子–直越式速调管	陀螺振子–速调管	陀螺振子–行波管	陀螺振子–行波速调管	陀螺振子–回波振荡器
典型射频场结构					
轨道效率	0.42	0.34	0.7	0.6	0.2

这里着重介绍高相速的电磁波装置, 在其相对而言不受限制的相互作用空间中能够产生比低相速电磁波高好几个数量级的功率。在从高相速角度描述慢波装置时, 加上了一个前缀 "陀螺振子 –" (见图 10.1)。第 16 章中将介绍一种工作在 94GHz(介于光波和微波之间的 W 波段大气窗口) 的陀螺速调管毫米波放大器。它被用于雷达并能够在恶劣天气中对近地轨道上的空间碎片等进行高分辨率测绘。另外, 在空基应用中可选择使用脉冲源, 这是因为脉冲源在平均功率很低 (100 W) 的情况下还可以拥有高达数十亿瓦的峰值功率。

10.1.1　电子回旋加速器中的受激辐射过程

在电子回旋加速型激光器或微波激射器中, 静态电磁场可使真空管中的电子流束聚成团簇, 这样就可以使电子密度高低不同, 从而形成重复的高低不等的电子能级。这种电子束的聚簇 (简称为电子聚束) 是由爱因斯坦的狭义相对论决定的: 相对论电子 (速度足够高以至于需考虑相对论的电子) 的速度越快, 它们的质量就越大, 质量变大后, 其移动速度自然就会降低, 这又会使它们的质量减小从而使速度再次提高, 因此, 在空间中就会形成电子密度的振荡模式或聚簇。这样, 电子就能够从高能级被激发到低能级 (可能有很多的低能级), 从而产生受激辐射, 其频率与聚簇相关。正像在束缚电子态中一样, 回旋加速产生的相干电磁辐射与种子源相同。但是, 与束缚电子态不一样的是, 回旋加速产生的相干电磁辐射其频率不受材料能带限制。

通过将能量集中在很窄的线宽里, 种子源可启动谐振腔里的振荡。质量因子 Q 等于每个周期中储存的能量除以损失的能量再乘以 2π。单位体积储存的能量正比于 $0.5n^2E^2$, 此处 E 是电场强度, n 是介质的折射率。谐振腔末端很高的反射率会在频域形成一个高功率的尖峰 (即很窄的线宽) 和很高的 Q 值 (见 6.2 节), 但是这样会使开关变慢, 因为腔中会有更多的能量需转换到一个新的频率: 开关时间正比于 Q/ω。这导致短脉冲的形成更加困难。

在雷达应用中, 正如第 16 章所述, 微波激射器或者激光器通常被用作放大器, 因为最优的雷达发射信号非常复杂且在电子学中很容易获得并被放大。这样, 种子源就成了放大器的入射场, 根据放大器或振荡器的需要可设计其不同参数。这里探讨两种电子回旋加速型微波激射器:

(1) 陀螺振子或回旋加速型谐振微波激射器 (CRM)(见 10.2 节)。这种装置中有一束相对论电子处在一只光滑壁的真空管中, 而真空管又处在一个静态的外部磁场中。

(2) 虚阴极振荡器或单频振荡器。如果把磁场换为静电场, 那么电子束就在一个势阱中振荡。这种脉冲装置被称为虚阴极振荡器 (Vircator) 或单频振荡器 (Reditron) (见 10.3 节)。

在第 11 章中将介绍处在周期性外场中的陀螺振子, 这就是所谓的自由电子激光器或自由电子微波激射器。之所以专门设置独立的一章来讲述自由电子激光器和微波激射器, 是因其在光频段的重要性。陀螺振子一般都工作在连续波或长脉冲状态, 因此, 如果要获得脉冲输出, 就要在陀螺振子后面加上一个脉冲形成网络 (相反, 虚阴极振荡器本身就是一个脉冲激励源)。

10.2 陀螺振子型激光器和微波激射器

陀螺振子和陀螺速调管被广泛地用来生产高效连续 (峰值功率大于 100 MW) 或长脉冲 (连续功率超过 1 MW) 的高功率微波。例如, 在第 17 章中, 陀螺振子和陀螺速调管被用于主动拒止、人体扫描仪、检查包裹、摧毁电子设备, 并在第 16 章中被用于恶劣天气下的高分辨率雷达。

10.2.1 电子回旋加速型振荡器和放大器的原理

在电子回旋加速型微波激射器受激辐射 [129] 中, 相互作用发生在接近光速 c 的相对论电子和超过光速的快相速电磁场之间。电子束流与磁场轴之间有一个很小的夹角。下面来证明电子束将围绕着磁场轴在螺旋状路径上做旋转运动。首先, 不考虑电子束的相对论性质。由牛顿定律可知, 对一个在稳定均匀的静磁场中运动的带电粒子而言, 质量乘以加速度就是它所受到的力[13], 即

$$m\frac{\mathrm{d}\boldsymbol{v}}{\mathrm{d}t} = q(\boldsymbol{v} \times \boldsymbol{B}) \tag{10.1}$$

式中, $\boldsymbol{B}$ 是磁场的流量密度; 粒子静止质量是 m; 速度为 $\boldsymbol{v}$; 带电量为 q。将 $\boldsymbol{v}$ 分为平行于磁场 $\boldsymbol{B}$ 的 $\boldsymbol{v}_{//}$ 和垂直于磁场 $\boldsymbol{B}$ 的 $\boldsymbol{v}_{\perp}$, 即

$$\boldsymbol{v} = \boldsymbol{v}_{//} + \boldsymbol{v}_{\perp} \tag{10.2}$$

图 10.2(b) 所示是将速度矢量 $\boldsymbol{v}$ 旋转到图 10.2(a) 中的 $\hat{x} - \hat{z}$ 平面内。在式 (10.1) 的矢量积中, $\boldsymbol{v}$ 分量中只有垂直于 $\boldsymbol{B}$ 的分量是非零值。这样, 式 (10.1) 就变为

$$\frac{\mathrm{d}\boldsymbol{v}_{\perp}}{\mathrm{d}t} = \frac{q}{m}(\boldsymbol{v}_{\perp} \times \boldsymbol{B}) \tag{10.3}$$

如果定义矢量

$$\boldsymbol{\varOmega}_{\mathrm{c}} = \frac{-q\boldsymbol{B}}{m} \tag{10.4}$$

那么, 式 (10.3) 就变为

$$\frac{\mathrm{d}\boldsymbol{v}_{\perp}}{\mathrm{d}t} = \boldsymbol{\varOmega}_{\mathrm{c}} \times \boldsymbol{v}_{\perp} \tag{10.5}$$

由式 (10.4) 可知, $\boldsymbol{\varOmega}_{\mathrm{c}}$ 与 $\boldsymbol{B}$ 同向。因此, 由式 (10.5) 可知, 电子加速的方向垂直于 $\boldsymbol{B}$ 和 $\boldsymbol{v}_{\perp}$ 所构成的平面。图 10.2(b) 中所示的沿 y 方向的加速度引起 $\boldsymbol{v}_{\perp}$ 绕 z 轴旋转, 这样电子在轴的横向截面里沿环形运动 (见图 10.3(a))。

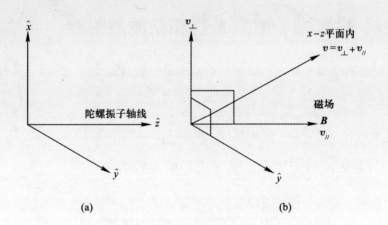

图 10.2　将速度 v 分解为水平和垂直分量

(a) 坐标系; (b) 速度分量。

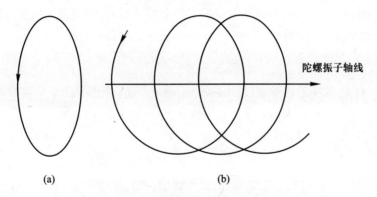

图 10.3　陀螺振子装置中的电子轨迹

(a) 横向环形轨迹; (b) 螺旋形轨迹。

由于粒子同时拥有速度 $v_{//}$, 最终导致粒子的运动轨迹是一个沿加速管轴线的螺旋线 (见图 10.3(b))。由式 (10.4) 可得矢量 $\boldsymbol{\Omega}_c$ 的大小 $\Omega_c = |\boldsymbol{\Omega}_c|$ 为

$$|\boldsymbol{\Omega}_c| = \frac{|q||\boldsymbol{B}|}{m} \quad \text{或} \quad \Omega_c = \frac{|q|B}{m} \tag{10.6}$$

$\boldsymbol{\Omega}_c$ 就是所谓的旋转角频率、旋转频率、回旋频率或者拉莫尔进动 (Larmor) 频率。

对于相对论电子, 其质量与速度有关, 这样将 m 替换为 $mc\gamma$, 式 (10.4) 就变为

$$\boldsymbol{\Omega}_c = \frac{|q|B}{mc\gamma} \tag{10.7}$$

式中, 相对论因子为

$$\gamma = \frac{1}{\sqrt{1 - v^2/c^2}} \tag{10.8}$$

由式 (10.7) 和式 (10.8), 可以得出一个重要结论: 回旋频率 Ω_c 取决于磁场 B、加速器 (电子枪) 所发出电子的能量及速度 v。同时, 回旋频率 Ω_c 也影响到电磁振荡 (激光束) 的频率。该电磁振荡是由于电子在恒定一致的磁场中以相对论速度 v 运动所引起的。因此, 陀螺振子装置的频率可通过调整电子枪的电压来进行调谐。这样 Ω_c 就拥有很大的调谐范围, 这与传统的束缚电子态激光器 (如半导体激光器) 和由材料能带决定频率的微波激射器对比鲜明。

第二个效应, 即相对论电子的聚簇效应, 能够产生可支撑受激辐射的高低重复的能级。对于一只在波导中传输的 TEM 模, 电场是横向电场。因此, 在环形电子轨迹的一侧, 电场 E 就产生一个 qE 的力来加速电子。而在另外一侧, 电场 E 则使电子减速。加速和减速的组合效应就导致电子的聚簇, 从而产生周期性的高低电子密度, 这就使得受激辐射成为可能。当使用大口径的光滑真空管时, 由于不存在非线性材料并且拥有大的相互作用空间, 使得特大功率成为可能。在这种情况下, 与非相对论电子或慢相速微波管相比, 功率可以提高几个数量级。此外, 高功率产生也变得高效, 而且能够用它在很大的频率范围内产生相干的微波。该范围的高端接近光频。

10.2.2　陀螺振子工作点和结构

旋转的电子不仅可以获得轨道速度, 还可以改变其轴向速度 v_z 来产生多普勒 (Doppler) 效应[129]。因此, 旋转角频率 Ω 和电磁波角频率 ω 不同:

$$\omega - k_z v(z) \approx s\Omega \tag{10.9}$$

通过 s 可以产生多次谐波。

陀螺振子通过旋转电子与电磁波之间的相互作用工作。图 10.4 所示为陀螺振子的色散图即角频率 ω 与传播常数 k_z 之间的关系[9]。对于由旋转电子产生的回旋波, 式 (10.9) 在图中体现为一条直线。对于常规的 TE 波导模式, 波导中的微波场可以表示为一条抛物线:

$$\omega^2 = \omega_{co}^2 + c^2 k_z^2 \tag{10.10}①$$

---

① 公式 (10.10) 原书有误, 原书末项为 k_z, 现已作了修正。—— 译者注

式中, ω_{co} 是截止角频率。式 (10.9) 和式 (10.10) 两条线交点即为陀螺振子由旋转电子和微波场相互作用所产生的工作点。此点还可以给出振荡的频率。两种不同类型的陀螺振子在图中有两个不同的工作点。陀螺振子 - 行波管可以为电磁波提供一个前向速度。所谓行波是指电磁场不会在腔内来回振荡, 因此行波管被用来作为放大器。当 $s = 1$ 时, 行波管的工作频率 Ω_1 就是基频 Ω_c。陀螺振子 - 回波振荡器的电磁场与电子束的移动方向相反, 其振荡频率为反向的 Ω_2 (见图 10.1)。

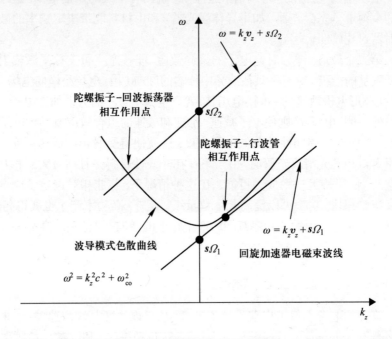

图 10.4　陀螺振子工作点色散图

图 10.5 所示为一种其效率超过 40% 的典型陀螺振子结构[9,129]。阳极的高电压在阴极处产生电场。通过主螺线管导向, 磁控管型的电子枪方向与磁场 B 成一个小夹角, 从而使电子速度在垂直于磁场和平行于磁场方向都有速度分量。这样, 电子就同时具有轴向速度分量和轨道速度分量, 从而形成绕轴的螺旋线轨迹 (见 10.2.1 节)。随着电子向磁场强度增强的方向移动而被不断地绝热压缩, 其轨道动量不断增加。均匀磁场中, 电子在谐振腔内与电磁微波的本征模相互作用, 这样电子的部分动能就转化为微波的能量。剩余的电子束从轴向开腔中射出, 然后在强度不断减小的磁场中解压, 最终沉积在集束器上。所产生的微波则从输出窗口射出。

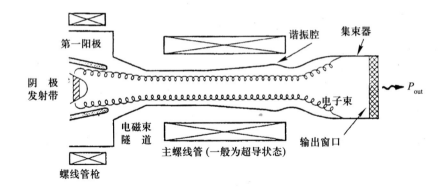

图 10.5　典型陀螺振子的基本结构

10.3　虚阴极振荡器脉冲激励源

10.3.1　用于分析虚阴极振荡器的基本原理

　　可用于移动军用平台的紧凑、轻质、高效的高功率微波源多年来通过一系列多大学研究主创 (MURIs) 活动[9,41] 一直是人们研究的热点。尽管人们可以在任意微波激射器后连接高功率脉冲形成网络来制造高功率微波源, 但是由于每一步都需要连接阻抗匹配装置, 所以该方法不能制造一个紧凑、质轻、高效的高功率微波源。基于此, 我们认为采用一个直接的脉冲源是一种更有效的方法。

　　近年来, 虚阴极振荡器获得了广泛的研究[3,9,40,123]。它结构简单, 坚固耐用, 重量较轻, 可以产生 GW 量级的峰值功率, 是最有前景的紧凑型直接式脉冲源之一。虚阴极振荡器唯一的缺点就是它以往只有不到 10% 的转换效率。目前的研究集中在更高的转换效率和频率锁定方面。虚阴极振荡器可以做到比陀螺振子和自由电子微波激射器更轻, 这是因为它可以使用一个静电场来代替磁场。磁铁十分笨重, 而且螺线管也需要额外的电源。1988 年的虚阴极振荡器专利[70] 参考了以往的专利, 并且使用了一块磁铁。后来的虚阴极振荡器以及 Reditron(单频振荡器) 都没有使用磁铁[27]。此外, 文献 [123] 展示了一套静电场虚阴极振荡器的桌面演示装置。该装置在 5 GHz 以下通过了测试, 可以用来探测地雷和简易爆炸装置 (IED), 为虚阴极振荡器的性能提供了实测数据[123]。虚阴极振荡器还能容忍驱动电源脉冲形状的波动, 这样就可以在不需阻抗匹配的情况下使用低廉的驱动电源如 Marx 发生器等。

10.3.2 虚阴极振荡器的结构及操作

如图 10.6(a) 所示, 在阴阳极间数百千伏的高电压下, 阴极向右发射电子束。电子束电流 I 与电压 V 的关系可由导电系数表示为

$$导电系数 = \frac{I}{V^{3/2}} \tag{10.11}$$

导电系数越高, 效率越高[9]。

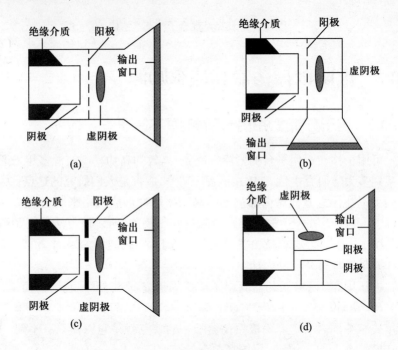

图 10.6   虚阴极振荡器

(a) 基础型; (b) 横向输出型; (c) 单频振荡器型; (d) 抑制啁啾的反射三极管型。

虚阴极振荡器通过产生一个虚阴极而工作, 这也就是其名称的由来。当阴极产生的电流超过管内漂移区可通过的最大电流时就会产生虚阴极。漂移区可通过的最大电流被称为空间充电电流, 一般在 10 kA 量级。如果注入的电子束电流大于空间充电电流且漂移空间区域半径足够大, 过多的空间充电就会在电子束前端形成一个很强的势垒, 这就是虚阴极。它可反射电子, 从而形成一个谐振腔。通过轫致辐射, 谐振腔可以提高微波辐射

功率。通过设计, 该谐振腔还可以工作在特定频率 (比如说, 小于 10 GHz) 以适用于机载探雷。在图 10.6(a) 和图 10.6(b) 所示的结构中[9], 虚阴极在轴向上振荡, 但是在图 10.6(b) 中微波出射的方向横截于轴。

在脉冲末尾关闭驱动电压时, 虚阴极振荡强度开始衰减, 微波频率随腔长减小而不断地变大。这种啁啾会显著地扩展带宽, 而这在某些应用中十分有用。

对虚阴极振荡器的一些改变都旨在去除啁啾来保持一个固定的频率 (窄线宽), 从而使峰值功率最大化。图 10.6(c) 给出了一种单频振荡器的情况[27], 它使用一个厚的带孔阳极片来去除虚阴极振荡, 从而去除啁啾。该结构的一个实验装置峰值功率达到了 1.6 GW。图 10.6(d) 所示为一只反射三极管, 它也可以通过去除虚阴极振荡达到去除啁啾的目的。这就是 10.3.5 节中桌面演示装置所采用的结构。通过在类似 8.5 GHz、9.5 GHz、10.5 GHz 和 11.5 GHz 这样的序列频率梯级中进行转换, 就可以设计出匹配的滤波器。

10.3.3 虚阴极振荡器微波辐射的选频

在短脉冲工作情况下, 辐射功率最大值受限于结构壁附近的微波击穿[40]。该击穿限制了最大电场强度:

$$E_{\mathrm{br}} = 0.8 \times 10^3 \sqrt{f} \tag{10.12}$$

由牛顿方程可知, 在充正电的电极附近振荡的最高频率由下式给出:

$$\frac{\mathrm{d}^2 z}{\mathrm{d} t^2} = \frac{e E_z}{m \gamma^3} \tag{10.13}$$

式中, $e E_z$ 是一个带电量为 e、静止质量为 m 的粒子在正电极附近所受到的力; E_z 是虚阴极振荡器轴向上的电场强度; γ 是相对论因子。对于时谐波而言, 单一角频率为 ω_0, $(\mathrm{d}^2 z)/(\mathrm{d}^2 t) = \omega_0^2 L$, 谐振幅度为 $L = V/E_z$。因此, 有

$$\omega_0^2 = \frac{e E_z}{m \gamma^3 L} = \frac{e E_z^2}{m \gamma^3 V} \tag{10.14}$$

击穿时, $E_z = E_{\mathrm{br}}$, 其中 E_{br} 是介质击穿强度。将式 (10.12) 代入式 (10.14) 可得

$$\omega_0^2 = (2\pi f)^2 = \frac{e(0.8 \times 10^3)^2 f}{m \gamma^3 V} \tag{10.15}$$

即

$$f = \frac{1}{(2\pi)^2} \frac{e(0.8 \times 10^3)^2}{m\gamma^3 V} \approx 3 \times 10^{15} V^{-1} \tag{10.16}$$

所以, 在 300 kV 时, 频率是 10 GHz。

10.3.4 Marx 发生器

　　虚阴极振荡器要求供电电压为 300 kV、供电电流大于 10 kA 且上升时间小于 100 ns。使用 Marx 发生器就可以构建一个符合要求的成本低廉的供电电源。Marx 发生器在 1924 年就获得专利授权并被应用于模拟雷电、产生 X 射线和给热核装置点火。Marx 发生器将很多平行放置的电容充电, 然后让这些电容依次放电。为实现向虚阴极振荡器荷载的最高能量装换, 要求 Marx 发生器的输出阻抗与虚阴极振荡器的输入阻抗匹配, 这样就可以避免使用庞大、昂贵的阻抗匹配器件。

　　图 10.7(a) 所示为一种四级 Marx 发生器的结构图。该发生器由一台 30 kV 直流电源对四只平行电容进行充电。对于 N 级系统, $V_{\text{charge}} = 30$ kV 电源通过配有电阻的盒子对所有 N 只平行电容充电。如图 10.7(a) 所示, N 只平行电容的等效充电电容为 $C_{\text{set}} = NC_{\text{stage}}$。为了提高效率和充电速度,

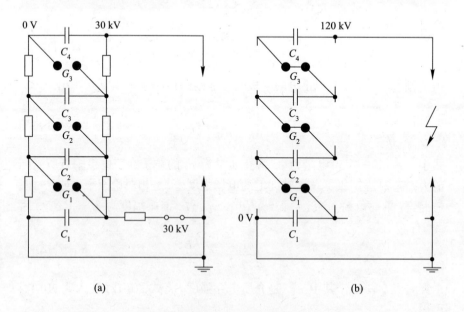

图 10.7　Marx 发生器结构图

(a) 充电; (b) 放电。

可以使用电感来代替充电电阻。

为了在图 10.7(b) 右侧产生一个高压脉冲, 触发火花间隙 G_1 被用来在其两个黑色圆点之间形成短路。这样, G_2 两侧的电压就会翻倍, 使其触发而形成短路。如图 10.7(b) 所示 (峰值电压为 4×30 kV $= 120$ kV), 该过程不断重复, 直到所有电容都依次放电完毕。概括来说, 放电过程中在图 10.7(b) 右侧产生了峰值电压约为 $V_{\text{peak}} = NV_{\text{charge}}$ 的脉冲。在放电过程中, N 只平行电容的等效放电电容为 $C_{\text{set}} = C_{\text{stage}}/N$, 等效放电电感为 $L_{\text{set}} = NL_{\text{stage}}$。因此, Marx 发生器的输出阻抗可写成

$$Z_{\text{Marx}} = \sqrt{\frac{L_{\text{set}}}{C_{\text{set}}}} = N\sqrt{\frac{L_{\text{stage}}}{C_{\text{stage}}}} \tag{10.17}$$

10.3.5　驱动虚阴极振荡器的 Marx 发生器演示装置

由 Marx 发生器驱动的虚阴极振荡器可产生 200 MW 的脉冲激励, 适于例如探地雷达这样的空基 (机载) 应用[123]。图 10.8 给出一台 Marx 发生器和虚阴极振荡器相结合的桌面演示装置实物图。该装置用一台 25 级的 Marx 发生器来驱动一台反射三极管虚阴极振荡器, 从而产生一束可适用于空基探雷的高功率微波脉冲。Marx 发生器的 18Ω 输出阻抗与虚阴极振荡器输入阻抗相近, 这样可避免使用导线、变压器、锥形波导管等大阻值和大损耗的阻抗匹配零件。这一结构可以简化系统, 节约成本, 减轻重量, 并提升系统的可靠性。匹配荷载可以施加的最大电压是 $(1/2)N \times V_{\text{charge}}$。所以, 对于一套充电电压为 20 kV 的 25 级装置而言, 最大电压为 250 kV。

图 10.8　Marx 发生器和虚阴极振荡器结合的演示装置实物图

虚阴极振荡器的第二个优点是可容忍驱动电压的波动, 而其他类型的

微波激射器和陀螺振子装置则都要求驱动电压是平顶脉冲。此外, 由于虚阴极振荡器只需电场驱动而不需磁场, 因此就不需要使用额外的电源, 从而进一步简化了系统, 减轻了重量, 节约了成本, 并提高了系统可靠性。

10.3.5.1 演示装置中的 Marx 发生器

图 10.9 给出演示所用 25 级 Marx 发生器 (去掉了作为同轴结构组成部分的不锈钢外壳) 的实物照片[123]。Marx 发生器每一级都配有四只平行放置的 25 nF 云母电容, 这样, 每一级的电容就为 $C_{\text{stage}} = 100$ nF。每一级的接线、火花间隙以及电容都给出一个等效的电感 $L_{\text{stage}} = 55$ nH。由式 (10.17) 可知, 25 级的总阻抗为 18.5Ω, 这与虚阴极振荡器阻抗基本匹配。系统在放电之前可储存的总能量为 $E = (1/2)C_{\text{set}}V_{\text{peak}}^2$, 由 $V_{\text{peak}} = N \times V_{\text{charge}} \approx 500$ kV 和 C_{set} (串联) $= C_{\text{stage}}/N \approx 4$ nF 得, $E = 0.5 \times 4 \times 10^{-9} \times (5 \times 10^5)^2 \approx 500$ J。

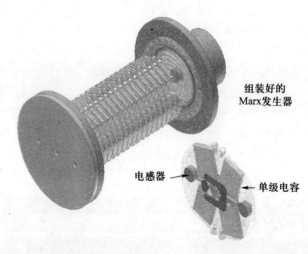

组装好的
Marx 发生器

电感器 ← → 单级电容

图 10.9　演示用 Marx 发生器的照片

在一次早期进行的 20 级、充电电压 $V_{\text{charge}} = 1.5$ kV 的 Marx 发生器试验中, 脉冲输出结果见图 10.10(a), 其等效 LCR 电路示于图 10.10(b) 中[123]。

10.3.5.2 演示装置中的虚阴极振荡器

图 10.11(a) 中展示了用于反射三极管虚阴极振荡器[123] 的一个直径约 6 cm、阴阳极间距为 10 mm 的天鹅绒阴极[71]。图 10.11(b) 所示为阳极杆的实物图[123]。

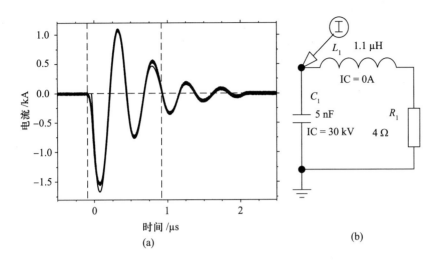

图 10.10　20 级 Marx 发生器试验

(a) 输出脉冲; (b) 等效电路。

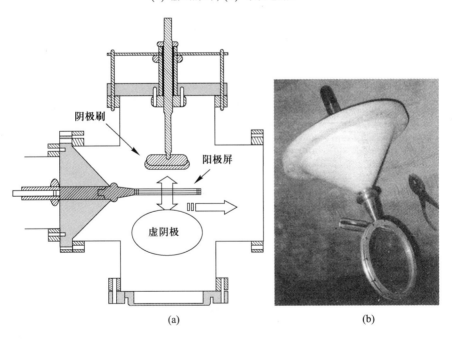

图 10.11　演示装置中的虚阴极振荡器

(a) 反射三极管型虚阴极振荡器; (b) 阳极杆。

该虚阴极振荡器在充电 20 kV 时可以获得峰值电压为 220 kV 的 50 MW 输出。其输入阻抗由 18Ω 左右开始上下波动, 在脉冲趋于结束时下降; 产生的重频为 5 GHz。研究人员期望能采用这种设计方案获得 200 MW 的输出。大约为 100 ms 的充电时间限制了该系统运行的重复频率。采用冷却措施将可以获得更快的充电速度。

第 11 章

自由电子激光器/微波激射器

本章中介绍自由电子激光器, 因为它是最有前途的一种超高功率回旋加速激光器。第 10 章为本章提供了背景情况。

人们期待自由电子激光使激光器的高功率相干光辐射时代发生彻底变革。它将依次变革激光器在军事应用 (包括在危机中增加军备所急需的制造业) 中的功能。自由电子激光器的研制工作正稳步前进。美国海军资助的杰斐逊实验室在 1994 年演示了在 6 μm 波长的 10 MW 功率输出; 而 2005 年时在 1 μm 和 3 μm 波长输出 10 MW、在紫外 (UV) 波段输出 1 MW、在太赫兹 (10^{12} Hz) 范围输出 100 W 的计划[170] 正处于实施中。此后, 数个大额合同已被用来资助大型自由电子激光器的建造工作。例如, 2009 年 6 月一项新闻公告[126] 指出, 雷声 (Raytheon) 公司被授予一项为期 12 个月的美国海军研究局 (ONR) 合同, 用于完成设计一台 100 kW 实验性自由电子激光器的初步设计。自由电子激光器被考虑用于未来的毫米波雷达 (射频探测和测距, 见第 16 章) 和激光雷达 (光探测和测距, 见第 15 章)。

在 11.1 节中, 介绍自由电子激光器/微波激射器 (FEL/FEM) 的重要性和原理, 它通过增加一台摇摆器而不同于其他回旋加速激光器, 摇摆器空间振荡场使得回旋运动的频率范围经由光波一直扩展到 X 射线。借助这一变动, 它也能够将频率范围向下扩展至 0.28 GHz[33]。此时, 所产生微波的频率由这种结构的周期性和电子的振荡能量来决定。在 11.2 节中, 解释自由电子运转的理论, 以便对电子聚束作用通过韧致辐射产生受激的激光发射和能够产生任意波长的原因进行说明。在 11.3 节中, 介绍一台被提议的数兆瓦高功率的机载自由电子激光器[170] 和一台廉价的数千瓦低功率的实验室台式自由电子 X 波段激光器[173,175]。

11.1　自由电子激光器/微波激射器的重要性和原理

11.1.1　自由电子激光器/微波激射器的重要性

对高功率激光器和微波激射器而言, 自由电子激光器显得最有前途, 原因如下[170]:

(1) 自由电子激光器的波长可在一定的范围内被选作特殊应用, 该范围可从射频 (RF) 经由红外 (IR) 和紫外 (UV) 直至 X 射线。这和第 7 章至第 9 章中所涉及的依赖于材料特定能带隙的束缚电子态激光器形成了对照。它和第 10 章中不经由光频向上扩展的陀螺振子 (也称振动陀螺仪) 形成了对照。

(2) 由于自由电子激光器在波长和调谐能力方面的灵活性, 同样的设计能够以相当节省费用的方式匹配和覆盖多样的应用。

(3) 利用一台自由电子激光器, 任何时候都可在数秒内获得数兆瓦的出光。这与通常在出光时需要相当长时间准备和/或恢复的其他高功率激光系统形成了对照。

(4) 自由电子激光器能够被调制, 所以匹配的滤波可借助雷达反馈信号而被用于提高信噪比。

(5) 自由电子激光器效率高 —— 约 30% 的供给电能被转换成了兆瓦功率的光。

(6) 自由电子激光器靠电能 (可由一台飞机发动机产生) 驱动, 而且不需要有毒化学物质或电池的储备。对波音 747 货机上的数兆瓦激光器而言, 其供电需求小于发动机能力的 7%。

11.1.2　自由电子激光器/微波激射器的原理

如第 10 章中所述, 通过将电子束流中的能量以任意一个微波 (1 ～ 300 GHz) 或光波 (300 GHz ～ UV) 频率转换为相干的高功率 (很多兆瓦) 连续波或脉冲式电磁能, 自由电子激光器/微波激射器就可在光波或微波波段产生或放大电磁辐射。除了在所有高功率陀螺振子装置中都要用到的要素, 即产生相对论电子 (接近光速) 的电子加速器 (电子枪)、快相速电磁场、没有限制功率的非线性效应, 自由电子激光器还有着一个沿着真空管 (见图 11.1) 的周期性磁场[65]。周期性磁场由外置摇摆器 (在其他应用中也称逆变器或波动器) 提供, 并使自由电子激光器能将自身与所有其他高功率陀螺振子装置区别开来。这里用 "外置" 一词的含义是, 在真空管产生周期性电磁场的组件被放在真空管外面。通过摇摆器可以获得比陀螺振子更高的频率, 这是因为摇摆器多普勒效应使得摇摆器频率大约按照相对论参数 γ^2 上移, 见式 (10.8)。通常情况下, 一个摇摆器的优势在于其产生更高频率的能力。不过, 摇摆器也提供了另外的设计灵活性和带宽控制, 设计灵活性允许在大于 15% 的被扩展范围内进行快速的向上和向下调谐, 带宽控制对一些不注重频率的应用是十分关键的[65,157]。自由电子激光器已经被设计用来在类似 280 MHz (波长 1 m) 这样低的一些频率下运转[33]。

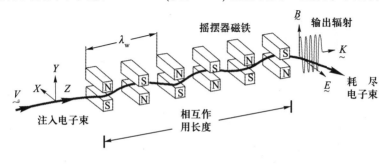

图 11.1　自由电子激光器原理

尽管同样的原理在整个频率范围上都被用于自由电子激光器, 但激光器的实现和分析可以在较低频率和较高频率之间有根本差异, 例如在电子加速器 (电子枪) 技术和在谐振腔设计方面就是这样。电子束中的能量是用来控制频率的因素之一。对于高频 (自由电子激光器, $\lambda < 0.5$ mm)、高的电子能量 (> 10 MeV) 用康普顿 (Compton) 效应来实现, 而对于低频 (自由电子微波激射器, $\lambda > 0.5$ mm)、低波束能量 (< 10 MeV) 和更高电流用拉曼 (Raman) 效应来实现。在图 11.1 中, 来自电子枪的相对论电子束 (速度 v 接近光速 c) 被注入到滑壁真空管。沿着真空管的静态周期磁场发挥一个摇摆器或逆变器的作用。来自电子的能量以微波或光波的形式被转换为电磁能。耗尽电子束离开真空管。

11.2　对自由电子激光器运转的解释

对于一台自由电子激光器, 下面说明它会出现可用于受激韧致发射的电子聚束, 而且通过调节摇摆器波长和磁场强度可获得任意波长的光。

11.2.1 自由电子激光器的波长通用性

假设在能量从电子束到辐射的交换过程中, 电子密度足够小, 以致可以忽略多电子聚集效应。这就是用于自由电子激光器运转的康普顿 (Compton) 体制。这一点比多电子拉曼 (Raman) 情形要更加容易解释, 而且仍阐明了一般原理。遵循文献 [119] 中的方法, 线性摇摆器产生一个沿着真空管的交变磁场 (见图 11.1):

$$B_{\mathrm{w}} = \hat{x} B_{\mathrm{w}} \cos \frac{2\pi z}{\lambda_{\mathrm{w}}} \tag{11.1}$$

对于线性摇摆器, 输出电磁波在 $\hat{x}$ 方向是线偏振的。摇摆器场的空间频率为 $f_{\mathrm{w}} = 1/\lambda_{\mathrm{w}}$。或者可以使用螺旋状摇摆器, 有

$$B_{\mathrm{w}} = B_{\mathrm{w}} \left(\hat{x} \cos \frac{2\pi z}{\lambda_{\mathrm{w}}} + \hat{y} \sin \frac{2\pi z}{\lambda_{\mathrm{w}}} \right) \tag{11.2}$$

对于螺旋状摇摆器, 输出电磁场是圆偏振的。磁摇摆器在速度为 v 的电子上施加了一个力

$$F_{\mathrm{w}} = e v \times B_{\mathrm{w}} \tag{11.3}$$

式中, e 是一个电子的电荷。从式 (11.3) 可知, 该力横穿包含了速度 v 和磁场 B_{w} 的平面, 而且在方向 v 上对行进的电子没有力, 即 $F_{\mathrm{w}} v = 0$。但是, 磁场在电子上施加了一个横向 (侧向) 的力, 导致它在通过周期性磁场时前后摇摆 (见图 11.1)。

所产生的电磁波 (或者, 对放大器而言, 在入口处提供) 有一个横向的电场 E, 它可与横向振荡的电子通过一个力 eE 发生相互作用。能量的转移被用来放大电磁波。电子速度被写成

$$v = v_x \hat{x} + v_y \hat{y} + v_z \hat{z} \tag{11.4}$$

式中, 对相对论电子而言, 沿着真空管的 v_z 接近光速 c, 沿着真空管的距离为 $z = v_z t \approx ct$。这样, 根据电子的牛顿方程, 通过应用式 (11.2) 和式 (11.3), 静止质量 m 乘以加速度 $\dot{v}$ 等于力

$$m\dot{v} = ecB_{\mathrm{w}} \quad \text{即} \quad m(\dot{v}_x \hat{x} + \dot{v}_y \hat{y}) = ecB_{\mathrm{w}} \left(-\hat{x} \sin \frac{2\pi ct}{\lambda_{\mathrm{w}}} + \hat{y} \cos \frac{2\pi ct}{\lambda_{\mathrm{w}}} \right) \tag{11.5}$$

所以, 有

$$\dot{v}_x = -\frac{e}{m}B_{\mathrm{w}}c\sin\frac{2\pi ct}{\lambda_{\mathrm{w}}}, \quad \dot{v}_y = \frac{e}{m}B_{\mathrm{w}}c\cos\frac{2\pi ct}{\lambda_{\mathrm{w}}} \tag{11.6}$$

将式 (11.6) 对时间积分, 有

$$v_x = Kc\cos\frac{2\pi z}{\lambda_{\mathrm{w}}}, \quad v_y = Kc\sin\frac{2\pi z}{\lambda_{\mathrm{w}}} \tag{11.7}$$

因为积分产生了一个附加因子 $\lambda_{\mathrm{w}}/(2\pi c)$, 所以摇摆器参量为

$$K = \frac{e}{m}B_{\mathrm{w}}\left(\frac{\lambda_{\mathrm{w}}}{2\pi c}\right) = \frac{eB_{\mathrm{w}}\lambda_{\mathrm{w}}}{2\pi mc} \tag{11.8}$$

对于相对论电子 (自由电子激光器只对相对论电子起作用) 而言, 因电子速度接近光束, 所以就必须考虑爱因斯坦所定义的相对论效应, 即质量随速度而增加 (在牛顿定律中被忽视了)。利用式 (10.8), 给出相对论电子质量为

$$M = \frac{m}{\sqrt{1-v^2/c^2}} \equiv \gamma m \tag{11.9}$$

根据式 (11.9), 相对论电子的质量是非相对论电子的 γ 倍。所以, 能量 $E = mc^2$ 也要高出 γ 倍; 由式 (10.8), 这意味着, 对电子加速器 (电子枪) 而言, 速度决定了电子的能量。这样, 根据式 (11.8), 对于相对论情况, K 变成 K/γ 以给出一个修正的式 (11.7)。

$$v_x = \frac{Kc}{\gamma}\cos\frac{2\pi z}{\lambda_{\mathrm{w}}}, \quad v_y = \frac{Kc}{\gamma}\sin\frac{2\pi z}{\lambda_{\mathrm{w}}} \tag{11.10}$$

需要注意的是, 当式 (11.4) 中的 v_z 接近光速 c 时, v_x 和 v_y 是小量。利用式 (10.8) 中 γ 的定义来计算速度 v, 利用式 (11.10) 计算 $v_x^2 + v_y^2 = (Kc)^2/\gamma^2$, 可写出

$$\begin{aligned} v_z^2 &= v^2 - v_x^2 - v_y^2 = c^2\left(\frac{\gamma^2-1}{\gamma^2}\right) - v_x^2 - v_y^2 \\ &= c^2\left(\frac{\gamma^2-1}{\gamma^2}\right) - \frac{K^2c^2}{\gamma^2} = c^2\left(1 - \frac{1+K^2}{\gamma^2}\right) \end{aligned} \tag{11.11}$$

对于 $v \approx c$ 的情况, γ 非常大 (且采用的 K 不大), 对式 (11.11) 使用二项式近似以消去 v_z 的平方根:

$$v_z = c\left(1 - \frac{1+K^2}{\gamma^2}\right) = c\left(1 - \frac{1+K^2}{2\gamma^2}\right) \tag{11.12}$$

与电磁场相比, 摇摆器磁场 $\boldsymbol{B}$ 足够强, 可以控制电子的轨迹。在一些自由电子激光器中, 低温磁铁被应用。摇摆器磁场并不与电子交换能量, 但决定着它们的轨迹。

将电子的平面波电磁场写为

$$\boldsymbol{E} = E_0\left[\hat{\boldsymbol{x}}\sin\left(\frac{2\pi z}{\lambda} - wt + \phi_0\right) + \hat{\boldsymbol{y}}\cos\left(\frac{2\pi z}{\lambda} - wt + \phi_0\right)\right] \quad (11.13)$$

因为电子有一个横向的速度分量且电场 $\boldsymbol{E}$ 与 $\boldsymbol{v}$ 是横向的, 所以, 电场将在电子上施加一个力。由于功 (能量) W 是时间乘以距离, 因而每秒的功 $\dot{W}$ 就是力 $e\boldsymbol{E}$ 乘以速度 $\boldsymbol{v}$ ("乘" 涉及矢量的点积), 利用式 (11.13) 和式 (11.10) 以及 $\sin(A+B) = \sin A\cos B + \cos A\sin B$, 有

$$
\begin{aligned}
\dot{W} &= e\boldsymbol{E}\cdot\boldsymbol{v} \\
&= eE_0\frac{Kc}{\gamma}\left[\cos\frac{2\pi z}{\lambda_w}\sin\left(\frac{2\pi z}{\lambda} - wt + \phi_0\right) + \sin\frac{2\pi z}{\lambda_w}\cos\left(\frac{2\pi z}{\lambda} - wt + \phi_0\right)\right] \\
&= \frac{eE_0Kc}{\gamma}\sin\left[2\pi\left(\frac{1}{\lambda} + \frac{1}{\lambda_w}\right)z - wt + \phi_0\right] \\
&\equiv \frac{eE_0Kc}{\gamma}\sin\phi
\end{aligned}
\quad (11.14)
$$

此处, ϕ 在式 (11.14) 中被定义为

$$\phi \equiv 2\pi\left(\frac{1}{\lambda} + \frac{1}{\lambda_w}\right)z - wt + \phi_0 \quad (11.15)$$

式中, ϕ 与所产生光波或微波的波长 λ 的电场 $\boldsymbol{E}$ 和电子速度 $\boldsymbol{v}$ (依赖于摇摆器波长 λ_w) 之间的相位有关。值得注意的是, 对于同相 $\phi = \pi/2$, 对于异相 $\phi = 0$。由爱因斯坦质能公式, 即

$$E = Mc^2 = \gamma mc^2 \quad (11.16)$$

式中, m 是静止质量。因此, 根据式 (10.8), 依赖于 $v \approx c$ 的 γ 与能量成比例关系。这样, 利用式 (11.16), 能将式 (11.14) 写为

$$\dot{W} = \dot{\gamma}mc^2 = \frac{eK_0Kc}{\gamma}\sin\phi \quad 即 \quad \dot{\gamma} = \frac{eK_0K}{\gamma mc}\sin\phi \quad (11.17)$$

由于横向电子速度发生振荡, 参见式 (11.10), 所以式 (11.14) 右边的 ϕ 也振荡; 在式 (11.14) 推导的第二行用过式 (11.10)。因此, 根据式 (11.17), 能量 $\dot{W}$ 和 $\dot{\gamma}$ 的变化速率均振荡。利用利用 $\dot{z} = v_z$ 和求解 v_z 的式 (11.12), 可写出式 (11.15) 对时间的导数:

$$
\begin{aligned}
\dot{\phi} &= 2\pi\left(\frac{1}{\lambda} + \frac{1}{\lambda_w}\right)v_z - w = 2\pi c\left(\frac{1}{\lambda} + \frac{1}{\lambda_w}\right)\left(1 - \frac{1+K^2}{2\gamma^2}\right) - \frac{2\pi c}{\lambda} \\
&= \frac{2\pi c}{\lambda_w}\left[1 - \left(1 + \frac{\lambda_w}{\lambda}\right)\frac{1+K^2}{2\gamma^2}\right]
\end{aligned}
\quad (11.18)
$$

康普顿效应适用于激光波长比摇摆器波长更短的高频, $\lambda_w/\lambda \gg 1$。因此, 有

$$\dot{\phi} \approx \frac{2\pi c}{\lambda_w}\left(1 - \frac{\lambda_w}{\lambda}\frac{1+K^2}{2\gamma^2}\right) \tag{11.19}$$

在稳定的谐振态, 相位变化速率 $\dot{\phi} = 0$, 这意味着所发射光或微波的电磁辐射与电子速度 v (依赖于摇摆器波长 λ_w) 之间的相位差是常数。由式 (11.16) 可知, 谐振电子能量依赖于 γ。在稳定态时 $\gamma \to \gamma_R$, 所以, 令式 (11.19) 等于 0, 则括号项等于 0, 且谐振电子能量 γ_R (定义了谐振时的电子速度) 为

$$\gamma_R^2 \equiv \frac{\lambda_w}{2\lambda}(1+K^2) \tag{11.20}$$

从式 (11.20) 可知, 谐振能量经由 K 即式 (11.8) 而依赖于摇摆器磁场强度 B_w 和摇摆器波长 λ_w。此外, 通过将 λ 作为式 (11.20) 的主参数, 可发现, 自由电子激光器可通过调整 γ_R^2 (电子枪的电压) 或者通过改变摇摆器电磁场强度 B_w 或摇摆器的波长 λ_w, 而能在任意波长 λ 下工作。这就解释了自由电子激光器的频率范围和通用性。

11.2.2 自由电子激光器中产生受激发射的电子聚束

在传输了一段与摇摆器 (处于谐振状态) 波长相等的距离后, 电磁场的相位变化可被证明是 $2\pi^{[119]}$。由式 (11.20) 可得 $\lambda_w/(2\lambda)(1+K^2) = 2\gamma_R^2$, 将其代入式 (11.19), 并用式 (11.17) 的第一个等式, 可得到将能量和相位联系起来的耦合的一阶微分方程:

$$\left.\begin{array}{l} \dot{\gamma} = \dfrac{eK_0K}{\gamma mc}\sin\phi \\[2mm] \dot{\phi} = \dfrac{2\pi c}{\lambda_w}\left(1 - \dfrac{\gamma_R^2}{\gamma^2}\right) \end{array}\right\} \tag{11.21}$$

这些方程描述了在摇摆器磁场中的一个单电子。这些电子获得能量 $\dot{\gamma} > 0$ 或失去能量 $\dot{\gamma} > 0$, 这依赖于相位 ϕ。能量增益意味着吸收, 能量损失意味着受激发射。$\sin\theta$ 的平均值是 0, 所以, 正如 10.2 节中所述, 不存在没有其他活动的净增益。将式 (11.20) 的 $(1+K^2)$ 代入式 (11.12) 并利用式 (10.8), 得到

$$v_z = c\left(1 - \frac{\lambda\gamma_R^2}{\lambda_w\gamma^2}\right) \quad \text{即} \quad \dot{v}_z = \frac{\mathrm{d}v_z}{\mathrm{d}\gamma}\dot{\gamma} \approx \frac{2c\lambda\gamma_R^2}{\lambda_w\gamma^3}\dot{\gamma} \tag{11.22}$$

上式意味着, 电子被纵向加速或减速, 这依赖于它们是获得能量 ($\gamma > 0$) 还是向平面波失去能量 ($\gamma < 0$)。电子的聚束可导致一个净增益而不是吸收。聚束是可以被预料到的, 因为当电子加速时, 根据相对论的考虑, 它们的质量会增加从而导致速度减慢。高能和低能电子的能级允许电子受激而落到一个更低的能级, 以实现与传统激光器中韧致辐射相类似的受激发射。增益可被证明在 $\gamma > \gamma_R$ 和能量 $\gamma < \gamma_R$ 时产生[119]。最大的增益出现在电子能量[119] 满足下式时:

$$\gamma = \left(1 + \frac{0.2}{N_w}\right)\gamma_R \tag{11.23}$$

式中, N_w 是摇摆器的周期数。为了获得高质量的增益, 需要一个窄的电子能量分布:

$$\Delta\gamma \leqslant \gamma_R/2N_w \tag{11.24}$$

为获得高质量增益, 电子束源必须产生数安培的电流。一台自由电子激光器的带宽由聚束的长度 l_e 来估计。激光发射必须在长度 l_e 的脉冲中产生。所以, 带宽 $\delta\nu \approx c/l_e$ 即相对带宽为

$$\frac{\delta\nu}{\nu} = \frac{\lambda}{l_e} \tag{11.25}$$

11.3 高功率和低功率演示的介绍

11.3.1 被提议的机载自由电子激光器

自由电子激光器首先是面向舰船发展的, 因为它对于重量和能量的关注度比机载要小。通过减小尺寸和重量 (到低于 180000 磅①) 的水平, 机载形式被认为是可行的: 波音 747 货机能承载 248000 磅。图 11.2 给出了一台兆瓦自由电子激光器在波音 747 货机中的可能构型[170]。该系统是为引出数兆瓦功率的光束而设计的。注入器、直线加速器低温模块和光束截捕器都有超导射频腔。在右边的直流电子枪中, 电子束被加速至 0.5 MeV。注入器将光束加速至 7.5 MeV, 而直线加速器进一步将相对论电子束加速至 80 ~ 160 MeV (具体依赖于所需光的波长)。

沿着位于光学耦合镜和右端另一个反射镜之间的结构的下沿, 电子束馈入到 18 m 直光腔的左端。腔内的摇摆器磁场提升了电磁频谱在光学范围的频率。在通过摇摆器时, 只有大约 1% 的能量从电子束转换为光。因

---

①磅为非法定计量单位, 1 磅 = 0.45359237 kg。—— 译者注

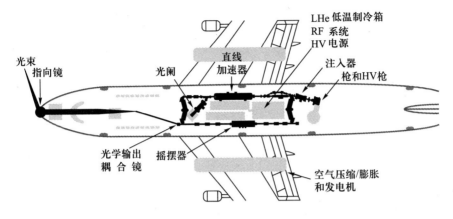

图 11.2 装载于一架飞机上的自由电子激光系统规划图

此, 能量回收的直线加速器原理被采用[170]。通过让反相光束向上并向左返回穿过直线加速器中低温模块, 电子束能量被回收。光束截捕器中的超导射频腔将注入器提供的能量转移并将射频功率返还给注入器。一小部分剩余能量在光束截捕器的末端吸收。

研究表明, 要产生 1 MW 的激光, 将需要 3 MW 的电能。所以, 制冷系统必须移除 2 MW 的热量。冷却系统包括高压氦气压缩机和膨胀机以及换热器, 制冷箱是自由电子激光器中最重的设备之一。其他的重部件是磁铁和磁铁箱。

11.3.2 8 ～ 12 GHz 自由电子微波激射器低功率系统的演示

为阐明建造小型自由电子激光器和微波激射器的可能性和复杂性, 这里介绍一台实验室台式 X 波段 10 GHz 自由电子微波激射器[173,175]。如图 11.3 所示, 实验布局显示了通过左侧小孔进入真空腔的电子束。同时, 用于产生微波功率的振荡器种子源通过右上部的波导导入。除了用于电子注入和引出的小端孔, 波导两端是封闭的。所以, 波导起着一个谐振腔的作用, 具有一组离散的微波谐振频率振荡纵模。微波功率反方向传递 (相对于电子运动) 而形成一个返波振荡器 (BWO, 见 10.1 节), 并与摇摆器中电子束相互作用而通过受激发射 (韧致辐射) 将电子束的能量转换成微波能。在一个返波振荡器 (BWO) 陀螺振子中[65], 对于负的传播常数, 波导色散图与快速回旋加速器模式相交叉。基于返波振荡器 (BWO) 的自由电子微波激射器 (FEM) 以一种类似于返波振荡器 (BWO) 陀螺振子 (见图

10.4) 的方式运转, 但有附加的摇摆器。处于微波频率的耦合器将微波传向左侧的输出口。

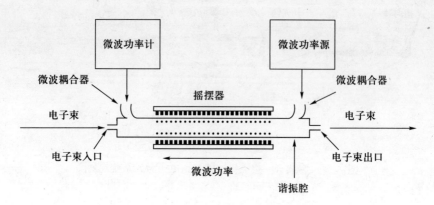

图 11.3　10 GHz 自由电子微波激射器实验布局

如图 11.4 所示[173], 实验系统大约为 2 m 长, 易于建造且相对廉价 (见表 11.1)。然而, 为了减小脉冲长度和提高峰值功率 (此时不是太高), 可能需要脉冲形成网络。将脉冲长度从数微秒减小到数纳秒很可能就会产生一个高达 1 MW 的峰值功率。

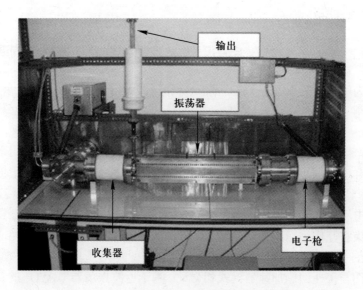

图 11.4　10 GHz 自由电子微波激射器实验系统

表 11.1 实验性 10 GHz 自由电子激光器的主要性能

类别	内容	指标
电子束	二级阳极电压	80 kV
	阴极电压	−9 kV
	电子束电流	200 mA
磁摇摆器特性	轴上强度	0.0325T (320G)
	周期	19 mm
	电极间隔	22 mm
	周期数目	33
	材料	NdFeB
微波输出特性	频率	$7.9 \sim 11.5$ GHz
	脉冲功率	1 kW
	脉冲宽度	$10 \sim 30$ μs
	最大脉冲重复频率	10 kHz

11.3.3 利用自由电子激光器实现低频

主要因其具备达到更高频率的能力 (直到 X 射线), 自由电子激光器已得到研究。要向下扩展自由电子微波激射器的频率低至类似 10 GHz 这样的低频, 需要开展另外的工作。典型情况下, 这需要用到低电压的电子枪 (低于 100 kV)。对于电磁微波场的同步运转 (用于产生或放大微波场) 而言, 电子速度 (尽管仍是相对论的) 现在太低了。所以, 电磁场应当被减速。在由欧盟资助的实验系统中, 如图 11.5 所示[173], 这项工作是用一台 50 kV 电子源通过以下方式来完成的: 在整个腔内利用焊柱周期性地安装波导[8], 其周期与摇摆器磁铁一样。1 m 的波长看起来就对应于用自由电子激光器所产生的最低频率[33]。

低频自由电子微波激射器的一个可能应用是: 用雷达对地穿透以查找被掩埋物。不过, 陀螺振子在这些频率下也能运转, 而且或许更容易。就台式演示单元而言, 依据式 (15.3) 即 $\Delta R = c\tau/2 = c/(2\Delta f)$, $\Delta f = 4$ GHz 带宽给出了一个数厘米的距离分辨能力, 这对于查找和识别小型掩埋物是足够的。5 GHz 微波对地穿透的深度可通过将衰减系数[20]

$$\alpha = \mathrm{Re}\,(\gamma) = \frac{\omega\varepsilon''}{2}\left(\frac{\mu}{\varepsilon'}\right)^{0.5} = \pi f\frac{\sqrt{\varepsilon'}}{c}\tan\delta \qquad (11.26)$$

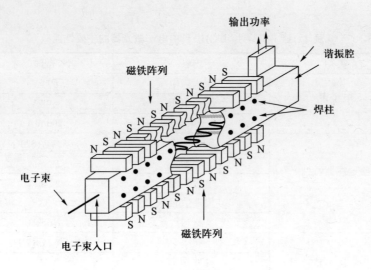

图 11.5　为 10 GHz 自由电子微波激射器实验进行的低频改造

代入求解电磁场大小的方程 (因为在地球内部电磁场会衰减)

$$u(z) = E_{z=0} \exp\{-\alpha z\} \qquad (11.27)$$

而得到

$$u(z) = E_{z=0} \exp\left\{ -\pi f \frac{\sqrt{\varepsilon'}}{c} \tan\delta z \right\} \qquad (11.28)$$

来确定。由于土壤和天气的可变性, 雷达手册[151] 中典型土壤数值在现实世界中不可靠。根据式 (11.28), 在以足够距离分辨率所需的带宽往返于被掩埋物体的辐射传播中, 存在一个巨大损耗。尽管这种损失的一部分可通过使用特高功率的兆瓦源来弥补, 但这不会改变信噪比, 因为噪声通常是杂波。一台合成孔径天线可通过压窄波束图样而略微降低噪声, 类似激光多普勒振动计这样的马赫 - 曾德尔干涉测量的方法 (见 6.1.2 节) 很可能更有效。

11.3.4　调谐范围

实验单元输出频率可从约 8 GHz 连续调谐到 12 GHz, 有 4 GHz 的带宽。图 11.6[173] 揭示了加速器 (电子枪) 的电压 (x 轴, 单位 kV) 如何决定运转频率 (y 轴, 单位 GHz)。对于每个运转频率, 图中用一条终止于黑色三角形的线给出了其范围。线上的位置通过使用进入输出端的种子光选择

一个主模 (右侧连续曲线) 或其他模式 (左侧连续曲线) 来确定。由图 11.6 可见, 一次只能获得 8 ~ 10 GHz 范围的一个频率, 所以, 不会在一个带宽 受限的载波频率下同时获得完整的带宽。

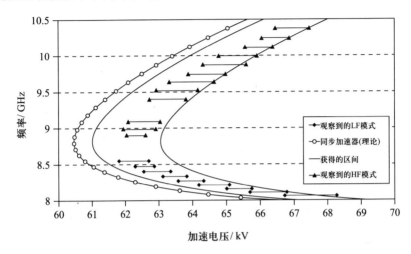

图 11.6　实验性 10 GHz 自由电子微波激射器实验的运行频率调谐范围

11.3.5　磁摇摆器的设计

文献 [174] 对低成本 (< 2000 美元) 永久磁铁摇摆器的设计进行了介 绍。它只使用了两个方向的磁铁, 而不是表现出色但更为昂贵的哈尔班氏 (Halbach) 四方向摇摆器。所使用的材料是 NdFeB。末端磁铁采用半尺寸, 且被交叠放置以避开撞击到波导壁上的电子, 这是一种比常规锥形化更为 经济的方法。对磁摇摆器设计和调节的分析在文献 [174] 中进行了论述。

第 3 部分　防御军事威胁的应用

第 12 章

对导弹的激光防御

　　1942 年, 德国向大气层边缘发射了世界上第一枚弹道导弹, 其高度达到 100 km, 拥有 56000 磅的推力 (使用的是乙醇和液氧), 速度为 3500 英里[①]/h, 有效负荷是 2200 磅[124]。自第二次世界大战以来, 导弹已经成为战争中的主导性武器[140]。激光束在大气中几微秒就可以传输数千米, 其速度足以在来犯导弹采取规避机动或对抗措施之前就完成对目标的跟踪、损伤甚至摧毁。导弹攻击的威胁正与日俱增, 因为更加复杂的导弹发射平台在不断发展之中, 如地面遥控车、无人飞行器以及潜水器等。通过对自由空间信道的干扰, GPS 或无线电遥控的运载工具以及更小规模的自主运载工具也都可以被抗衡。

　　在 12.1 节中, 将介绍对导弹的防御, 并探讨携带多个核弹头的洲际弹道导弹 (ICBM) 对城市攻击威胁的应对方法。在 12.2 节中, 主要讲述用于应对洲际弹道导弹威胁的机载激光计划 (ABL, 也称 "空基激光")。接着, 在 12.3 节中, 将探讨对自动寻的导弹的防御。最后, 在 12.4 节中, 将探讨对导弹攻击舰船等静止或慢速移动目标的应对措施。

12.1　防御导弹和带核弹头的洲际弹道导弹

12.1.1　导弹的激光防御

12.1.1.1　对激光的需求和选择

　　发射激光的成本要比发射反导导弹的成本低得多, 而且它没有后坐力

---

①英里为非法定计量单位, 1 英里=1609.344 m。——译者注

及后效应。需使用的激光能量由目标的类型决定。另外, 对训练而言, 单次发射所耗费的能量和费用都可降低, 从而允许操作者在捕获、跟踪以及射击方面进行更多实践。模拟靶上安装的传感器又可帮助计算精度、传输损耗和效率。

目前正在发展的激光器 (见第 8~11 章) 都可产生足够能量的脉冲来毁伤软目标和硬目标。要摧毁一个由金属或钢铁制造的硬目标, 所需的单位面积能量 F 在 100000 J/cm^2 量级; 而摧毁一个软目标 (如人体、纺织品、塑料以及自动寻的导弹的传感器), 单位面积能量只需要在 1000 J/cm^2 量级。激光辐照在一个面积为 A 的位置上, 其单位面积能量 F 由激光功率 P、激光脉冲持续时间 Δt 以及传输到目标后所剩余功率的比率 L 所决定:

$$F = P\Delta t \frac{L}{A} \tag{12.1}$$

不同的射程对激光器有着不同的要求, 因此将分为远程和短程两种情况进行讨论。

12.1.1.2　远程情况

处于发射状态的导弹尾焰很容易被识别, 因此, 在导弹发射过程中由飞机对其进行远程捕获是可行的。在发射过程中对导弹进行摧毁是最佳选择, 因为发射后的导弹在空气中加速时其外壳受到的压力最大, 此时穿透导弹外壳所需的能量最小。高光束质量的激光光斑能够在几毫秒内从大气中或大气层上空数十千米远的距离上投射能量。在高斯光斑束腰处, 使用扩束器将腰斑直径扩至数十分米就可有效地减小会导致扩散的光束衍射效应 (见 1.3.2 节和 2.1 节)。

在大气中远程摧毁导弹或其他军事目标是十分困难的, 这是因为除了衍射以外大气湍流也会引起光束扩散和漂移 (见 5.2 节)。由大气湍流引起的光束扩散和漂移可通过自适应光学技术进行校正: 对先期的光束畸变情况实施测量, 据此预先计算获得的波前被光源处的面镜阵列自适应地进行调整 (见 5.3 节)。但是, 自适应光学会增加系统的复杂性, 并引入额外的成本。即使采用了自适应光学技术, 在数百千米的远程情况下激光损耗也将是很大的。到靶光强被削弱就意味着需要持续好几秒跟踪靶目标上的某个点以便提供摧毁目标所需的能量。这就为导弹采取例如旋转这样的一些简单对抗动作赢得了时间。

在远程情况下, 高功率光束会将传输路径上的空气加热。这个问题在无风的情况下尤其严重。加热会引起空气膨胀。由于光束呈近似的高斯分布, 所以光束中心位置的空气相比于边缘位置会膨胀得更加严重 (见 2.1 节)。光束中心处空气的膨胀会使得空气密度下降, 从而导致光束传输路径产生类似于凹透镜的折射率截面, 进而引起光束发散, 降低向小面积目标传输能量的效率。通过使光束在一个小圆周内抖动或盘旋以避免对同一光路加热时间过长, 这种晕染效应 (即热晕效应或热透镜效应) 就可得到削弱。

12.1.1.3 短程情况

由于光束传输速度极快 ($c = 3 \times 10^8$ m/s), 与远程相比, 导弹在短程情况下就没有足够的时间进行机动。此时, 大气湍流和光路加热也变得不那么重要。由于在短程情况下, 导弹几何位置变换较快, 并且对其毁伤所需的平均功率也相对较低, 所以, 可使用持续时间 Δt 短的脉冲激光器 (见第 9 章)。使用脉冲激光器时, 对脉冲进行压缩可在保持脉冲能量的情况下缩短脉冲持续时间 (见第 9 章)。使用超短脉冲时又会引起其他的一些效应, 例如, 使用纳秒激光器时会出现汽化和烧蚀现象, 即材料不经过液态而直接由固态转化为气态。这一般用于激光诱导击穿的能谱技术中[120]。该过程所产生的冲击波可以在原子层面上引起其他类型材料失效。据报道, 该过程所产生的等离子体可以干扰飞机引擎 (发动机) 对空气的吸入。激光束击穿空气 (该过程与雷电相似) 所产生的等离子体能形成一条可供微波频段更好地聚焦的离子导电通道。

12.1.2 防御带核弹头的洲际弹道导弹

在单枚洲际弹道导弹上携带多个核弹头[140] 的做法使得对一个国家的毁灭变得切实可行。尽管对于核弹和洲际弹道导弹两者一体化的理论和设计很难, 但是相当广泛地获取相关知识却十分容易。而且, 在一定程度上, 发展核弹的行为可以被掩饰为发展商用的核能源。据预测, 截至 2015 年, 可能有 10 个以上的国家会拥有能覆盖美国和很多其他国家的携带核弹头的洲际弹道导弹。这象征着重大的威胁。

12.1.2.1 历史背景

确保相互摧毁 (MAD) 的原则在冷战中被用来防止受到核攻击。1960 年, 美国储备了将近 19000 枚核导弹和弹头[140], 比所有已知打击目标的数量都多, 可以摧毁 140 万个广岛。核弹投射方法多样且异常复杂: 携带核弹头的导弹可由海军通过很难探测到的弹道导弹潜艇发射 (见图 12.1(a))[140];

核炸弹可以由空军轰炸机投放; 多弹头的洲际弹道导弹 (见图 12.1(b))[140] 则可以通过陆基发射井发射。苏联估计有大约 1700 个核弹头。过多储备核武器并不是对抗目前来自无赖国家或组织的核导弹威胁的一种有效手段。

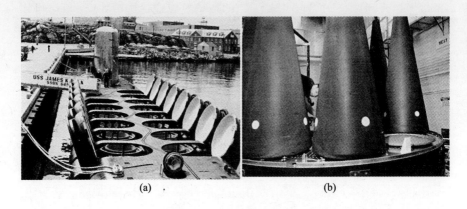

(a)　　　　　　　　　　　(b)

图 12.1　多弹头导弹

(a) 核潜艇中的多枚导弹; (b) 洲际弹道导弹中的多弹头。

在 1970 年到 1983 年间, 机载激光实验室 (ALL) 即一种改进型的 KC-135A 飞机被用来作为可移动的高功率激光 (如 CO_2 激光, 见 8.3.1 节) 机载武器平台[34]。实际上, ALL 在 1983 年就击落了一枚响尾蛇导弹和一枚巡航导弹。

1983 年, 美国政府提出了战略防御计划 (SDI) 并很快就被冠名为 "星球大战" 计划[140]。其目的是通过阻止任何抵达美国上空或在美国上空爆炸的核导弹来完全消除核导弹的威胁。考虑到敌人可能在多弹头导弹内将几枚核弹藏匿在大量的假弹中, 所以该计划显得难以捉摸。"星球大战" 计划为降低核导弹威胁的研究提供了资金支持。苏联则十分担心美国设法规避 "确保相互摧毁" 原则[140]。

20 世纪 80 年代末, 兴趣转向了一个更加具体的武器系统即机载激光系统 (ABL)。相比于战略防御计划, 该系统成功的可能性更大。发展该计划的财政预算在 1994 年获得通过。机载激光系统 (图 12.2)[58] 包含了一架携带高功率化学氧碘激光器的波音 747 飞机 (见 8.3.2 节)。该系统的激光从一个可操纵的鼻形舱发出, 可在数百千米的距离上击落洲际弹道导弹。因为导弹此时已经离开发射架正要飞出低空, 正是它们最易被发现也最易受攻击的时候。

图 12.2 用于防御洲际弹道导弹 (ICBM) 的机载激光系统

12.1.2.2 防御带核弹头的洲际弹道导弹的其他途径

防御带核弹头的洲际弹道导弹的现有途径是 ABL 计划 (12.2 节对该计划进行详细介绍)。经过 15 年的发展, ABL 计划 2010 年首次验证了其击落洲际弹道导弹的能力。但是, 该计划需要很多架飞机连续不停地飞行以寻找潜在的核导弹发射。自从该计划启动以来, 由于威胁在地域上不断扩散, 这样的应对措施就变得异常复杂和昂贵 (见 12.2.6 节)。

一种途径是采用一种更加简单、低廉的系统。对于远程情况而言, 可选择一种不用有毒化学物质的功率更高的激光器, 例如前面几章中介绍的处在积极发展阶段的自由电子激光器 (见 11.1 节)。该类型激光器不用像 COIL 那样储存危险的液氧和碘。现有的高功率自由电子激光器庞大笨重, 比较适合在舰船上进行应用 (见 12.4 节)。目前正在开发重量轻的自由电子激光器以适应机载应用 (见图 11.2)。

第二种途径是禁止核试验, 以阻止发展更为先进的核武器。目前, 已有 151 个国家签署并实施了全面禁止核试验条约, 但还有 9 个国家还没有执行该条约 (见第 13 章)。即使该条约得到了执行, 也不能确保某个组织不会进行秘密的核试验以发展更小的、更有威力的改进型热核炸弹。

在缺乏一个现实的洲际弹道导弹防御盾牌并对全面禁止核试验缺乏信心 (见第 13 章) 的情况下, 不进行核试验而继续设计热核武器的能力被认为是对于潜在核攻击者的重要威慑。因此, 一些国家 (包括美国) 正在发展极高功率的惯性约束激光器以达到热核反应内部的温度和压强 (见第 13 章)。美国是这次潜在新军备竞赛的 "领头羊", 将在未来几年内实现惯性约束热核聚变。一种极有诱惑力的可能是, 如此极高功率的皮秒惯性约束激光能够帮助人们充分地了解热核聚变, 从而可在未来的 50 年内通过像太阳一样的核聚变来源源不断地提供成本划算的能量。与目前核电站中使用的裂变不同, 核聚变不会产生污染环境的长寿命放射性废料, 而且能降低发生严重事故的可能性。不过, 在目前, 磁约束等其他惯性约束方法看起来与激光约束同样或者更加有前途。

12.2 防御洲际弹道导弹的机载激光计划

1994 年开始的 ABL 计划是将高功率的 COIL(见 8.3.2 节) 装载到一架波音 747 飞机上来击落可能携带核弹头的洲际弹道导弹 (ICBM)。通过一个侦察系统 (如一颗卫星、一架预警 (AWACS) 飞机或者是一台先进的雷达预警系统), ABL 对导弹发射告警。ABL 有一套红外 (IR) 大视场望远镜和摄像机来探测导弹发射的尾焰。一套瞄准和跟踪系统可跟踪该导弹并能计算出最佳拦截路径以使主光束摧毁该导弹, 而此时导弹仍处于发射阶段。ABL 鼻式炮塔拥有 1.5 m 望远镜, 该望远镜跟踪导弹直至能发射主光束将其摧毁。正如从图 12.3 的飞机[58] 能看到的, COIL 的 6 个模块 (见 8.3.2 节) 处于飞机的后部和燃料保障系统 (包括存储的过氧化氢、氯和氧) 的前面。从 COIL 主激光器出来的光束在穿过隔离墙孔和机组战斗管理区的管道后传输至鼻式炮塔, 由炮塔引导光束射向目标。隔离墙将激光器和危险化学品与机组和光学调整系统分开。

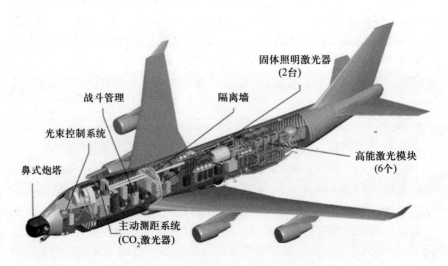

图 12.3 机载激光系统的内部结构

12.2.1 机载激光系统中的激光器

ABL 包含三台激光器系统[39] (见图 12.4)。

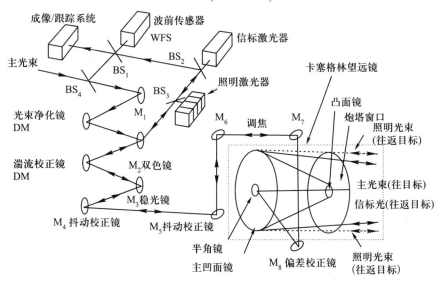

图 12.4 机载激光 (ABL) 中的光束合成

首先, 主光束是由波长 1.3 μm 的 COIL 激光器产生, 功率为数兆瓦, 可持续数秒 (见 8.3.2 节)。可旋转炮塔上直径为 1.5 m 的透镜将光束以高斯光束的形式聚焦 (见 2.1 节) 到低空中数百千米外的目标上。

第二种光束是由一台半导体泵浦的固体激光器所产生 (见 8.2 节)。该光束作为一种信标激光用于照亮目标导弹以估算大气湍流 (见 5.3 节)。在这样的一套自适应光学系统中, 通过信标激光估算大气湍流, 从而在主光束发射之前进行湍流补偿。

第三种光束由一系列波长与第二种光束不同的半导体泵浦的固体激光组成。该光束照亮目标附近的一大片区域以便能在目标上选出一个攻击点, 然后由主光束锁定该点并进行数秒的攻击 (数秒时间已足够用来损伤导弹的外壳)。如果是一枚液态燃料导弹, 那么, 其燃料箱就可能会被激光攻击而发生爆炸。

12.2.2 在机载激光系统中采用自适应光学进行主光束净化

COIL 激光束的空间相干性不足以将能量充分地传输到几百千米外。5.3 节介绍了自适应光学用于光束净化的装置及原理。

图 12.4 给出了文献 [39] 中所描述的光束净化自适应光学系统 (见图 5.3(b) 和第 5.3.1.3 节) 和其他激光合束的示意图。COIL 发出的主光束从左侧进入, 在一系列镜片中被一个无振动的快速聚焦镜 M_1 反射。折叠的面镜排布方式减小了光程。由于激光功率很高, 透镜或银镜就会被烧蚀, 因此系统中采用介质镜 (见 6.3 节)。介质镜有着周期为 Λ 的大小交替的介电系数, 对波长满足 $\Lambda = \lambda/2$ 的光束进行反射 (见 6.3.1 节), 它由能承受高功率激光的材料制成, 例如用作机载激光窗口的 II-VI 族半导体硒化锌晶体[34]。用于高功率激光器的材料在 8.1.5 节中已进行了介绍。

然后, 主光束从净化光束的变形镜反射到双色镜 M_2 与不同波长的信标光合束。一些光束也会通过两个分束器 BS_1 和 BS_2 反射回到波前传感器上。波前传感器的测量结果经计算机处理后用于设置净化光束的变形镜位置以改善波前。这样, 主光束的空间相干性就得到了改善。经过净化的光束能够更好地在较远的距离上聚焦。图 12.4 所示的光路已经在实验室中进行了演示[58], 如图 12.5 所示。

图 12.5　在实验室演示机载激光 (ABL) 的光学系统功能

12.2.3 在机载激光系统中采用自适应光学对大气湍流进行补偿

用于大气湍流补偿的自适应光学系统 (见图 5.4 和 5.3.1.4 节) 被应用到 ABL 光学系统中。图 12.4 中, 上方的波长为 1.06 μm 的信标激光器在双色镜 M_2 处与主光束合并。该双色镜在信标光的 1.06 μm 处高透, 而在主光束的 1.315 μm 处高反[39]。需要指出的是, 在图 5.4 中, 透射光和反射光进行了调换以简化光路。这两束光并不是同步的, 因为信标光是用来在高功率脉冲主光束发射前估算大气湍流的。合并的信标光和主光束光路在湍流校正镜 DM 处反射, 该变形镜被用来对大气湍流进行预补偿。主光束和信标光束光路穿过快速转向镜 M_3 (稳光镜) 进行稳光; 经过 M_4 和 M_5 (抖动校正镜) 进行抖动校正 (见 12.1.1.2 节)。

然后, 光束通过两个聚焦镜 M_6 和 M_7 进入鼻式炮塔, 到达用作扩束器 (见 1.3.2 节) 的卡塞格林望远镜 (见 1.3.4.1 节)。在炮塔 (见 12.2.5 节) 内, 偏差校正镜 M_8 将光束引向位于卡塞格林望远镜 1.5 m 大凹面镜中心的一个半角镜 (见图 1.10), 接着光束反射到小的卡塞格林凸面镜, 由该凸面镜发散到 1.5 m 口径的大凹面镜上。大凹面镜将高斯光束聚焦, 以便在目标上产生可能的最小光斑直径 (见 2.1 节)。这个光束穿过硒化锌晶片的炮塔窗口[34]; 该窗口能无损伤地透过波长 1.3 μm 的特高功率主光束激光并防止空气中的颗粒进入飞机。

信标光和主光束具有同样的光路, 不过, 二者虽然是到达目标的几乎同一点, 但到达的时刻却不同。因信标脉冲与主光束脉冲的时间间隔很短, 湍流不会有显著的变化 (见第 5 章)。信标激光器的反射光被卡塞格林望远镜传回, 供自适应光学系统使用。按与原来相反的方向, 信标光沿同样的路径返回, 透过双色镜 M_2 并透过分束镜 BS_2 和 BS_1 进入波前传感器。在此处, 信标光波前因为到靶弹的往返均穿过湍流而有了畸变。借助一台计算机可利用波前传感器 WFS 测量结果自适应地调节湍流校正镜 DM (即变形镜), 以消除湍流所引起的信标光畸变。由于主光束和信标光按照几乎一样的路径传播, 因而主光束将在透过湍流后也被恰当地聚焦 (见 2.1 节)。这样, 用于湍流补偿的自适应光学系统 (见图 5.4) 就被添加到了机载激光系统中 (见图 12.4)。

12.2.4 用于选择目标攻击点的照明激光器

图 12.6 展示了照明激光照亮目标的大片区域从而选择并跟踪攻击点的情形。照明激光器是一系列的半导体泵浦的固体激光器 (见 8.2 节); 其

波长与信标激光稍微偏离, 这是因为信标激光和照明激光都必须由双色镜反射。鉴于两者有时候会同时处于工作状态, 所以又要求两者能够相互区分。照明激光的光路在图 12.6 的左侧与信标光路重合, 两者与主光束在双色镜处合束。图 12.6 中, 照明激光和信标激光由双色镜反射, 而净化的主光束则是透射, 这样就会出现合束。

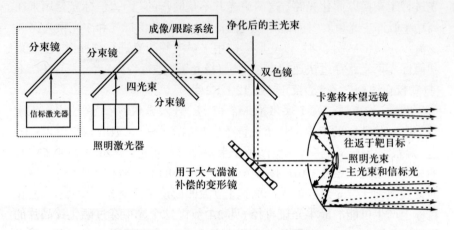

图 12.6　照明目标以确定瞄准点的激光束

　　主光束的净化在 12.2.2 节中进行了介绍。用信标光束进行湍流补偿的内容在 12.2.3 节中进行了描述。每一束照明激光都聚焦到卡塞格林望远镜大镜面上的不同点。这样每个照明激光都有一个分立的光束。从目标反射回来的照明激光 (图 12.6 中用虚线表示) 由成像和跟踪系统进行成像。在远距离情况下, 由于主脉冲要锁定在目标上一个点达数秒钟的时间, 所以望远镜就必须转向来精确地跟踪导弹上的该点。与信标光束不同的是, 在主光束脉冲工作时, 照明激光可以保持开启状态。

12.2.4.1　在机载激光系统中采用照明激光器

　　图 12.4 所示为一系列的照明激光与和它波长几乎相同的信标光束在分束器 BS_3 处合束的情形。由目标反射回来的光束穿过分束器 BS_3、BS_2 和 BS_1 到达成像和跟踪系统。需要指出的是, 在图 12.6 中为了方便起见, 成像和跟踪系统与卡塞格林望远镜更近, 而在图 12.4 中, 成像和跟踪系统与照明激光更近。画法上的这些不同顺序并不重要。

12.2.5 鼻式炮塔

鼻式炮塔在方位角和高度上的旋转机制如图 12.7(a) 所示[34]。在图 12.7(b)[58] 中, 飞机上的鼻式炮塔正在朝向摄影师的方向。瞄准和跟踪光学系统结构如图 12.8 所示 (详见文献 [34])。

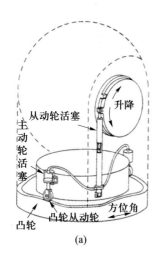

(a)   (b)

图 12.7 机载激光系统的转动炮塔

(a) 用于瞄准和跟踪的机械装置; (b) 侧视图。

12.2.6 机载激光计划中面临的挑战

目前, 击落洲际弹道导弹 (ICBM) 的试验已取得了成功。成功地完成一个包含如此之多不同子系统的复杂系统[34] 是一项了不起的成就。该成就对未来的激光武器系统将具有极端重要性。对于这类应用, 总结出了一些潜在的问题。

(1) 系统的有效性要求有一个快速的远程探测系统。要使用有限数量的飞机从世界上所有潜在的危险区域探测到导弹发射, 就对飞机探测系统在速度和工作距离方面提出了苛刻的要求。

(2) 大气湍流补偿需要复杂和昂贵的自适应光学系统。在大气层上部, 湍流和大气光路加热都会引起主光束扩散和抖动, 从而降低系统性能。这就需要一个复杂和昂贵的自适应光学补偿系统。

(3) 将主光束在攻击点上锁定要求精确的远程跟踪能力。照明在距飞

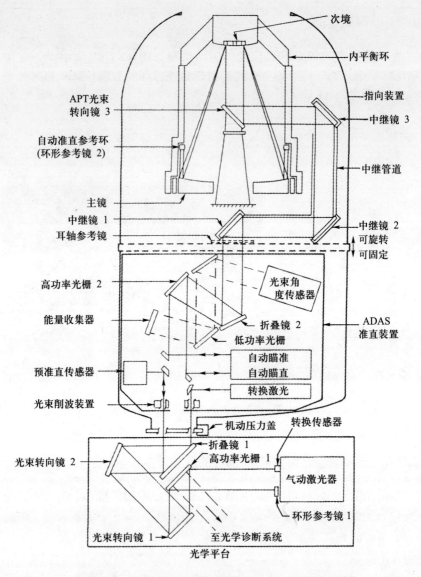

图 12.8 用于瞄准和跟踪的鼻式炮塔光学系统示意图

机有一定距离的目标上的光束在传输过程中受到了削弱并且会不断地抖动, 这就要求主光束要在目标同一片区域内锁定数秒。这需要系统具有优异和精确的跟踪能力。

(4) 时间延迟使得导弹能够进行机动。主光束在导弹上锁定的时间越长, 导弹就拥有越长时间进行对抗机动, 如轴向旋转等。

(5) 对恶劣天气的敏感性。恶劣天气会引起极强的湍流, 而且光束损耗会进一步降低系统性能。

(6) 导弹涂覆。在导弹外面可以涂覆镜面或者是介质镜来反射特定的波长从而降低 ABL 性能。

(7) 在飞机上携带危险化学品。有毒且危险的化学品, 如过氧化氢、氯气和碘等, 会给机组带来危害, 尤其是在战争情况下。

(8) 光学系统的敏感性。用于将光束导向目标的直径为 1.5m 的镜子要求有很高的导向精确性和调整精确性。这就使得该系统对飞机的机动和振动十分敏感。

(9) ABL 的速度弱点。承载 ABL 系统的飞机庞大且速度较慢。这就使该系统容易成为敌方武器的攻击对象。

(10) ABL 的冷却时间弱点。发射一次脉冲后, 要等激光器所产生的热量扩散消失后才能发射第二束脉冲。这就要求飞机在可观的时间内能保持在同样的位置。

(11) 消除激光产生的废热气要求使用昂贵的冷却吸收系统。出现较大的红外信号区时就可以判断是一个高功率 COIL 激光器 (见 8.3.2 节)。为了避免红外信号区的出现, ABL 就需要一个复杂昂贵的冷却吸收真空泵来吸收废气 (见 8.3.2.3 节)。

(12) 新型的功率更高的激光器的出现有可能会使 ABL 在正式服役前就变得过时。目前, 自由电子激光器等非化学的激光武器发展迅速 (见 11.1 节)。这就避免了危险化学品的存储, 如 COIL 激光器所使用的过氧化氢、液氧和碘等。而且这种自由电子激光器可调谐, 几乎可以在任意频段工作。

ABL 计划的发展告诉人们, 上面所提到的各种问题都可以得到解决。但是, 带着这样的复杂系统在不断增加的核导弹威胁区域进行连续飞行似乎显得该计划并不那么划算和可靠。尽管这项运行了 15 年的计划其前途充满了不确定性, 但它取得的成果对未来军用激光系统将有着极大价值。

12.2.7 机载激光系统中自适应光学与跟踪的模拟

5.4.1 节中介绍了一种数值方法来模拟光束在大气湍流中远距离传输的湍流情况。由于湍流在整个光路上都各不相同, 该方法采用层状模型。忽略湍流效应的时候, 菲涅耳 (Fresnel) 衍射可以描述光从一个层面传输到下一个层面的情况。为了将两个层面之间的大气湍流考虑在内, 在每层的界面处通过一个相位屏来改变光束的相位。相位屏的计算采用柯尔莫哥洛夫 (Kolmogorov) 统计模型, 该方法在 5.4.2 节和 5.4.3 节中进行过介绍。这种相位屏被用在麻省理工学院 (MIT) 林肯 (Lincoln) 实验室下属的先进概念实验室 (ACL) 中一个自适应光学和跟踪试验平台上[37]。

12.2.7.1　建设机载激光系统试验平台的原因

要设计一个像 ABL 这么复杂的动态系统, 就需要首先搭建一个试验平台。

(1) 试验平台可以记录光束的强度和变化历史、重建的相位、跟踪仪的倾斜、主光束瞄准、抖动以及到靶强度等信息。这些记录不仅有助于系统的优化, 而且可以与实际系统的测量结果进行对比, 从而保证系统按计划实施。

(2) 试验平台的结果可以与波动光学模拟结果和实际系统进行相互校验。

(3) 在试验平台上能够利用可重复的湍流对很多情况进行重复测试, 从而找出最佳方案并对结构进行优化。而在实际应用中, 每次的湍流都不一样, 从而降低了对比的有效性, 更不用说进行测试飞行需要更长的时间。使用模拟装置可以更容易地确定风和湍流的预期效应。

12.2.7.2　机载激光系统中自适应光学与跟踪试验平台介绍

图 12.9 所示为试验平台的三个部分[37]: 用于大气湍流补偿的自适应光学系统发射和接收平台 (见 5.3 节和 12.2.3 节)、带有层状旋转相位屏 (见 5.4.2 节) 的光束大气传输部分和带有导弹模型的目标平台。发射/接

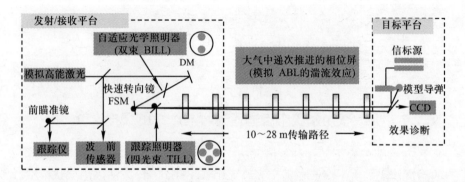

图 12.9　自适应光学和跟踪试验平台示意图

收平台和目标平台可以通过跟踪和瞄准用的驱动电机实现三维移动, 这与飞行模拟器和电子游戏中座位的移动是相同的。与实际的波长相比, 试验平台的波长减小了大约 1/2 以减小平台尺寸 (下面将解释)。

发射/接收平台包含一个波前传感器 (见 5.3.1.1 节)、一个 241 元驱动变形镜 (见 5.3.1.2 节)、成像跟踪仪及快速转动镜、自适应光学系统和跟踪照明装置 (见 12.2.4 节) 及一个打靶光束。打靶光束采用一个波长为 1.315 μm 的 COIL (见 2.3.2 节) 来代替高能激光。该 COIL 由一个波长为 0.6328 μm 的 He-Ne 激光器泵浦。

图 12.9 中, 在 12.2.3 节描述过的信标照明器 (BILL) 用于进行自适应大气湍流补偿。在试验平台上, 由氩离子激光器的谱线在波长 0.514 μm 提供用于湍流补偿的信标照明器并在波长 0.488 μm 提供跟踪照明器 (TILL)。实际应用中的信标照明器和跟踪照明器都由 Nd:YAG 激光器提供 (见 8.2 节), 两者波长在 1.06 μm 附近略有差异。如图 12.9 所示, 跟踪照明器有四束激光, 每一束都略微发散从而完全覆盖目标模拟导弹的区域。

信标激光照射到目标上, 反射回来的光束进入发射/接收平台。在这里, 波前传感器 WFS 测量光束截面的波前, 然后设置变形镜 (DM) 的驱动电机, 从而对湍流引起的偏差实现自适应补偿。波前经整形后, 高斯主光束和信标光束被卡塞格林望远镜 (见 1.3.4 节) 聚焦到目标上的一个小点。跟踪激光的反射光提供光束的倾斜信息, 从而实现对快速转向镜的控制。

根据特定的应用情形, 传输光程 L 可以在 10~28 m 之间变化以满足菲涅耳指数[163]$F = D^2/(\lambda L)$。所谓菲涅耳指数就是在没有偏差的情况下高斯成像点的亮度。在传输光路中共有七个站点, 每个站点可以放置两个相位屏 (见图 12.9)。每个相位屏都对从前一个相位屏到该相位屏之间的距离内所产生的湍流效应进行模拟。由于相位屏的计算过程十分冗长, 因此相位屏都是提前计算好的 (见 5.4.2 节和 5.4.3 节)。每个相位屏都精密地刻蚀在一个直径约为 6 英寸的熔融石英圆盘上以产生相位不一致性, 从而对由前一个相位屏开始所累积的湍流效应进行模拟。在机载激光的海拔处, 大气湍流很弱, 因此 14 个相位屏足以模拟整个到靶距离所产生的湍流效应。湍流的强度由刻蚀的深度所决定; 每个圆盘都有几个不同湍流强度的 1 英寸宽的圆环, 代表主光束的打靶光束穿过圆环的中心。旋转圆盘就会使相位屏移动, 模拟风吹过光路的情形。单方向的大风会减少空气加热所带来的热透镜效应 (即热晕效应或晕染效应), 对自适应光学系统会产生一致的作用效果。

对于特定的情形, 相位屏要匹配如下系列的参数[4,37,144,163]:

(1) 湍流轮廓 $C_n^2(z)$ 即式 (5.31), 是湍流强度沿着光路的函数。

(2) 参数 r_0 是大气相干长度或人眼观察尺寸。由于大气湍流效应, 望远镜不能获得比大气相干长度还高的分辨率。自适应光学采用新型陆基望远镜将分辨率提高到超越这一极限, 从而与太空望远镜相媲美。

(3) 利托夫 (Rytov) 方差 σ_R^2 是表示闪烁强度的一个参量。闪烁是指经大气湍流后所接收到的光强的波动。例如, 由于时间变化, 星星会发生闪烁; 由于空间变化, 会产生散斑。微弱湍流的利托夫近似牵涉到微扰项乘积[4]。为模拟机载激光而设计的相位屏覆盖了 $0 < \sigma_R^2 < 0.7$ 的大气范围。

(4) 自适应光学中, 为了通过信标光束来消除湍流效应, 信标光束波前信息用来对变形镜进行设置, 从而在发出主光束之前就将其消除。因此, 自适应光学湍流补偿的有效性取决于是否处在等晕角 $\theta_0/(\lambda/D)$ 以内。等晕角是主光束与信标光束在波前传感器处保持适度相似的最大角度。这种情况下, 主光束和信标激光之间的频率差或色度等晕角就显得十分重要了。

(5) 自适应光学电子设备或计算机控制器控制着自适应光学系统中的反馈回路[144]。控制器的任务是由波前传感器读取一个矢量 m_s, 并为变形镜的驱动电机计算出一个背景矢量 c。需注意的是, 波前传感器和变形镜都是二维的。这里假设它们呈线性关系并将二维的数值输入到一维矢量中。控制器执行下式的运算:

$$c = M m_s \tag{12.2}$$

式中, 矩阵 M 是通过常用的最大后验概率方法和最小平方法[161] 算得, 使波前传感器和变形镜两者之间的斜率差最小。另外一种更加复杂的方法是, 通过波前统计和波前传感器噪声统计使孔径平均均方残余相位偏差最小化。反馈回路补偿湍流的带宽为 f_B, 补偿由回路延迟带来的倾斜的带宽为 f_T, 即泰勒 (Tyler) 频率。大气湍流的一个特征频率是格林伍德 (Greenwood) 频率 f_G。每个相位屏的方向和速度都经过选择, 以重复 f_B/f_G 和 f_B/f_T 的比率。

目标平台安装有一个质心检测仪和一个 CCD 相机, 分别用来估算远场的抖动和测量打靶光束在目标横断面上的强度轮廓。斯特列尔比 (Strehl ratio) 将存在湍流畸变的光束与不存在湍流畸变的光束的轴上光强联系起来, 该比率通过测量打靶光束的短时间数据和长时间数据、与衍射极限光束相比的峰值强度与总积分强度比值来确定。返回的照明激光是由目标平台处的模拟导弹反射, 或者是利用一个信标点光源即一套波长在 0.488 μm

和 0.514 μm 的线宽扩展信标来实现。后面的信标照明 (BILL) 和跟踪照明 (TILL) 激光都穿过导弹模型上的一个小口, 然后由一个旋转的回射圆盘反射回来, 以便能在光通过相位屏传输路径返回传输/接收平台之前就消除闪烁。

12.2.7.3 试验平台的模拟结果

ABL 的一项复杂之处就是光学跟踪系统和自适应光学补偿系统同时使用一条光路。通过同时操作这两个系统的三轮试验, 实现了在二者同时工作时对每个系统的分立评估和优化。

第一轮试验中, 跟踪系统和自适应光学补偿系统使用的都是一个点光源。第二轮试验中, 跟踪系统使用点光源, 而自适应光学补偿系统则使用了更加真实的覆盖一可调区域的扩展光源来代替从导弹反射回的光束。第三轮试验中, 使用了模拟导弹来提供更加精确的模型。结果显示, 这些试验具有可重复性, 这对于通过比较不同的结构来优化整个系统来说是十分重要的。这里对每个系统的性能都进行了独立的评估。试验结果与冗长的计算结果相吻合。参考文献 [37] 详细介绍了这些结果。很明显, 模拟过程在最终的光学跟踪系统和自适应光学补偿系统的设计中发挥了重要作用。

12.3 对自动寻的导弹的防御

12.3.1 自动寻的导弹对飞机的威胁

单兵肩扛式导弹发射器在 20 世纪 50 年代得到应用。目前, 世界上有25 个国家能生产这种发射器。它们价格在 1 万美元左右, 老式的 100 美元就能买到, 而最新款的则需要 25 万美元。对于慢速移动的机动能力有限的目标 (如直升飞机、运输机以及几乎所有的处在起飞和降落过程中的飞机) 来说, 这种肩扛式导弹发射器极其有效。现代的红外寻的导弹对于多个波长都很敏感, 例如 3~5 μm 和 8~13 μm。导弹可通过对目标进行图像处理 (如轮廓成像等) 而使得平常所用的闪光弹和点对抗措施失效。最近, 对抗系统中激光器的出现能够使飞机获得更加可靠的保护。但是, 对抗措施应该随着导弹的升级而不断进化以保持现有的防御能力。采取防御措施所需的成本 (服役期的成本) 要比一个军用飞机低几个数量级。对飞行于安全地带的一架民用飞机而言, 其被导弹击落的风险几乎为零, 因此,为其花费 100 万美元配备导弹防御系统是让人无法理解的。但是, 公众对飞行的恐惧能够因商业目的而被增强, 结果人们会愿意花更多的钱去乘坐有防御功能的飞机, 并将导致这类飞机的成本大幅降低。

12.3.1.1 导弹导航机制

闭环导航系统是导弹导航体系最脆弱的环节, 这是因为转向部分的一个细微错误都可能导致导弹偏离目标。转向牵涉到一个天线阵列, 对于红外光学而言, 则需要一个 CCD。导弹导航是一个随时间变化的非线性参量估算问题, 它需要对与阵列法线方向成 θ 角入射的平面波的到达方向 (DOA) 进行估算 (见第 14 章)。该问题已经获得了广泛的研究。参考文献 [162] 推导出了针对该问题的最佳处理方法。正如在第 1 章和第 14 章中所述, 要得到平面波到达一个阵列时的方向就等效于得到其波数 k 沿阵列的分量。该分量由如下方程表述:

$$k \sin \theta = \frac{2\pi}{\lambda} \sin \theta \tag{12.3}$$

在光束空间 $\theta - r$ 中进行计算往往要比在 $k - r$ 中计算简单得多。导弹必须要在一个迅速变化的环境中进行快速运算, 因此对成本、准确性和时间三者之间的平衡十分重要。根据参考文献 [162], 像 Levinston-Durbin 算法[83] 这样的线性预测算法不如 MUSIC 和 ESPRIT 算法好。为了得到最好的效果, 自动寻的导弹的对抗系统设计者就必须了解导弹中使用的典型导航系统。

12.3.2 机上激光对抗系统评述

12.3.2.1 对抗系统的目标

对抗系统应该准确地跟踪导弹, 判断其威胁等级。如果威胁严重, 就要干扰导航跟踪控制回路, 使导弹失锁并偏离飞机。同时, 对抗系统的激光束将导弹红外传感器致眩。如果距离更近的话, 激光束甚至可以损坏导弹的红外传感器。

12.3.2.2 操作流程以及组成部分评述

图 12.10 所示是一枚自动寻的导弹以大视场来跟踪一架运输机发动机的示意图[167]。机载自动寻的导弹对抗系统位于机翼后的底部。对抗系统在导弹方向上发出激光主光束即防御光束来挫败导弹。一套典型的机载对抗系统含有一台大角度的红外跟踪仪、一个飞机雷达和传感器的接口、一

套被动式红外相机瞄准和跟踪子系统、一束重频和波长可调的高功率脉冲主防御激光以及一束用于主动瞄准和跟踪、消除振动影响、自适应湍流补偿和攻击点选择的连续波激光。只有在主光束脉冲关闭时,为了能看到连续波,才需要通过一个快门允许导弹的反射光通过。利用该快门所提供的时间开关,可有效地降低杂散光干扰。

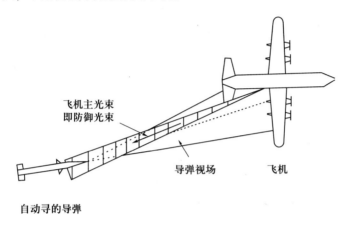

图 12.10　跟踪运输机的自动寻的导弹

12.3.2.3　对抗吊舱介绍

国土安全部 (DHS) 的便携式防空系统计划 (MANPADS) 于 2010 年完成。在该计划中[62],机载的对抗吊舱可防御自动寻的导弹,比如通过肩扛式发射器发射的导弹。该吊舱可以是以转台的形式安装在飞机外面的一个流线型模块,比如图 12.11 所示的英国航空航天公司 "喷气机眼" (BAE Jeteye) 吊舱[59]。图 12.12 给出了一个安装在美国航空公司商用飞机上的 BAE Jeteye 吊舱[59]。吊舱也可以作为一个外在的附加装置而在一些特殊的情况下使用,例如飞到危险地区进行人道主义救援时。图 12.13 所示即为该种类型的吊舱,它是由诺思罗普·格鲁曼 (Northrop Grumman) 公司研制的防护吊舱[128]。图 12.13(a) 所示为一个为国土安全部 (DHS) 建造的安装在飞机上的改进型诺思罗谱·格鲁曼防护吊舱,图 12.13(b) 为其去掉外罩后的照片。

典型吊舱的内部结构如图 12.14 所示[167]。其大部分功能与机载激光系统所要求的相类似 (见 12.2 节)。但是,自动寻的导弹对抗系统要更为简单,功率也更低,而且结构更加紧凑。这是因为其工作距离要比机载激光系统短数千倍,而且仅需要干扰导弹的红外传感器而不用将导弹外壳烧

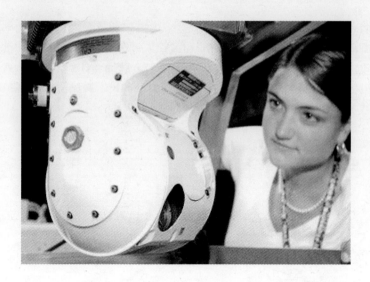

图 12.11 英国航空航天公司嵌入式 "喷气机眼" 对抗系统的炮塔

图 12.12 在美国航空公司飞机上测试英国航空航天公司 "喷气机眼" 对抗系统

穿。图 12.14 中左侧下方是一个大角度的导弹预警探测器。当有导弹靠近时，该探测器可以对系统发出警报并提供导弹的大致方位。该系统与飞机的雷达和航空电子设备协同工作。图 12.14 中的电子对抗装置 (ECM) 也被告警 (如果获得授权的话)，以便对遥控制导弹的雷达进行干扰。一旦导弹被确认为构成了威胁，被动和主动跟踪系统就会被启用。如果该跟踪系统安装在飞机腹部，那么，从图 12.14 中右侧的半球形透明窗口就可以看到下方一个完整的半球。对于大飞机而言, 需要安装多个吊舱来从不同的方向上对飞机进行保护。

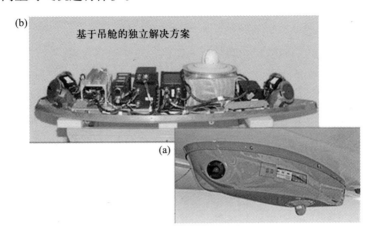

图 12.13　安装于军用飞机的改进型诺思罗普·格鲁曼对抗防御系统
(a) 吊舱外观; (b) 吊舱内部。

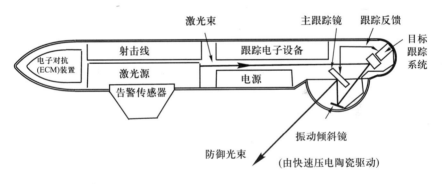

图 12.14　防御自动寻的导弹的对抗吊舱内部布局图

12.3.3　对抗子系统的操作

12.3.3.1　被动式导弹跟踪仪

　　由于飞行速度极快, 自动寻的导弹寻的头前部的球形顶罩和翼梢都会发热。飞机吊舱光学跟踪头里的红外相机对这些热点进行观察, 并调整跟踪主镜以便通过一个反馈回路锁定这些热点 (见图 12.14)[167]。一旦实现锁定, 火力线就会激活高功率激光器。锁定的跟踪就会引导所有的激光束从跟踪器射向导弹。

12.3.3.2 脉冲式主能量束

飞机吊舱中半导体泵浦的 Nd:YAG 固体激光器 (见 8.2 节) 以与导弹中电子设备读取其 CCD 速率相同的频率工作于脉冲模式。这就会使导弹误判飞机方向并干扰导弹的导航控制系统, 从而破坏锁定。即使没有这些效应, 飞机发出的激光束也能将导弹的传感器致眩, 在近距离时甚至损坏这些传感器。高功率脉冲激光并不会指向跟踪所用的热点, 因为这些点的反射率太高。实际上, 飞机上的相机和电子设备会在导弹的头部选择反射率较低并且对导弹的修正功能更为重要的一个攻击点, 例如传感区。反射率低的点可以吸收更多的激光能量。系统中会使用一些不同波长的激光器 (见图 12.15)[167], 包括: 波长为 5 μm 的倍频二氧化碳激光器 (见 8.3.1 节), 该波长在大气中的传输损耗很低 (见图 16.1); 倍频到 0.53 μm 的 Nd:YAG 激光器 (见 8.2 节和 8.2.2 节); 三倍频到 0.25 μm 的紫外 Nd:YAG 激光器。对抗系统也可配备一个光学参量振荡放大器 (OPO), 通过调节振荡器中的非线性晶体可实现对激光器波长的更大范围调谐, 以对抗更为复杂的导弹。

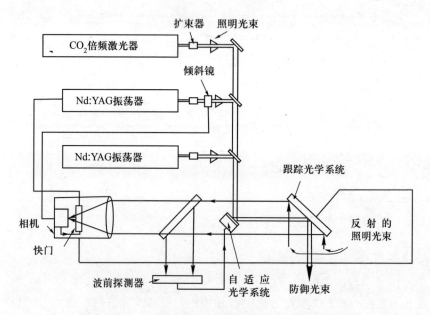

图 12.15　用于湍流补偿的激光器和自适应光学系统

12.3.3.3 用于自适应光学的低功率激光器

大气湍流会使得相对较窄的光束发生扩散和抖动, 这是由大气湍流以及导弹和飞机运动产生的旋转涡流所导致的。这些涡流在边缘处密度低, 其作用就相当于不同直径和方向的透镜 (见第 5 章)。通过使用图 12.15 下部基于连续波光束的自适应光学系统, 系统性能得到了极大提高。图 12.15 中, 在右下部, 由导弹反射回来的照明光束进入跟踪光学系统, 然后由跟踪光学系统的面镜导向到一个波前探测器 (见 5.3.1 节), 再通过一个快门使光束只有在主光束关闭时才能进入 CCD 相机。反射回来的光束在相机上的位置被用来移动自适应光学系统的面镜, 以保持主光束聚焦于瞄准点。

快门所提供的时间开关同时还能有效地减小杂乱信号的干扰。当导弹在远处时, 从其他地方反射回来的光束就会带来杂散光干扰, 使得由目标反射回的信号变得难以分辨。快门可将不在同一个时间窗口的反射光阻挡掉。

12.3.4 保护飞机免受陆基导弹攻击

设计机载激光系统的目的是为了摧毁洲际弹道导弹。但是, COIL 系统 (见 8.3.2 节) 也可装配在其他类型的飞机上来对抗陆基导弹的威胁。出于这个目的, 波音公司将一个向下的 COIL 系统安装在了 C–130 飞机上 (见图 12.16), 以验证其对地面上可装载导弹发射器的悍马车 (Humvee) 的

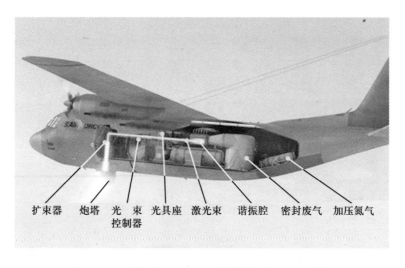

图 12.16 安装于一架 C–130 运输机上的 COIL 系统

摧毁能力[1]。该系统的主要部件在图中都有所展示，并已在 12.2 节中进行
了描述。与击落导弹的机载激光系统相比，由于该系统不用在距离目标几
百千米的距离处工作，而且目标移动相对缓慢，所以该系统更加简单。这
就避免了对于湍流的补偿，并可向目标处提供比鼻式机载激光系统更高的
功率。该系统成本也没有那么昂贵，并消除了一些机载激光计划所面临的
风险因素。

12.4 对导弹的防御

图 12.17 所示为一个朱姆沃尔特 (Zumwalt) 级驱逐舰。由于它拥有一
个组合式上部结构和钢制船体，所以具有隐身性能。如图 12.17 所示，该舰
艇上配置了激光武器，用来摧毁飞机、导弹、舰艇以及海岸目标。舰艇上
可同时配备近程和远程激光武器来拦截导弹。近程情况下，由于光速极快，
用低功率的激光器就可拦截接近舰艇的导弹。这些激光武器与 12.3 节中
飞机对抗自动寻的导弹的做法类似。

图 12.17　装备有激光系统的新型隐形舰艇

重炮部队使用激光武器，可以避免携带大量高爆炸药。而且，这些高
爆炸药还需要时刻进行防护，以免受到攻击。与飞机相比，在舰艇上，激光
器重量和泵浦功率都不再是重要的问题，所以 11.1 节中所介绍的自由电
子激光器可以被用作舰艇激光武器。与机载激光武器中用的 COIL 系统不

同, 自由电子激光器不需要使用有毒化学物质。它只需用发电机来为激光器供电。使用脉冲激光器可以降低平均功率 (第 9 章)。自由电子激光器可在 15% 以上的范围内进行波长调谐, 而且可以被建造得频率 (波长) 范围更宽。这样, 就可以选用大气传输效果好的频率。例如, 介于光学频段和微波频段之间的 3 mm 电磁波可以穿过大雾、小雨、毛毛雨和海上雾霾 (见图 16.1), 而且对导弹和卫星上的电子系统也有一定的毁伤效果 (见 17.4 节)。海上雾霾的问题已在第 14 章的引言中和文献 [145] (见 16.3.4 节) 中进行了探讨。激光束沿直线传输, 不能像传统大炮和导弹那样越过地平线射击。但是高能激光器能击中地球轨道卫星, 或者是通过在这些卫星的太阳能电池和更低地球轨道上的测绘卫星、空间碎片上打孔而将其摧毁 (见 16.3.1 节)。

第 13 章

**用于寻求新型核武器威胁的
激光器**

为军事目的而进行的热核武器试验对环境有害。因此，151 个国家 1996 年签署并批准了全面禁止核试验条约 (CNTBT)。随后，国际压力便转向了那些签署了但尚未批准该条约的重要国家 (例如中国、埃及、印度尼西亚、伊朗、以色列和美国) 以及那些尚未签署该条约的国家 (例如印度、朝鲜和巴基斯坦)。如果不具备实施核试验的能力，对新型热核炸弹 (核聚变弹) 的合法设计和发展就会逐渐衰落下去。不幸的是，某些国家或集团可能会继续进行其秘密试验以发展对人类不利的核弹。

在 13.1 节中，将讨论在即将来临的禁试条约时代建造一个可以产生热核炸弹内部条件的超级激光器的理由。在 13.2 节中，介绍国家基础激光器 (National Infrastructure Laser) 的结构和实施情况。

13.1 核武器威胁的激光解决方案

13.1.1 美国和国际社会努力的主要目的

保持美国核武器威胁的解决方案已被提出：建造一台可以模拟热核炸弹中心温度和压力条件的超级激光器。该计划是要使用一台如第 8 章 8.2 节中所描述的固体激光器。为此目的，美国和法国这两个国家在建造世界上功能最强大的激光器件方面正在取得实质性进展，两国过去在大规模的核研究激光器件方面已开展合作。坐落在劳伦斯·利弗莫尔 (Lawrence Livermore) 国家实验室的国家点火装置 (NIF, National Ignition Facility)[127]

已经接近完成; 劳伦斯·利弗莫尔是美国核弹发展的摇篮。坐落在法国波尔多 (Bordeaux) 的兆焦激光装置 (LMJ, Laser Megajoule)[12,117,143] 具有与 NIF 类似的能力, 计划于 2014 年建成, 该装置也是瞄准了核武器工业。由于合作密切, 美法两国的设施和激光器设计都十分相似。两国使用的都是能够产生比掺钕 YAG 更高功率的钕玻璃固体激光器 (见 8.2 节)。NIF 激光器有望能使美国可在不开展大气层试验的情况下继续发展热核炸弹, 对军事而言这是一项关键能力。

上述两项计划中的任何一项取得成功都将会激起一轮只有少数几个国家能够负担得起的国际竞赛。法国人已经提议, 为了减少恐慌, 可让有意发展核武器的国家能够部分使用这些激光器和 (或) 研究成果。但是, 这种做法可能会增强有核国家集团的力量。已知的其他超级激光器工程的清单包括中国的 SG–Ⅲ (神光Ⅲ)、日本的 GXⅡ (GEKKO–XⅡ)、美国罗彻斯特的 OMEGA 以及英国的 HiPER(高功率激光能源研究装置)。

13.1.2 大型激光工程的益处

首先, 大激光工程可以保持、发展并训练在核武器方面和高功率激光器件方面的专家; 核武器和高功率激光器件在紧急情况出现时至关重要。从这个角度来看, 大激光工程支持了持续吸引世界各地优秀科学家和工程师的高等教育。其次, 它使得科学家和工程师们能够更好地理解热核聚变, 而热核聚变则是未来清洁能源的希望所在。热核聚变不会释放持续成百上千年对人类有害的废物。核聚变 (结合) 与当今使用的核裂变 (分裂) 不同。在当前, 对于发电而言, 磁约束核聚变看起来要比这里讨论的惯性约束核聚变更为合适。

13.1.3 关于 NIF 激光器

NIF 激光器自 1997 年开始建造, 现已接近完成[127]。该计划是要将非常短的数皮秒 (10^{-12} s) 激光脉冲安全地聚焦到包含几毫克氘氚混合物的微球上 (见 13.2.1 节)。峰值功率达到太瓦 (10^{15} W) 的激光脉冲会提高小球的温度、压强和密度, 通过惯性约束聚变 (ICF) 引起类似太阳那样的受控核聚变链式反应 (点火)。由于聚变, 根据爱因斯坦的著名质能方程 $E = mc^2$, 质量 m 转换成了能量 E[15]。质能方程中光速 ($c = 3 \times 10^8$ m/s) 的平方项意味着可从很小的质量获得巨大能量, 这就是热核炸弹威力如此巨大以及太阳能够燃烧这么久的原因。

13.2 国家基础激光器介绍

13.2.1 NIF 激光器结构

NIF 激光器首先由掺镱 (1053nm) 光纤激光主振荡器产生一短脉冲。接着，通过一根光纤，该信号被分成 48 路相同的光束。典型的光束如图 13.1 所示。然后，从中心较低的主振荡器产生的脉冲进入预放大器。

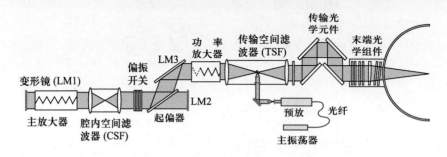

图 13.1　NIF 激光器 48 路光束中的一路

所有的预放级和放大级都适用闪光灯泵浦的钕玻璃圆盘，其承载功率高于 Nd:YAG。在前期的惯性约束激光器中使用的是与固体 Nd:YAG (见 8.2 节) 激光器中相似的棒状增益介质 (但是体积更大)。图 13.2 所示为法国 1970 年使用的钕玻璃棒[143]。这种情况下，激光器功率过高时会引起玻璃棒破裂或者是使光束过度畸变。通过将玻璃棒替换为系列圆盘，放大器功率可提高 10 倍。如图 13.3 所示，圆盘要交替在前后表面切成布儒斯特角以消除表面的反射[36]。在使用玻璃棒时，由于不同的闪光灯泵浦具有不同的传输深度，玻璃棒会出现不均匀的受热并进而导致破裂; 而很薄的圆盘不会发生这种情况。结果，圆盘的泵浦光强可达到玻璃棒的 9 倍[36]。被扩大的光斑直径也能减弱玻璃因光强过高而导致的性能退化。图 13.1 中放大级的折线代表切有布儒斯特角的圆盘。图 13.4 展示了用于取代法国激光器中玻璃棒 (见图 13.2) 的一只钕玻璃圆盘[143]。

在图 13.1 中，入射光被反射到左侧进入一个放大器，然后又被 LM3 反射进入一个偏振开关。偏振开关将光束引入一个空间滤波器来恢复光束的空间相干性 (见 1.3.6 节)。通过主放大器后，光束被 LM1 反射 (LM1 是一个变形镜，它可以对光束进行校正)。由于闪光灯的非相干光持续时间要比激光主束脉冲的持续时间长，因此通过让泵光在 LM2 和 LM1 之间来回

图 13.2 法国惯性约束激光器和放大器中 1970 年所使用的钕玻璃棒

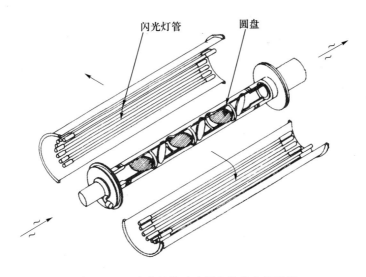

图 13.3 配有多只钕玻璃圆盘的放大器图解

图 13.4 1974 年法国惯性约束激光器和放大器中所使用的钕玻璃圆盘

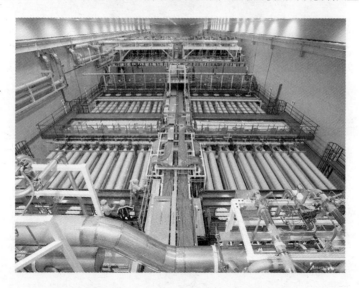

图 13.5 NIF 装置两个 24 光束隔舱之一

反射就可以提高闪光灯的泵浦效率。这就意味着让光束来回穿过主放大器四次，然后设置偏振开关让光束通过 LM3 传到腔外。全系统 48 路光束共使用 7680 只闪光灯，消耗了由电容器组提供的 400 MJ 的电能。这样一来，即使出现了核聚变，也不太可能产生净能量。

在通过功率放大器和中间的传输空间滤波器之后，光束传回右部。光束因在放大级出现畸变而使空间相干性降低，空间滤波器和可变形镜就显得至关重要，它们可恢复光束的空间相干性。图 13.5[127] 展示了 NIF 装置相同的两个平行激光区间中的一个, 它包含了 24 路光束, 图中左部的科研人员反衬出了该系统的庞大。

图 13.1 中的传输光学器件将 48 路光束传导到环绕着直径 10m 球形靶室的各自位置上, 以便精确地在数皮秒 (10^{-12}s) 内的同一时刻将 1 MJ 以上的能量投送到球心处单个厘米尺度的点上 (见图 13.6)[127]。这说明了该项目所涉及困难之巨大。

由于紫外光穿透等离子体的效果要好于红外光, 所以, 在合束前最后一步 (在图 13.6 中未展示), 通过采用 KDP(磷酸二氢钾, KH_2PO_4) 晶体的薄片, 激光波长先由 1053 nm (红外光) 减半到 527 nm (绿光), 然后再转换到 351 nm (紫外光)。系统在发射激光之后冷却下来的恢复时间预计为 5 h 左右。

图 13.6　装配中的多光束靶室

第 14 章

保护物资装备免遭定向能激光攻击

高能光脉冲在空间高效高速传输并具备引起损伤的潜力[103],因此军事目标必须得到保护。对于弱激光源与坚固靶目标的一些组合,进行目标涂覆就能减少损伤。但是,一般而言,需要用一些激光告警装置 (LWD)。在 12.3 节中,装入系统中的激光告警装置被用来保护航空器免遭自动寻的导弹的攻击。这个问题有些类似于使用激光告警探测器来避免汽车被开具超速罚单,只不过军事目标可能价值高达数亿美元而且还可能关乎到许多人的生命。激光告警装置所面临的挑战是要足够迅速地探测到威胁激光,从而使目标能够规避威胁光束或者是采取对抗措施以保护该目标。

在进行激光防御时,几乎每个方案都是独一无二的,这是因为其目标包括了人员、车辆、导弹、飞机以及卫星,而威胁又可以来自于高功率激光 (见第 8 章)、脉冲激光 (见第 9 章) 以及超高功率激光 (见第 10 章) 等多种激光。与威胁激光光束直径相比,目标有时是巨大的,例如舰艇等,这就需要在目标上安装很多个相互协同的传感器。在海洋环境中,威胁激光会发生散射而形成光霾,这时只需较少量的传感器就足够了。威胁激光束可被调制以提供其独一无二的标识。

未来对于激光威胁的探测可能会变得更加困难,因为像自由电子激光器 (见第 10 章) 这样基于回旋加速器的新式激光器是可调谐的,其功率也比现在的激光器高好几个量级,并且可在任意的微波和光波频段工作。

在 14.1 节中,讨论激光的特性,其中一些激光是由激光告警装置测量的。在 14.2 节中,描述激光告警装置的四种基本方法。针对特定的应用,激光告警装置可作调整。

14.1　利用激光告警装置评估激光特性

军用威胁激光器件的主要种类包括激光二极管、二极管泵浦的固体激光器、光纤激光器、化学激光器和自由电子激光器 (见 8.1.3 节)。激光告警装置就是用于探测这些激光器的下述一种或多种激光特性的:

1. 光束的频率和功率

除了自由电子激光器之外, 一台激光器只能较容易地产生有限的频率。这是因为激光频率是由激光材料中电子从较高能级越过禁带跃迁到较低能级所发出光子的能量决定的。能够产生高功率激光的低成本、易加工激光材料数量有限。因此, 在探测现有的高功率激光时, 只需考虑几个特定频率。

应用场合也会影响到对于激光频率的选择。例如, 目标指示器 (操作员在此处将光束指向目标以便转发目标的 GPS 坐标) 就需使用可见光。相反, 红外 (IR) 测距仪就不太适合用来对目标预警 (其光束对人眼来说是不可见的)。在一些情况下, 需要使用人眼安全的激光器, 这与在无线光通信中使用 1550 nm 附近的激光器是一个道理。另外, 将大气对光束传输的影响降到最低, 这一点也会支配对频率的选择 (见 16.1 节)。

2. 带宽或时间相干性

光束带宽 (对激光即为线宽) 表明光束接近单一频率的程度。窄的线宽即高的时间相干性 (见 6.1 节) 界定了激光的属性, 并可提供洞察激光器及其应用的信息。通信用的激光可以有窄的线宽, 这样很多波分复用信号就能从一台光学放大器中通过。在像阳光这样的强背景光条件下, 对激光束的探测会变得更加困难[26]。

3. 激光的方向性和空间相干性

空间相干性与光束衍射扩散的速率相关 (见 3.2.2 节和 1.3.6 节), 并且依赖于激光的发射面大小。光束发散越缓慢, 其传输方向越能够被精确地确定。光束定向系统与在自适应光学中使用的波前探测器相关 (见 5.3.1 节)。通过光源的方向可判定该光束是由空基运载工具 (例如无人机和飞机)、卫星还是陆基运载工具发射的。确定光源方向有助于进行威胁评估和批准立即实施报复行动。

4. 脉冲和调制

激光武器通常以脉冲方式工作, 这是因为对于相同的平均功率而言更高的峰值功率可以对目标带来更大的损伤。激光告警探测器对更短的脉冲必须有更快的响应速度。不幸的是, 在快响应速度与高灵敏度之间存在矛盾, 因为高灵敏度需要长积分时间。平台和应用经常会规定在快响应速度与高灵敏度这两个因素中哪一个更为重要,然而在同一套装置中有可能同时要求具备两种系统。在战场上, 很多激光束都是经过调制的, 这样可以避免与其他光束 (如目标指示光束和通信光束等) 相混淆。

14.2 激光告警装置

为了能够识别出激光威胁并且据此选择合适的应对措施,下面将实时估算激光束入射到激光告警装置上的多个参数指标。首先, 准确地判断激光束的方向, 这有利于获得快速做出反应以压制该光源的机会。第二, 估算激光束的功率和频率, 以便能推断出该激光束的目的及其损伤潜力,据此能判断该激光束的威胁等级并采取相应的规避或者报复措施。第三, 确定光源的频域带宽 Δf, 以揭示激光束的时间相干性 $t_c = 1/\Delta f$, 并获得其调制和脉宽信息。事实上, 激光因具有很高的时间和空间相干性而区别于背景光[26]。本书曾在几处讨论过光谱分析的问题 (见 4.2 节和 15.3 节), 文中给出的多项技术都可以使用。在 14.2.4 节中所描述的阵列波导结构可以制作一种集成光学光谱分析仪。

这里介绍可在不同环境下使用的四种激光告警方法。采用光栅对激光束的方向和频率进行实时探测的方法 (见 14.2.1 节) 响应速度快, 但是对于弱光其灵敏度有限。如果将方向探测和频率探测分开, 则可提高其性能。就如同在自适应光学中探测波前一样 (见 5.3.1 节), 单透镜就可以替代光栅用来提供单一的方向判定 (见 14.2.2 节)。由于将所有收集的光都用来进行方向判定, 所以对弱光就变得更加敏感。干涉仪 (见第 6 章)[16] 可以实现更精确的频率测量[28], 但是只有在一个特定频率范围内才能明确地测量出单一频率。在 14.2.3 节中选择菲佐 (Fizeau) 干涉仪进行介绍, 因为它在不需要任何机械运动的情况下就能实时明确地探测出多个频率。这就可实现带宽测量, 而且菲佐干涉仪在探测器响应快的情况下还可用于探测超短脉冲。但是, 目前需用一个曲面镜将光束引入干涉仪。在 14.2.4 节中介绍一种集成光学光谱仪, 它坚固耐用, 测量精度高且成本低。对类似自由电子激光器 (典型的可调谐激光器, 可在任何频率下工作且可调谐范围约为 20%) 这样的基于回旋加速器的新型激光器, 就需使用这种集成光学光谱仪进行探测。

需要注意的是, 激光束具有高斯型的横截面强度分布, 这在精确分析中必须加以考虑。而且, 要经过大气将能量输送数千米之外, 为了降低大气湍流的影响, 通常需要将光束直径扩展到数十厘米[88,90]。有关高斯光束、统计探测与评估技术的内容, 参见 2.1 节和第 5 章。

14.2.1 用于实时估算方向和频率的光栅

光栅是一种可以对激光束的方向和频率进行实时快速探测和评估的相对低廉的方法[177]。图 14.1 所示为激光束沿与光栅法线成 θ 角方向穿过激光告警装置中大小为 $2W \times 2W$ 的透射型正弦光栅后的平面波前。光束被光栅衍射后传输到一个探测器阵列上。

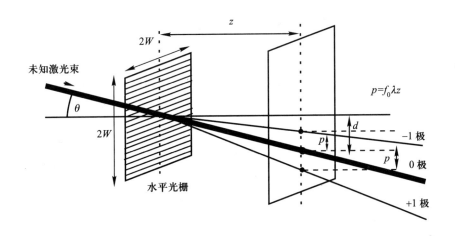

图 14.1 激光告警装置中光束经过正弦光栅的强度场

如图 14.2 所示, 由 4.2.2 节中的式 (4.2), 正方形余弦光栅[49,83] 在 z 轴方向上的透过率函数为

$$U_{\text{in}}(x,y) = \left[\frac{1}{2} + \frac{1}{2} \cos(2\pi f_0 x_1) \right] \text{rect}\left(\frac{x_0}{2W} \right) \text{rect}\left(\frac{y_0}{2W} \right) \tag{14.1}$$

式中的方括号项代表 x 轴方向上空间频率 f_0 的正弦光栅图案。式 (14.1) 中的第一个 $\frac{1}{2}$ 指代图 14.1 中平均衍射或零级衍射 (直接通过)。出现该项的原因是光强不能为负。矩形函数代表光栅有限的 $2W \times 2W$ 正方形孔径。

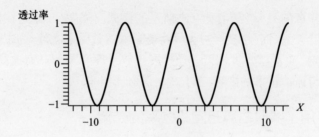

透过率

图 14.2　余弦光栅特性

与水平方向夹角为 θ 时, 传播常数为 k 的入射光束在光栅处存在一个向下的传输分量 $\exp\{jk\sin\theta x_1\} = \exp\{j2\pi x_1 \sin\theta/\lambda\}$。垂直入射 $(\theta = 0)$ 的情况已在 4.2.2 节中进行过探讨。因此, 与 4.2.2 节相似, 由式 (14.1) 可得, 紧贴光栅后方的 $x - y$ 平面上的光强分布的傅里叶变换为

$$U_{\text{out}}(x_0, y_0) = F\left[U_{\text{in}}(x_1, y_1)\exp\left\{\frac{j2\pi x_1 \sin\theta}{\lambda}\right\}\right]$$

$$= F\left[\frac{1}{2} + \frac{1}{2}\cos(2\pi f_0 x_1)\right] * F\left[\text{rect}\left(\frac{x_0}{2W}\right)\text{rect}\left(\frac{y_0}{2W}\right)\right]$$

$$* F\left[\exp\left\{\frac{j2\pi x_1 \sin\theta}{\lambda}\right\}\right]$$

$$= \left[\frac{1}{2}\delta(f_x f_y) + \frac{1}{4}\delta(f_x + f_0, f_y) + \frac{1}{4}\delta(f_x - f_0, f_y)\right]$$

$$* (2W)^2 \text{sinc}(2W f_x)\text{sinc}(2W f_y) * \delta\left(f_x + \frac{\sin\theta}{\lambda}\right)$$

$$= \frac{(2W)^2}{2}\text{sinc}(2W f_y)\left[\text{sinc}\left\{2W\left(f_x + \frac{\sin\theta}{\lambda}\right)\right\}\right.$$

$$\left. + \frac{1}{2}\text{sinc}\left\{2W\left(f_x + \frac{\sin\theta}{\lambda} + f_0\right)\right\} + \frac{1}{2}\text{sinc}\left\{2W\left(f_x + \frac{\sin\theta}{\lambda} - f_0\right)\right\}\right]$$

$$(14.2)$$

如果使用了一个前端的望远镜或者光束小于孔径尺寸, 那么就需要考虑光束的高斯特性 (见 14.2.2 节)。

式 (14.2) 最后一行中方括号内的三项分别对应于图 14.1 中的 0 级、−1 级和 +1 级衍射。假设空间足够大从而使不同衍射级之间而不会重叠, 引入缩放比例 $f_x = x_0/\lambda z$ 和 $f_y = y_0/\lambda z$, 然后乘以它们的共轭, 可以将输出

端的夫琅和费衍射远场光强写为

$$I_{\text{out}}(x_0, y_0) = \frac{1}{(\lambda z)^2} \left\{ \frac{(2W)^2}{2} \right\}^2 \text{sinc}^2 \left(\frac{2W y_0}{\lambda z} \right)$$
$$\left[\text{sinc}^2 \left\{ \frac{2W}{\lambda z} (x_0 + z \sin \theta) \right\} \right.$$
$$+ \frac{1}{4} \text{sinc}^2 \left\{ \frac{2W}{\lambda z} (x_0 + z \sin \theta + f_0 \lambda z) \right\}$$
$$\left. + \frac{1}{4} \text{sinc}^2 \left\{ \frac{2W}{\lambda z} (x_0 + z \sin \theta - f_0 \lambda z) \right\} \right] \tag{14.3}$$

余弦光栅远场平面上的远场光强如图 14.1 所示。将式 (14.3) 与垂直入射情况下的式 (4.5) 相比可发现, 与图 4.4 相比, 图 14.1 中输出级下移了 d。这样, 未知的激光波长 λ 就可由图 14.1 中探测器阵列上的间距 p 算得

$$\lambda = \frac{p}{f_0 z} \tag{14.4}$$

光栅与探测器阵列之间的距离 z 是已知的。这样就可由输出探测器阵列的距离 d 推出未知激光方向 θ 信息, 即

$$\tan \theta = \frac{d}{z} \tag{14.5}$$

受大气湍流的影响, 探测器处的图像会不断地抖动, 并且聚焦区域的大小会随着时间而波动。这种情况下, 该式可以近似给出成像平面上图案的质心。湍流效应要剔除因靶标与光束相对运动所产生的影响。

14.2.2 用于估算光束方向的透镜

使用光栅时, 由于正弦光栅将光束分为三级衍射, 效率较低, 而使用透镜则可避免这种情况。因此, 对于低能激光而言 (如武器制导激光或经大气散射的激光), 透镜定向系统要比光栅更加灵敏。这与自适应光学中的哈特曼波前传感相似 (见 5.3.1 节)[144,163]。图 14.3 所示为光斑尺寸为 W_{lens} 的高斯激光光束与水平方向成 θ 角入射到激光告警装置的透镜上。

使用光斑尺寸 $W(z)$ (振幅降到 $1/e$ 时的光斑半径) 和相前曲率半径 $R(z)$ (见 2.1.1 节中式 (2.18)) 乘以 $\exp\{-\text{j}kz\}$ 就可以对一个高斯光束进行充分定义:

$$U(x, y, z) = \frac{A_1}{\omega} \frac{W_0}{W(z)} \exp \left\{ -\text{j}[kz - \xi(z)] - \rho^2 \left[\frac{1}{W(z)^2} + \frac{\text{j}k}{2R(z)} \right] \right\} \tag{14.6}$$

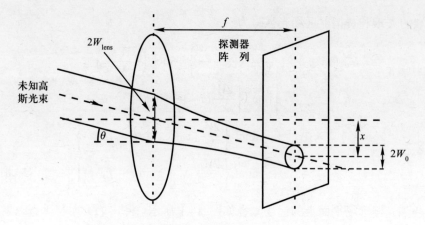

图 14.3　激光告警装置中基于透镜的方向识别系统

式中, $k = 2\pi/\lambda$ 是传播相位常数; W_0 是腰斑处 (最窄的位置) 的光斑尺寸; ξ 是光束发散角; 而 ρ 则是横平面的径向方向。该式与式 (2.19) 等效。如图 14.3 所示[148,176], 透镜被用来将光斑尺寸为 W_{lens} 的高斯光束在探测器处聚焦到该光束的最小尺寸 W_0。

由式 (1.22) 可知, 高斯光束穿过一个焦距为 f 的透镜后, 光斑尺寸 W_{lens} 不发生变化, 而斜率则减小了 $1/f$。因为斜率等于曲率半径 R 的倒数, 故穿过凹面镜的高斯光束曲率半径为

$$\frac{1}{R} = \frac{1}{R_{\text{in}}} - \frac{1}{f} \tag{14.7}$$

假设入射光束可近似为一个平面波, 即 $R_{\text{in}} = \infty$, 则由式 (14.7) 可得出射的高斯光束曲率半径为 $R = -f$, 负号表示该光束为一个聚焦光束。出射光束的高斯参数为 $W = W_{\text{lens}}$ 和 $R = -f$。探测器处光束的高斯参数为 $R = \infty$ 和腰斑 W_0 (可由 2.1.3 节算出)。将式 (2.34) 中的 z 值代入式 (2.43), 并使用二项式近似, 就可以得到探测器处的光斑尺寸 W_0。

与光栅相同 (见 14.2.1 节), 由于受大气湍流的影响, 探测器阵列上的图像会抖动, 而且光斑大小也会变化。这样一来, 要确定激光源的方向, 就必须计算出光斑的质心。

14.2.3　菲佐干涉仪

如图 14.4 所示, 菲佐干涉仪[28] 由夹角为 ϕ 的两个非平行反射平面构成。在 z 轴的任意点上, 由于 ϕ 很小, 两个平面近似平行。因此, 首先考虑

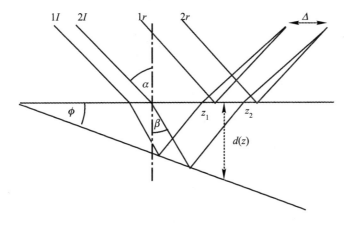

图 14.4 菲佐干涉仪

平行平面的干涉仪。在图 14.5 中，一束未知激光以角度 α 入射，被顶端和底端的反射面反射。将光路分为两个部分就可以得到底面反射相对于顶端反射的光程差 Δs。这两个部分分别为玻璃中的 d_g 部分和使输出光束同相所需的 d_p 部分。

$$\Delta s = d_{\mathrm g} - d_{\mathrm p} = \frac{2nd}{\cos\beta} - 2d\tan\beta\sin\alpha = \frac{2nd}{\cos\beta} - 2d\tan\beta n\sin\beta = 2nd\cos\beta$$

$$(14.8)$$

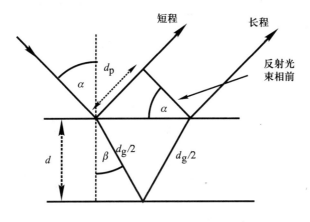

图 14.5 平行反射面干涉仪

式中使用了斯涅耳定律 $\sin\alpha = n\sin\beta$ 和 $1 - \sin^2\theta = \cos^2\theta$。当光程差为 $\Delta s = m\lambda$ 时 (m 是一个整数)，两个光路上的光同相，形成相长叠加，强度达到最大；当光程差为 $\Delta s = \lambda/2 + m\lambda$ 时 (m 是一个整数)，两个光路上的

光异相, 形成相消叠加, 强度最小。在式 (14.8) 中令 $\Delta s = m\lambda$, 可得

$$m\lambda = 2nd\cos\beta \tag{14.9}$$

菲佐干涉仪中, 两个反射面之间的距离 $d(z)$ 随着楔形上的距离 z 而变化。这就导致谐振波长 λ 也随着距离发生变化。通过探测感兴趣的平行波长, 菲佐干涉仪更适用于对脉冲激光进行快速探测。而谐振腔则只探测单一频率。由式 (14.9), 相邻峰值可写为

$$2n[d(z_2) - d(z_1)]\cos\beta = \lambda \quad 即 \quad d(z_2) - d(z_1) = \frac{\lambda}{2n\cos\beta} \tag{14.10}$$

由图 14.4 和式 (14.10) 可得, 沿 z 方向上两个干涉环最大值之间的距离 Δ 为

$$\Delta = z_2 - z_1 = \frac{d(z_2) - d(z_1)}{\tan\phi} = \frac{\lambda}{2n\cos\beta\tan\phi} \tag{14.11}$$

由式 (14.11) 可知, Δ 随着波长 λ 而变化。因 ϕ 很小, 谐振波长在 z 点会像平行反射面中一样发生谐振。这样, 改变波长 λ 会同时移动干涉环并改变相邻最大值之间的距离。

对于平行反射面谐振腔, 只有在一个光谱范围内才能确定波长 λ。这是因为式 (14.10) 中不同的 m 值的输出是一样的。自由光谱范围 (即相邻两个最大值之间的频率范围) 为 $\delta\nu = c/\Delta s$。将频率范围 $\delta\nu$ 转换为波长范围 $\delta\lambda$, 得

$$\frac{c}{\lambda^2}\delta\lambda = c/\Delta s \tag{14.12}$$

利用式 (14.8) 将 Δs 替换可得

$$\delta\lambda = \frac{\lambda^2}{\Delta s} = \frac{\lambda^2}{2nd\cos\beta} \tag{14.13}$$

与平行反射面干涉仪相比, 菲佐干涉仪更适合于处理脉冲激光, 这是因为它可以实时对多个波长进行测量。菲佐干涉仪也可以在一个宽光谱范围内估算绝对波长, 这避免了平行反射面干涉仪在不同测量周期中的不确定性[28]。

14.2.4 用于光谱分析的集成阵列波导光栅光学芯片

激光告警装置必须与当前的激光武器设计以及未来的基于回旋加速的激光武器相结合。人们猜测未来的基于回旋加速的激光武器会使用与现

行激光武器相同的波长, 因为这样就可以很方便地利用现行激光武器的器件和仪器。现行以及预期的激光武器工作波长见表 8.1。针对激光威胁探测, 建议使用一种耐用、廉价的集成光学光谱仪来确定激光波长[103]。阵列波导光栅 (AWG) 是一种用作光谱仪来估算波长的集成光学版光栅 (见 14.2.1 节)。如图 14.6 所示, 该光谱仪包括一个与通信系统中类似的阵列波导光栅[2,53,75]。

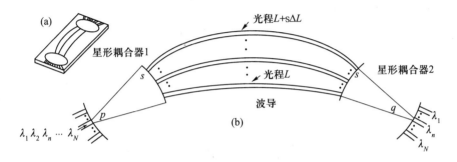

图 14.6 用于阵列波导光栅的光子集成线路布局

在无线通信中, 阵列波导光栅被用于波分复用。在 AWG 发明前, 每个波长都要使用一个分立的滤波器 (一般每个波段要使用 128 个)。AWG 可以一次性处理 128 个不同的频道。建议使用 AWG 作为一个光谱分析仪来探测来自可调谐的高功率自由电子激光器 (见 11.1 节)[103] 或其他回旋加速激光器 (见第 10 章) 的威胁。

图 14.6(a) 所示为一个集成光学 AWG 芯片, 图 14.6(b) 为芯片的线路布局。作为一台光谱仪, 含有多波长分量的入射光从左侧输入端口中的一个进入, 例如输入端 p。不同波长分量被分散到右侧不同的分立端口。电路共有三个部分: 星形耦合器 1、波导部分和星形耦合器 2。

在星形耦合器 1 中, 入射光进入耦合器, 然后由于衍射而分散开。这样, 输入光就传播到星形耦合器 1 的所有输出端。星形耦合器 1 的环形曲线用于保证星形耦合器 1 输出的所有光束以相同的相位进入波导。波导部分含有长度不断增加的多条波导介质。相邻两个波导间的长度差为 ΔL。在星形耦合器 2 中, 波长为 λ_1 的光束被聚焦到第一个输出波导, 波长为 λ_2 的光束被聚焦到第二个输出波导, 依此类推。

通过对整个系统的相位延迟进行分析就可理解该系统工作原埋。由于上方的波导比下方的要长, 所以, 上方波导中的光束相对于下方的波导被延迟了。延迟量与波长有关, 因此, 在星形耦合器 2 的输入端, 由于波长的原因, 由相位峰值所决定的波前会有一个倾斜。与使用相位阵列天线进行导向相类似, 波前的倾斜会导致不同波长的光束聚焦到不同的输出端。为 AWG 推导两个设计公式: 第一个公式描述波导增长量 ΔL 和标称波长 λ_0 的关系; 第二个公式则描述耦合器几何特征与输出端波长分辨率 $\Delta\lambda$ 之间的关系。

图 14.7 给出了星形耦合器的几何结构。星形耦合器的环形边界半径为 R。轴上两个弧之间的距离也是 R。第一个端口和轴之间的夹角为 α, 与之相对的另一个夹角为 α'。在输出轴上, 弧与第 p 个输出端口的夹角为 $p\alpha$; 在输入轴上, 弧与第 s 个输出端口的夹角为 $s\alpha'$。要计算从第 p 个输入端口到第 s 个输出端口的相位延迟, 首先要通过水平方向和垂直方位上的距离利用毕达哥拉斯 (Pythagoras) 定理来计算距离 d_{ps}。从第 p 个输入端口和第 s 个输出端口作垂线到轴上, 就可以计算出水平方向的距离。端口之间的水平距离就是这些线之间的距离 $R[1-(1-\cos(p\alpha))-(1-\cos(s\alpha'))]$。穿过曲面和轴的交叉点, 从第 p 个输入端口和第 s 个输出端口作垂线到垂直线上就可以得到垂直距离 $R(\sin(p\alpha) - R\sin(s\alpha'))$。这样, 由毕达哥拉斯定理可得

$$d_{\mathrm{ps}}^2 = R^2(-1 + \cos(p\alpha) + \cos(s\alpha'))^2 + R^2(\sin(p\alpha) - \sin(s\alpha'))^2 \quad (14.14)$$

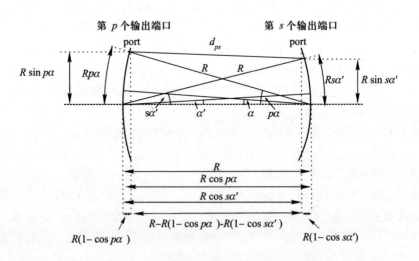

图 14.7 星形耦合器 1 的几何结构

当 $p\alpha$ 和 $s\alpha'$ 角度很小时, 有 $\cos(p\alpha) \to 1$, $\cos(s\alpha') \to 1$, $\sin(p\alpha) \to p\alpha$, $\sin(s\alpha') \to s\alpha'$。忽略平方项 $(p\alpha)^2$ 和 $(s\alpha')^2$, 利用二项式定理去除平方根,

式 (14.14) 可写为

$$d_{ps} = R(1 - ps\alpha\alpha') \tag{14.15}$$

对于 AWG 的三个部分, 有以下相位延迟:

(1) 星形耦合器 1 的相位延迟。利用 $\phi = kd = 2\pi n_{\text{coupler}}/\lambda$, 由式 (14.15) 可得输入端 p 与输出端 s 的相位延迟为

$$\phi_{ps} = \frac{2\pi}{\lambda/n_{\text{coupler}}} R(1 - ps\alpha\alpha') \tag{14.16}$$

(2) 波导部分的相位延迟。由图 14.6 可得, 第 s 个波导的相位延迟为

$$\phi_s = \frac{2\pi}{\lambda/n_{\text{wg}}}(s\Delta L + L) \tag{14.17}$$

(3) 星形耦合器 2 的相位延迟。与式 (14.16) 相似, 从输入端 s 到输出端 q 相位延迟为

$$\phi_{sq} = \frac{2\pi}{\lambda/n_{\text{coupler}}} R(1 - sq\alpha\alpha') \tag{14.18}$$

将式 (14.16)~式 (14.18) 相加, 就可得阵列波导光栅从输入端 p 到输出端 q 的总的相位延迟为

$$\begin{aligned}
\phi_{p,s,q} &= \phi_{ps} + \phi_s + \phi_{sq} \\
&= \frac{4\pi}{\lambda/n_{\text{coupler}}} R + \frac{2\pi}{\lambda/n_{\text{wg}}}(s\Delta L + L) - \frac{2\pi}{\lambda/n_{\text{coupler}}} R\alpha\alpha' s(p + q)
\end{aligned} \tag{14.19}$$

式中第一项是式 (14.16) 和式 (14.18) 中的第一项和常数项之和; 最后一项是两式第二项之和。

由式 (14.19), 第 s 条波导和第 $s-1$ 条波导之间的相位差可以写为

$$\begin{aligned}
\Delta\phi_{pq} &= \phi_{p,s,q} - \phi_{p,s-1,q} \\
&= \frac{2\pi}{\lambda/n_{\text{wg}}}\Delta L - \frac{2\pi}{\lambda/n_{\text{coupler}}} R\alpha\alpha'(p + q)
\end{aligned} \tag{14.20}$$

输出端 q 的功率就是所有带有相位 $\Delta\phi_{pq}$ 的 M 个波导的信号之和

$$\begin{aligned}
P_{pq} &= \frac{P_{\text{in}}}{M^2} \left| \sum_{s=0}^{s=M-1} \exp\{js\Delta\phi_{pq}\} \right|^2 \\
&= \frac{P_{\text{in}}}{M^2} \left| \frac{1 - \exp\{jM\Delta\phi_{pq}\}}{1 - \exp\{j\Delta\phi_{pq}\}} \right|^2 \\
&= \frac{P_{\text{in}}}{M^2} \frac{\sin^2(M\Delta\phi_{pq}/2)}{\sin^2(\Delta\phi_{pq}/2)}
\end{aligned} \tag{14.21}$$

当 $\Delta\phi_{pq} \to 2\pi$ 时, 所有光路在输出端都同相, 且角度很小即 $\sin\theta \to \theta$, 故最大输出功率约为

$$P_{pq}(\Delta\phi_{pq}) \to \frac{P_{\text{in}}}{M^2} \frac{(M\Delta\phi_{pq}/2)^2}{(\Delta\phi_{pq}/2)^2} = P_{\text{in}} \tag{14.22}$$

将 $\Delta\phi_{pq} = 2\pi$ 代入式 (14.20) 的左侧, 消掉 2π, 并设 $\lambda = \lambda_{pq}$, 可得

$$\lambda_{pq} = n_{\text{wg}}\Delta L - n_{\text{coupler}}R\alpha\alpha'(p+q) \tag{14.23}$$

式中, λ_{pq} 是所有通过不同波导的光路在输出端 q 合束的波长。定义一个常数项 λ_0, 并将之与 $\Delta\lambda$ 分离 ($\Delta\lambda$ 与输入端和输出端有关), 可将式 (14.23) 写为

$$\lambda_{pq} = \lambda_0 - (p+q)\Delta\lambda \tag{14.24}$$

式中新定义的项可推导出 AWG 的两个设计公式。第一个设计公式将工作波长 λ_0 和波导的长度增加量 ΔL 联系起来:

$$\lambda_0 = n_{\text{wg}}\Delta L \tag{14.25}$$

第二个设计公式将波长分辨率、波长间隔 $\Delta\lambda$ 和光路的几何特征 α 和 α' 联系起来:

$$\Delta\lambda = n_{\text{coupler}}R\alpha\alpha' \tag{14.26}$$

14.2.5 激光武器用阵列波导光栅的设计

假设两个星形耦合器和波导的折射率都是 n, 则由式 (14.25) 可得, 第一个设计公式即两个相邻中心波导的光程差为

$$\Delta L = \frac{\lambda_0}{n} \tag{14.27}$$

对于给定半径为 R 的装置, 设角度 $\alpha = \alpha'$ 且波长间隔为 $\Delta\lambda$, 则由第二个设计公式即式 (14.26) 可得

$$\alpha = \sqrt{\frac{\Delta\lambda}{nR}} \tag{14.28}$$

为了对此加以说明, 并展示使用现代平版印刷器制作该装置的可行性, 我们设计了一个这样的波导阵列光栅 (AWG): 其中心波长为 $\lambda_0 = 1.5\mu\text{m}$ 附近的激光武器波长, 可调范围 $\pm15\%$。该范围与基于回旋加速器的激光器 (例如自由电子激光器) 的可调谐范围相当。此处 $\pm15\%$ 是对于特定自

由电子激光器或其他回旋加速激光器可调谐范围的估计。作为参考, 机载
激光系统中使用的激光器波长为 1.315μm。对于波长为 $\lambda_0 = 1.5$μm 的激
光武器, 由式 (14.27) 可知, 折射率为 $n = 1.5$ 的两个相邻波导之间光程差
为 $\Delta L = 1.5 \times 10^{-6}/1.5 = 10^{-6}$ m 即 1μm。目前, 用于通信系统中制作阵
列波导光栅的平版印刷机器可在波导长度上实现 1μm 的分辨率。

对于 $\lambda_0 = 1.5$μm 附近 ±15% 调谐范围, 波长范围为 $1.275 \sim 1.725$μm
(即 450 nm)。如果为阵列波导光谱仪选择 200 个波长狭缝, 每个狭缝就是
$\Delta\lambda = 450/200 = 2.25$ nm 宽。当半径 $R = 5$ cm 时, 由式 (14.28) 得, 图
14.7 中角度为 $\alpha = \sqrt{2.25 \times 10^{-9}/(1.5 \times 5 \times 10^{-2})} = 1.7 \times 10^{-4}$ rad 即 0.17
mrad。此角度大于目前无线通信中阵列波导的角度, 故现有平版印刷技术
可实现[2,75]。

第 15 章

防御化学/生物武器的激光雷达

激光雷达用于光探测和光测距, 它涉及到一些将激光束照射到大气中并从目标 (或云层) 散射或反射回来的系统[168]。由于光波长可短到足以与空气中的化学和生物成分相互作用, 因此, 来自气溶胶云的后向散射可用于分析是否存在化学和生物武器。本章集中讨论用于探测大气中是否存在化学和生物武器的激光雷达。

激光雷达涉及的其他军事应用包括利用脉冲激光束扫描以便对目标进行三维 (3D) 成像。距离是通过测量脉冲发射与接收后向散射脉冲之间的时间获得的。当从一架飞机或一颗卫星对地球进行扫描时, 就可以获得三维遥感监视地图。

在 15.1 节中, 介绍用于侦查和评估来自化学和生物武器威胁的激光雷达, 并简要提及其他军事应用。在 15.2 节中, 介绍一台典型激光雷达系统。在 15.3 节中, 介绍用于由激光雷达返回信号来识别化学物质的光谱分析仪。在 15.4 节, 介绍一台带有光谱分析仪、以确定是否存在化学或生物武器的激光雷达系统, 以及相关的威胁评估。

15.1 激光雷达及军事应用导论

激光雷达正快速发展成为更重要的军事应用技术之一。工作于光频的激光雷达在概念上和工作于无线电频率或微波波段上的雷达 (无线电探测和测距) 是类似的。与雷达相比, 除了三维图像扫描功能以外, 激光雷达有一项重要的附加功能: 可识别化学物质。激光雷达涵盖红外、可见光直到紫外波段范围的更短波长, 可与化学或生物分子和气溶胶中颗粒的尺寸相匹配。对光波的吸收和散射均取决于粒子的尺寸和浓度。对于吸收, 当尺寸相匹配的情况出现时, 分子或粒子就会发生共振, 吸收能量并造成后向散射信号在该分子或粒子的共振频率处出现一个强度凹陷。让光扫描过一个波长范围就可对出现于空气或云中的化学物质进行光谱识别和关注。本章重点介绍激光雷达远程测量大气中化学物质的能力。

激光雷达可从飞机或卫星描绘出自地面和更高处到 100 km 以上的大气轮廓。激光雷达的大气测量包括风、温度、湿度、示踪气体、云和气溶胶。这些参数可剧烈地影响包括导弹、大炮、激光器、通信、成像、可见光测距和飞机运动机构在内的军事系统的性能。激光雷达被用来估算大气湍流, 以用于自适应光学 (见 5.3.1.4 节) 和优化螺旋桨位置及叶片方向。光雷达可探测天空中气溶胶云的存在。

一旦气溶胶被探测到, 激光雷达就可用来估算气溶胶云的范围、运动、浓度以及构成。气溶胶是一个由气体、烟或雾中胶状颗粒组成的系统。胶体颗粒具有 $10^{-7} \sim 10^{-5}$ cm 的直径 (比大多数无机分子大), 且由于在周围介质中的运动和相关联的静电电荷而不确定地保持着悬浮状态。激光雷达对示踪气体、有毒化学物质、生物战剂及其浓度的探测使得对军事威胁的评估成为可能。接下来, 对探测结果的应对措施必须得到评价, 例如: 需要污染的装备吗? 云层能够消除吗? 气溶胶掩藏了一些东西吗? 需要使用雷达 (例如第 16 章中的 W–波段雷达或 94 GHz 雷达) 来检查气溶胶吗? 能通过气溶胶作战吗? 对未被预告的气溶胶事件, 涉及到下述的进退两难局面: 喷气式飞机能否安全通过在空气中传播的火山灰? 这些火山灰在何处及多久将会妨碍国际旅行? 地球内部的熔铁 (即人们居住在其上的地壳) 正处于骚乱中, 这一点被最近开始的地球磁场逆转所暗示。可以预料, 将会出现其他更多的地壳穿透导致地震发生和火山爆发的难题。

15.1.1 激光雷达的其他军事应用

激光雷达 (Lidar) 可如同雷达 (Radar) 那样被使用, 只是其更短的相关波长在视觉晴朗的天气里 (见 16.1 节) 能提供更窄的光束、更高的空间和时间分辨率, 而且, 通过对脉冲响应进行同步, 能识别提供对目标进行三维 (3D) 轮廓测绘的能力[142]。在本文中和在军用系统中, 光雷达 (Ladar) 这个词经常取代激光雷达一词被运用, 光雷达代表了激光探测和测距。扫描的激光雷达被用于机器人技术以估算到目标的距离, 从而对图像处理中的图像分割提供帮助。扫描的激光雷达还被用于从飞机或卫星上对地球进行遥感和轮廓测绘[168]。

15.2 典型的激光雷达系统描述

图 15.1 给出了一台用于调查气溶胶云中化学和生物成分的典型激光雷达系统结构图[28]。触发式脉冲激光通过内史密斯望远镜 (见 1.3.4.2 节) 朝着云层照射。内史密斯望远镜 (在其中光被反射到一边) 是卡塞格林望远镜 (见 1.3.4.1 节, 在其中光穿过主镜上的一个孔) 的变种。从云层返回的脉冲通过光电倍增管 PM 进行检测, 并在延迟触发的放大器被放大 (依据响应的变化范围对触发函数进行延迟)。在光电倍增管的前方, 还可以放置光频分析仪和滤波器。

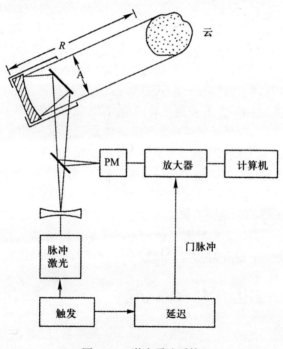

图 15.1　激光雷达系统

15.2.1 激光器

激光器的选择需与应用相匹配, 尤其是波长十分关键 (见第 8 章)[166]。目前, 最常用的激光器对紫外波段而言是准分子激光, 对红外波段而言是

1064 nm 的 Nd:YAG 激光 (见 8.2 节)。Nd:YAG 激光器可以二倍频得到 532 nm (见 8.2.2 节),三倍频到 355 nm,四倍频到 266 nm。更长的波长通过氢和氘的受激拉曼 (Raman) 散射得到,在用于准分子激光器时,受激拉曼散射可提供臭氧差分激光雷达和日盲激光雷达。在日盲激光雷达中,可以在阳光充足时通过使用太阳不发射的紫外波长和将阳光过滤掉而获得优越性能。对用差分吸收和共振荧光激光雷达进行化学分析的波长扫描情形,泵浦准分子染料激光器或 Nd:YAG 激光器正在被类似钛蓝宝石这样带有光参量放大器的可调谐固态激光器所替代[176]。适合用作多普勒激光雷达的红外激光雷达涉及在 YAG、YLF 或 LuAG 晶格中掺杂 Nd、Ho、Tm、Cr、Er 或 Yb 等活性介质。按照惯例,新激光器在其研发过程中就被考虑用于激光雷达,例如,发射人眼安全的 1500 nm 的光纤激光器对某些高功率的应用是颇有价值的,而自由电子激光器则可在有限波长范围之外进行调谐 (见 11.1 节)。

15.2.2 卡塞格林望远镜的发送/接收天线

直径达数米的卡塞格林或内史密斯镜式望远镜通常用来发射激光雷达的光束并接收后向散射 (见 1.3.4.1 节图 1.11)。对于化学/生物激光雷达,所需灵敏度应满足双轴系统中分开的天线能正常用于反射和接收的要求。反向望远镜的扩束 (见 1.3.2 节) 将由衍射引起的发散减小到 100μrad。接收望远镜焦平面上的视场光阑 (见 1.3.4 节) 将视场减小到数百微弧度。窄的发射和接收光束降减少了干扰的背景光和多重散射的影响。小视场提高了光谱分析仪中的选择性。对于一台勘测上层大气中远距离目标的地面激光雷达而言,就像一台勘测卫星空间中的碎片和目标的雷达 (见 16.3.2 节),一个通过发射脉冲重频实现同步的斩光器就可消除近距离处的散射干扰。

在一个双轴系统中,发射扩束器 (反向望远镜) 和接收望远镜被分隔至天线宽度的一半或更远,以降低高功率发射信号直接进入接收系统的偶然耦合。在此情况下,有一个接收器视场重叠函数 $O(R)$,它可以要求在重叠率达到 100% 之前有一个距离目标区域数千米的范围,这取决于视场和被分隔的情况。

15.2.3 接收器光学和探测器

一台处于激光器通频带的光学滤波器可将来自多余波长的干扰过滤

掉。其他滤波器 (例如偏振滤波器) 可与光谱分析仪协同使用 (见 15.3 节)。光电倍增管或雪崩光电二极管将光转换为电子信号。光电倍增管和较不敏感的雪崩光电二极管都具有足够的灵敏度来提供盖革 (Geiger) 计数器运算, 使盖革计数器对单光子的计数能测量很微弱的后向散射光强度。

15.2.4 激光雷达方程

下面针对接收到的激光雷达信号来推导激光雷达方程[168]。激光雷达方程可在许多应用中发挥其功能, 但是后向散射和吸收的方程必须针对远距离化学传感、目标勘测和地面勘测等不同应用而加以修正。

15.2.4.1 距离筐

激光雷达将一个持续时间为 τ 的脉冲发射到大气中。如果 P_0 为脉冲的平均功率, 脉冲的能量就是 $E = P_0\tau$, 且脉冲在空间的照明长度为 $c\tau$, 此处 c 为光速。对于一个脉冲重复频率 f_{rep}, 发射的平均功率为 $P = Ef_{\mathrm{rep}}$。

因为脉冲有持续时间, 所接收时间迹线上的每个点都显示了来自一个距离筐 ΔR 的响应; 下面来计算距离筐。在发射该脉后的时刻 t, 可观察到返回的信号。脉冲的前沿从一个散射体返回, 该散射体到激光雷达的距离为

$$R_1 = \frac{ct}{2} \tag{15.1}$$

式中的因子 2 是考虑到了双程传播距离 $2R_1$。脉冲的后延在比前沿晚 τ 的时刻离开发射器, 且从下述距离处返回:

$$R_2 = \frac{c(t-\tau)}{2} \tag{15.2}$$

对脉冲持续时间 (即脉冲宽度)τ, 获得返回信号的距离筐 ΔR 就是

$$\Delta R = R_1 - R_2 = \frac{c\tau}{2} \tag{15.3}$$

该系统的工作特性 K 被写成

$$K = P_0 \frac{c\tau}{2} A\eta \tag{15.4}$$

式中, 返回信号的强度与望远镜面积 $A = \pi(D/2)^2$ 成比例 (D 为望远镜主镜的直径); η 是系统的总效率; P_0 是脉冲平均功率; 且距离筐 $\Delta R = c\tau/2$。

15.2.4.2 天线增益和随距离按 R^2 下降

对于各向同性的散射体, 散射的辐射强度 I_s 取决于半径为 R、面积按照 $4\pi R^2$ 计算的球面。面积为 A 的天线所收集的光 I_c 与散射光之比为

$$\frac{I_c}{I_s} = \frac{A}{4\pi R^2} \tag{15.5}$$

收集的强度随着距离按 R^2 而降低, A/R^2 被称为对距离 R 处散射光的探测角。对于收发分置的激光雷达, 将在 15.2.2 节中定义的重叠函数 $O(R)$ 与按 R^2 下降结合起来, 成为

$$G(R) = \frac{O(R)}{R^2} \tag{15.6}$$

15.2.4.3 后向散射系数

在距离为 R、波长为 λ 时的后向散射系数 $\beta(R, \lambda)$ 描述了大气将光散射回到其原来方向的能力 (与正向成 π 弧度)。对于可变颗粒群中第 j 种颗粒 (其浓度为单位体积内有 N_j 个颗粒) 和单位立体角内的颗粒有效截面 $[\mathrm{d}\sigma_{j,\mathrm{scat}}/\mathrm{d}\Omega](\pi, \lambda)$, 后向散射系数可写为

$$\beta(R, \lambda) = \sum_j N_j \left[\frac{\mathrm{d}\sigma_{j,\mathrm{scat}}}{\mathrm{d}\Omega} \right] (\pi, \lambda) \tag{15.7}$$

如果单位体积内的 N 个散射体具有同样且各向同性 (在遍及 $\mathrm{d}\Omega \to 4\pi$ 的立体角范围进行辐射) 的有效截面 σ_{scat}, 由式 (15.7) 得

$$4\pi\beta = N\sigma_{\mathrm{scat}} \tag{15.8}$$

如果激光雷达的光束在散射体积内的横截面面积为 A_L, 则根据式 (15.3), 可得其散射体积为 $V = A_L \Delta R = A_L c\tau/2$。根据式 (15.8), 散射光的强度成比例于

$$A_s = N\sigma_{\mathrm{scat}}V = N\sigma_{\mathrm{scat}}A_L \frac{c\tau}{2} \tag{15.9}$$

利用式 (15.9) 中 A_s 和式 (15.8) 中 $N\sigma_{\mathrm{scat}}$, 散射光强度 I_s 与发射光强度 I_0 之比为

$$\frac{I_s}{I_0} = \frac{A_s}{A_L} = N\sigma_{\mathrm{scat}}\frac{c\tau}{2} = \frac{4\pi\beta c\tau}{2} \tag{15.10}$$

将式 (15.5) 中 I_s 代入式 (15.10), 并根据探测角 A/R^2、后向散射系数 β 和脉冲宽度 τ, 得到接收器接收光强 I_c 与发射器发射光强 I_0 之比为

$$\frac{I_c}{I_0} = \frac{I_s}{I_0}\frac{I_c}{I_s} = \left(\frac{\beta c\tau}{2} \right) \left(\frac{A}{R^2} \right) = \left(\frac{A\beta c\tau}{2R^2} \right) \tag{15.11}$$

后向散射系数可按照源于分子和源于气溶胶中的颗粒物质两部分进行考虑:

$$\beta(R,\lambda) = \beta_{\mathrm{mol}}(R,\lambda) + \beta_{\mathrm{aer}}(R,\lambda) \tag{15.12}$$

主要来源于氧和氮的 β_{mol} 随着离地高度的增加而减小 (因密度下降)。β_{aer} 随时间和空间变化, 且计入了类似硫酸盐、煤烟、有机化合物、矿物粉尘、海盐、花粉、雨珠、冰晶和冰雹这些液态和固态空气污染颗粒物的影响[166]。

15.2.4.4　传输损耗

传输损耗 $T(R,\lambda)$ 是指光在双程传输中所损失的份额, 即

$$T(R,\lambda) = \exp\left\{ -2\int_0^R \alpha(r,\lambda)\,\mathrm{d}r \right\} \tag{15.13}$$

对其求和就是消光损耗, $\alpha(r,\lambda)$ 为消光系数。与后向散射即式 (15.7) 类似, 消光系数取决于计数浓度 N_j 和第 j 种散射体的消光有效截面 σ_j:

$$\alpha(R,r) = \sum_j N_j(R)\sigma_{j,\mathrm{ext}}(\lambda) \tag{15.14}$$

消光有效截面 $\sigma_{j,\mathrm{ext}}(\lambda)$ 可被分为散射引起的部分和吸收引起的部分, 消光系数 $\alpha(r,\lambda)$ 可另外分为分子引起的部分和气溶胶引起的部分。

15.2.4.5　激光雷达的方程

从这些方程出发, 可将在激光雷达中从距离 R 处接收到的信号功率 $P(R)$ 的激光雷达方程写为

$$P(R) = KG(R)\beta(R)T(R)$$
$$= P_0\frac{c\tau}{2}A\eta\frac{O(R)}{R^2}\beta(R,\lambda)\exp\left\{ -2\int_0^R \alpha(r,\lambda)\,\mathrm{d}r \right\} \tag{15.15}$$

式中, 利用了式 (15.4) 的系统性能函数 K、式 (15.6) 的 R 几何关系、未知的散射系数 $\beta(R,\lambda)$ 以及式 (15.13) 的传输损耗 $T(R,\lambda)$。除了式 (15.15) 中的激光雷达功率之外, 还将会有一个可起源于太阳、恒星、月亮和探测器噪声的背景功率。背景功率可以在发射脉冲之前或在认为没有散射体的距离处进行测量。在将接收的激光雷达信号传入光谱分析仪进行化学分析之前, 要扣除背景功率。光谱分析仪在 15.3 节中进行描述, 其在激光雷达中的应用则参见 15.4 节。

15.3 分光仪

分光仪即光谱分析仪可对作为波长函数的光功率进行测量[28,29]。对吸收测量, 特殊化学物质 (如 CO_2) 或细菌 (如沙门氏菌) 的分子尺寸与特定的光波长相匹配, 所以该波长的光以引起谐振的方式被吸收。

15.3.1 基于法布里 – 珀罗腔的实验室光谱分析仪

实验室光谱分析仪 (OSA) 用于观察类似激光二极管光谱和滤波器输出这样的信号, 但一般而言其灵敏度不足以用来确定一种材料或水汽中的化学成分。法布里 – 珀罗谐振腔 (见 6.2 节) 可通过改变两个平行反射镜的间距而用于光谱分析仪。当一个反射镜相对于另一个移动时, 满足适应反射镜间边界条件的半波长决定了谐振波长。这样一种可调谐的光学滤波器可用于图 15.2 所示的典型实验室光谱分析仪[29]。

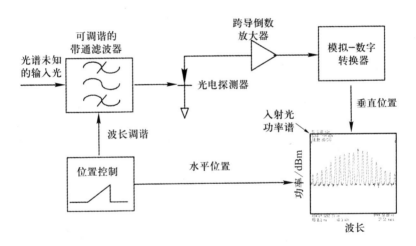

图 15.2 通用的实验室光谱分析仪

扫描频率导致滤波器 (对于其光谱待查找的输入光信号发挥作用) 对波长进行线性扫描。在一台光谱分析仪中, 输入光的每个波段被分别测量。如图 15.2 所示, 呈锯齿形或斜坡形的电信号被用于由压电器件移动法布里 – 珀罗滤波器的一个反射镜, 从而提取一个波段。反射镜之间的距离决定了频带的中心频率, 而反射镜的反射率决定了带宽 (见 6.2 节)。扫描频率的电信号用于驱动图 15.2 中所示的示波器水平轴。经过滤波后的光由反向偏置的探测器和跨导倒数放大器[52] 所探测, 而电信号输出则馈入示波器垂直轴。在屏幕上, 可看到入射光的功率谱即作为波长 (λ) 函数的光强 (W/m²)。

15.3.2 基于衍射的光谱仪

15.3.2.1 基于衍射的光谱仪系统

玻璃棱镜 (见图 4.2(b)) 将使得引入的光分散成它的组分颜色, 但是在红外波段它不能奏效, 而许多光谱仪就起作用了: 化学和细菌分子的尺寸通常与红外 (IR) 光波长相匹配。光栅则取代棱镜获得普遍应用 (见4.2 节图 4.2(c)), 且为化学和细菌检测提供了足够高的分辨率。

图 15.3 给出了光栅光谱仪的示意图[29]。光谱待测的光从宽度为 d_1 的左侧狭缝进入, 照到曲面反射镜上, 曲面反射镜使得光准直成宽度为 d_2 的平行光并照射到光栅上。弯曲的球面镜经常优先于透镜而被使用, 因为大的反射镜更容易制作。经准直的光被衍射成多重不同颜色。光栅通常是利用步进电机实现转动, 从而使得各色光一种跟着另一种被步进至输出口。每种彩色光束依次被第二个球面镜聚焦到出口缝隙处。在单色仪中, 单色光从出口缝隙出现。如果一个光电探测器被置于缝隙后面, 电子信号就可以给出在光谱仪中每个光波段的强度。在图 15.2 中也给出过的跨导倒数放大器, 之所以如此命名是因为它用所示运算放大器[52] 将与光功率成比例的电流 i 转换为了电压 v。

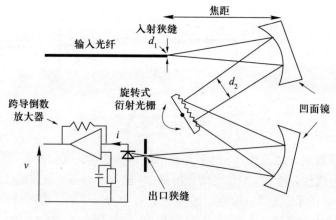

图 15.3　光栅光谱仪

光学系统应当成为受衍射限制的 (见 3.4 节), 这意味着它在性能上仅仅受到衍射的限制。正如 3.2.2 节所述, 对于宽度为 d_1 的入射缝隙, 主光斑半宽度是空间频率 f_s 和空间角频率 ω_0:

$$f_s = \frac{1}{d_1}\lambda f \quad 即 \quad \omega_0 = 2\pi \frac{1}{d_1}\lambda f \quad (15.16)$$

式中, f 是反射镜的焦距; λf 是在光学上利用 $z = f$ 的夫琅和费近似 (见 3.3.5 节) 对焦距为 f 的反射镜进行傅里叶变换时的一个缩放比例。同样地, 对于聚焦到输出狭缝的情况, 宽度为 d_2 的准直光束被聚焦在出口狭缝上。对于最大的信号, 聚焦在出口狭缝上的光必定有一个大于出口狭缝宽度的主光斑宽度。

15.3.3 光谱仪中光栅的作用

折射光栅对光有衍射作用 (见 4.2 节), 使其按照波长 λ 而发生偏折。光栅具有一个基底、一个周期性的扰动和一个折射涂层。4.2.1 节中推导过光栅方程。这里针对一个闪耀光栅[29] (加强某个单一级次衍射的一种光栅) 来展示该方程的有效性。图 15.4(a) 给出了经闪耀光栅反射而被衍射的特定波长入射光束的理想化表述。从图 15.4(b) 可知, 与正常的入射光线相比, 准直入射光束的上沿要传输一段更远的距离 b 到达标出的输出波前处, 而下沿要传输一段更远的距离 a。如果 d 是准直光束的宽度, 而 α 和 β 分别是入射和出射光束的角度, 则有 $a = d\sin\alpha$ 和 $b = d\sin\beta$, 如图

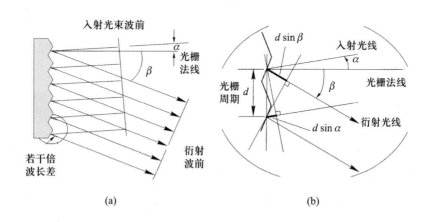

(a)　　　　　　　　　　(b)

图 15.4　利用闪耀光栅使光改变方向
(a) 光栅整体; (b) 放大的光栅周期。

15.4(b) 所标注。因此, 准直光上沿和下沿的传输距离之差为

$$b - a = d(\sin\beta - \sin\alpha) \tag{15.17}$$

对于形成波前的准直光束上沿和下沿来说, 长度上的差异必须是波长的整数倍, 即

$$d(\sin\beta - \sin\alpha) = n\lambda \tag{15.18}$$

这与从任何光栅推导出的光栅方程式 (4.1) 是一致的, 只是此处的符号改变了, 因为此处是一个反射光栅而不是透射光栅。

当光沿着与入射相同的路径返回时, $-\beta = \alpha = \theta$, 有

$$n\lambda = 2d\sin\theta \tag{15.19}$$

这称为利特罗 (Littrow) 条件, 它在图 15.5 中得到举例说明[53]。一个引入的光束通过光栅的一个狭长切口并作为光线 1 衍射出来而照射到准直镜上。对于一个特定波长的情况, 准直光束即光线 2 返回到光栅, 且该光束沿着光线 3 被光栅衍射并回到准直镜, 此时准直镜将光经光线 4 聚焦到光栅上的一点。每一种颜色聚焦到左侧不同 λ 值处所示的不同位置。

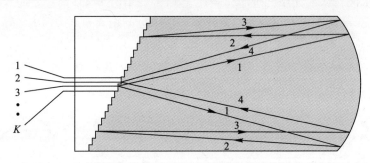

图 15.5   利用利特罗条件光栅的装置

15.3.3.1   光栅分辨率的极限

光栅对波长分辨率施加了一个极限, 即各种颜色可以被细微地区分。闪耀光栅 (见图 15.4) 的长度为 Nd, 式中 N 是光栅周期的数目, d 是光栅周期。与天线类似, 更长的光栅会产生更窄的光束图样。对于出口角度为 β 的情况, 发射功率为峰值一半的 3 dB 宽度为 (见式 (3.20)[29])

$$\Delta\beta_{\mathrm{m}} = \frac{\lambda}{Nd\cos\beta} \tag{15.20}$$

波长分辨率更多地被色散方程式 (15.18) 所限制。对于式 (15.18) 取导数 $\mathrm{d}\beta/\Delta\lambda$, 可有

$$\Delta\beta = \frac{n}{d\cos\beta}\Delta\lambda \tag{15.21}$$

式中, n 是光栅的级次。

对于最小波长分辨率 $\Delta\lambda_{\min}$, 令式 (15.21) 和式 (15.20) 相等以消去 $\Delta\beta S$ 并求解 $\Delta\lambda_{\min}$, 结果表明分辨率仅取决于光栅的长度和 λ:

$$\Delta\lambda_{\min} = \frac{\lambda}{Nn} \tag{15.22}$$

值得注意的是, 使用不同焦距的透镜或反射镜向出口聚焦会影响到放大率而不是分辨率。

15.3.4 光栅效率

输入光用于输出的效率取决于光栅品质 (既包括涂层的品质也包括闪耀的品质), 它以牺牲其他级次为代价加强了级次 n。由于反射是偏振敏感的, 所以不太合适的偏振方向会降低效率。

输出光被聚焦到出口狭缝上, 狭缝越狭窄, 光谱被选择的部分越小, 因而光谱的分辨率越高。但是, 最高分辨率还是受到光栅分辨率方程式 (15.22) 的限制。光谱分析仪在出口狭缝后端有一个光电探测器。光电探测器的类型取决于波长和敏感度。对于高分辨率的光谱仪, 则使用光电倍增管。如果不需要高的分辨率, 则用一只光电二极管就足够。

15.4 光谱型激光雷达感知化学武器

在战场或恐怖分子环境下, 可用于感知化学和细菌成分的两种方法分别是通过直接透射或通过后向散射[28]。

15.4.1 化学和生物材料的透射法探测

直接透射法通常在接近地面时采用。图 15.6 所示为一台透射光学光谱仪[28], 其中, 来自可调谐激光二极管或其他固定波长激光器的激光 (涵盖数种感兴趣分子的尺寸) 被传输到一个分束器 BS。分束器的一路输出馈入到扩束器 BE 即反向望远镜中 (见 1.3.2 节), 以产生能够穿过介质 (阴影部分, 化学或生物武器材料可能存在于其中) 的准直光束。分束器的另

外一路输出被顶部的反射镜反射进入多色仪, 作为激光器功率 P_0 的一个参考。多色仪是将光分隔为组分波长的光谱分析仪。

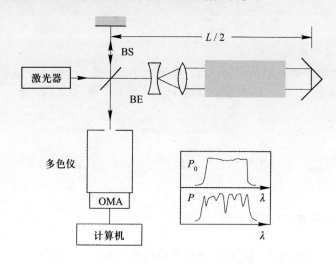

图 15.6　利用透射法探测化学和生物武器

一只后向反射器将光 (因对功率 P 的吸收而被减弱) 反射回到分束器 BS, BS 再将光传到多色仪。每个波长传到光学多道分析仪 (OMA) 的不同通道。功率随波长变化曲线图由计算机获得。如果来自一种化学或细菌武器的特定分子出现, 与分子尺寸相匹配的波长将会出现功率衰减 (由于谐振而被吸收)。数种不同的分子类型被同时探测出来。在传输了一段距离 L 后, 输入功率 P_0 在特定频率下被接收到的份额为

$$P(L) = P_0 \exp\{-a(\omega)L\} \tag{15.23}$$

式中, 衰减系数 $\alpha(\omega) = N_i \sigma_{i,\mathrm{abs}}$ 取决于吸收有效截面为 $\sigma_{i,\mathrm{abs}}$ 的吸收分子的浓度 N_i。一个衰减系数 $a(\omega)$ 可写成

$$a(\omega) = \alpha(\omega) + S \tag{15.24}$$

式中, 所有颗粒吸收的总和是

$$\alpha(\omega) = N_k \sigma_{k,\mathrm{abs}} \tag{15.25}$$

而所有颗粒散射的总和 S 是

$$S = \sum N_k \sigma_{k,\mathrm{scat}} \tag{15.26}$$

S 主要是来自颗粒、灰尘和水珠的米 (Mie) 散射。对于波长大于分子尺寸的情况，S 的小部分来自分子和原子的瑞利 (Rayleigh) 散射。S 具有一个宽谱，而 $\alpha(\omega)$ 具有与一特定分子相匹配的非常窄 (数吉赫兹) 的线宽。所以，通过将精确频率处的输入功率 $P(\omega_1, L)$ 与若干相邻频率处的输出功率 $P(\omega_2, L)$ 进行比较，就可以获得灵敏的探测结果。此处，$P(\omega_1, L)$ 为用于特定化学分子的峰值功率，$P(\omega_2, L)$ 几乎不随频率改变。对于许多已知的化学物品和生物战剂，这些差值可同时计算出来。探测结果取决于比值

$$\frac{P(\omega_1, L)}{P(\omega_2, L)} \approx \exp\{-N_i[\sigma_{i,\mathrm{abs}}(\omega_1) - \sigma_{i,\mathrm{abs}}(\omega_2)]L\} \tag{15.27}$$

15.4.2 化学和细菌武器的激光雷达散射法探测

如图 15.1 所示 (见 15.2 节)，脉冲激光经过望远镜 (见 1.3.4 节) 形成一个宽的光束，然后被射向空中的一团可疑的云状物以测定其化学成分。从云状物散射的光 $S(\lambda, t)$ 返回到光电倍增管 (PM) 并在波长和时间上被测量[28]。散射光在时间间隔 $t_1 \pm \Delta t$ 内被选通，以确定在 $t_1 = 2R/c$ 时刻的时间信号 (见 15.2.4.1 节，式 (15.1))。

$$S(\lambda, t_1) = \int_{t_1 - \frac{1}{2}\Delta t}^{t_1 + \frac{1}{2}\Delta t} S(\lambda, t)\mathrm{d}t \tag{15.28}$$

$S(\lambda, t)$ 的大小取决于望远镜覆盖的立体角 $\mathrm{d}\Omega = D^2/R^2$、直径 D 和孔径 $A = \pi(D/2)^2$，还取决于分子浓度 N 和后向散射有效截面 σ_{scat}。可写出

$$S(\lambda, t) = P_0(\lambda) \exp\left\{-2\int_0^R \alpha(r, \lambda)\right\} \mathrm{d}r N\sigma_{\mathrm{scat}}(\lambda)D^2/R^2 \tag{15.29}$$

这与符合下述情况的激光雷达方程式 (15.5) 类似: 100% 重叠，$O(R) = 1$，效率 $\eta = 1$，一个距离筐的信号为 $c\tau/2$，天线探测角 $A/R^2 \approx D^2/R^2$，散射系数 $\beta = N\sigma_{\mathrm{scat}}$。

与透射方法相类似 (见 15.4.1 节)，这里考虑分子吸收线 (谐振峰) 上的一个波长 λ_1 以及其吸收可忽略的一个波长 λ_2。对于小量 $\Delta\lambda = \lambda_2 - \lambda_1$，散射有效截面的变化可以忽略。这样，对于 λ_2 和 λ_1 的散射比是

$$\frac{S(\lambda_1, t)}{S(\lambda_2, t)} = \exp\left\{2\int_0^R [\alpha(\lambda_2) - \alpha(\lambda_1)]\mathrm{d}R\right\} \approx \exp\left\{2\int_0^R N_i(R)\sigma(\lambda_1)\mathrm{d}R\right\}$$

$$\tag{15.30}$$

式 (15.30) 提供了对到云状物完整往返路径进行积分所得到的待查分子浓度 $N_i(R)$。

通过在连续的时间间隔 Δt 上对候选 λ 值抽样,就可得到分子浓度随着距离的变化。于是,就可以通过下式得到在距离 R 处一个距离筐的吸收(对于指数,用级数展开):

$$\frac{S(\lambda_1,t)/S(\lambda_2,t+\Delta t)}{S(\lambda_1,t)/S(\lambda_2,t)} = \exp\{-[\alpha(\lambda_2)-\alpha(\lambda_1)]\Delta R\}$$
$$\approx 1-[\alpha(\lambda_2)-\alpha(\lambda_1)]\Delta R \tag{15.31}$$

根据式 (15.25),第 i 种化学成分的分子浓度 N_i 可由式 (15.31) 的吸收系数获得。有毒化学物质或细菌的浓度被用来评估威胁的性质。

第 16 章

在恶劣天气下对目标探测/跟踪/识别的 94 GHz 雷达

雷达在 94 GHz 处运用了在第 1 部分描述过的许多光学技术, 这是因为该频率落在光波与微波之间。例如, 所使用的陀螺速调管 (见 10.1 节) 有一个准光学反射镜谐振腔镜, 且 94 GHz 雷达使用了准光学的双工机将波的发射和接收隔离开来。该频率被认为属于毫米频段的上部, 且在多个应用领域具有超越光波或微波的独特优势。被归类为 W 波段 (75 ~ 110 GHz) 的频率具有数毫米 (4 ~ 2.7 mm) 波长, 能够穿透尺寸更小的颗粒。人们特别感兴趣的是 $f = 94$ GHz, 它落在一个大气传输窗口内且在空气中的波长为 $\lambda = c/f = 3.2$ mm, 式中 $c = 3 \times 10^8$ m/s。将 W 波段加进本书中的原因是, 处于光波和微波之间的电磁波可通过使用自由电子激光器或其他的回旋加速谐振腔及放大器在高功率情况下来高效产生 (见第 10 章), 而且其分辨率和清晰度 (尤其是在 94 GHz 大气窗口处) 要好于常规雷达。

在 16.1 节中, 对电磁辐射穿过大气的传输进行讨论并给出位于 94 GHz 处的窗口。在 16.2 节中, 对海军研究实验室 (NRL) 研发的 94 GHz 高分辨率、高功率 W 波段雷达的设计情况进行介绍。在 16.3 节中, 介绍 94 GHz 雷达的四项应用: 监视低地球轨道卫星, 记录和监视空间碎片, 通过多普勒灵敏度探测和识别运动物体, 低海拔海军作业。

16.1 电磁辐射穿过大气的传输

在 94 GHz 的大气窗口处, 3.2 mm 波长介于毫米微波和光波之间。与光波相比, 94 GHz 能穿透绝大部分类似雾、烟、粉尘、雪、云和适度降雨这样的恶劣天气。同时，其分辨率也要好于微波。这对于战场上的高分辨率成像、通信、人群控制、天气评估以及雷达 (本章主题) 具有极大价值。图 16.1 给出了电磁波在微波和光波频段穿过大气的衰减情况[166]。此图的选项及拓展在文献 [5] 中有描述。对 0.1 g/cm³ 的雾 (相当于 50 m 的能见度，即图 16.1 右上部的虚线) 来说，可见光和红外光 (标于 x 轴上) 具有 100 ~ 210 dB/km 的高衰减。相反，在晴天情况下，可见光的衰减将从 209 dB/km 降到右下部的 0.02 dB/km。从 10 THz (波长 30 μm) 到 1 THz (波长 0.3 mm)，空气中的平均衰减都很高，超过了 100 dB/km。

在 94 GHz (波长约 3 mm) 处，衰减的显著凹陷意味着存在一个可供人们在军事应用方面进行开发的大气窗口。该窗口落在沿着图 16.1 左下部标注的 W 波段内。94 GHz 处凹陷落在氧气的两个共振态之间。在 0.1 g/m³ 的雾中，94 GHz 的 W 波段电磁波的衰减是 0.4 dB/km，只是比晴天没有雾气时的 0.33 dB/km 略微高一点。这种穿透雾和粉尘的能力在军事应用上是颇有价值的。对于 0.25 mm/h 的细雨，94 GHz 处的衰减几乎觉察不到，比得上在不下细雨时的可见光衰减。对于 25 mm/h 的大雨，W 波段和可见光衰减分别是 12 dB/km 和 9 dB/km。

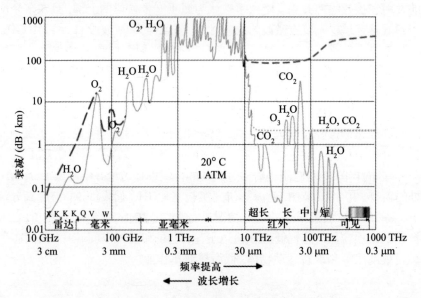

图 16.1　通过大气的传播情况

对于其波长超过颗粒尺寸的雷达波段而言，图 16.1 左侧的衰减下降，但是，它的分辨率在 X 波段下降到了 3 cm。左边的粗虚线代表了在下大雨时的衰减情况。概括地讲, 如果需要 9 mm 左右的分辨率, Ka 波段具有穿过大气的低衰减 0.13 dB/km; 然而, 如果需要好三倍即接近 3 mm 的分辨率, W 波段就是合适的但它具有略高一些的衰减 0.29 dB/km。

16.2 恶劣天气下高分辨率 94 GHz 雷达

16.2.1 94 GHz 雷达系统描述

一台 94 GHz 雷达[74] 曾在海军研究实验室 (NRL) 被研制出来。一项计划应用是对空间碎片进行跟踪和成像[158,159]。这样的一台高功率陀螺振子早期在 NRL 曾经被提议用于极高距离分辨能力雷达和大气传感[76]。对该雷达的描述沿用了文献 [74]。表 16.1 提供了该雷达运行参数[74]。

表 16.1 94 GHz 雷达的运行参数[74]

雷达参数	数值
频率	94.2 GHz
带宽	600 MHz
峰值功率	70 kW
平均功率	高达 7 kW
天线直径	2 m
天线增益	62.5 dB
偏振	圆偏振或线偏振
传输损耗	3.5 dB
接收损耗	3.0 dB
噪声指数	8 dB

该雷达的运行模式、波形和信号特征见表 16.2[74]。每一种模式的最佳波形均经电子合成, 然后在 94 GHz 对光进行调制, 将其放大以便发射。由于到目标的距离未知且使用的是模拟脉冲压缩, 所以搜索模式运用全射程间距。一旦距离已知, 跟踪过程就使用针对该距离的有限射程间距。数字脉冲压缩得到了使用[72]。为识别目标, 人们使用了宽带信号 (< 600 MHz) 和展宽脉冲 ($< 100\mu s$) 来获取用于辨认的详细的后向散射信息。遥感模式使得面向天气评估的云物理研究能够进行。在脉冲时间内使用更多的脉冲会增加信号的时间长度, 从而获得更好的频率分辨率。

表 16.2 94 GHz 雷达的运行模式

模式	脉冲宽度/μs	带宽/MHz	脉冲重复频率 (PRF)/kHz	脉冲时间/脉冲数
搜索/探测	17	14	5	64
跟踪	20	18	5	128
展宽	20 ~ 100	≤ 600	1 ~ 5	100 ~ 1000
遥感	0.1 ~ 1	1 ~ 10	5	1 ~ 100

　　一套 94 GHz 雷达系统的结构图 (见图 16.2)[74] 由发射、天线和接收单元组成。发射波形在 60 MHz 的电子波形合成器中获得并通过 1.8 GHz 和 10 ~ 94 GHz 进行上变频。宽带信号在 255 MHz 产生并被适当地进行上变频。至 94 GHz 的最终变换是用位于图 16.2 左上部的一台 94 GHz 本机谐振腔和混频器执行的。运行模式则是在变换到 94 GHz 的混频器中选定的。信号馈入到商品化普通 (O 形) 行波管 (TWT) 之中[24],并被放大到 50 W (见 10.1 节, 图 10.1)。行波管 (TWT) 的输出馈入到在海军实验室建立的一台 100 kW 陀螺速调管放大器中 (见 10.1 节图 10.1)[65],这将在下面进行介绍。

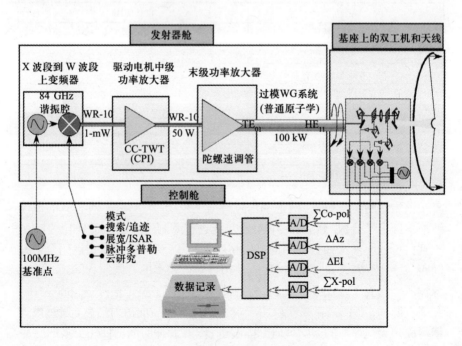

图 16.2　94 GHz 雷达系统的结构图

利用在天线处的一台二级 84 GHz 本机谐振腔, 接收到的 94 GHz 信号被频移至 X 波段 (10 GHz)。两台 84 GHz 本机谐振腔分别用于发射和接收, 相位锁定在 100 MHz 单频基准点以建设一套完全相位相干的系统。接收到的信号经下变频至 1.8 GHz 和 60 MHz (与发射器中的上变频相反)。

16.2.2 准光学谐振腔的回旋速调管

速调管放大器通过电子束 (对于常规 O 形管为非相对论的, 而对于更高功率的陀螺速调管放大器则为相对论的) 馈入 (见第 10 章图 10.1)。从阴极枪向阳极传导的电子束经过了两台腔 (在某些速调管中会经过更多的腔): 待放大的输入信号进入第一台腔 (即调制腔) 和第二台腔, 第二台腔将信号放大并提供放大的输出。

由于 94 GHz 处于光波和微波之间, 因此速调管谐振腔是准光学的系统。为了将 "准光学谐振腔" 一词阐述清楚, 对一台常规的单腔陀螺振子谐振腔即图 16.3(a) (见图 10.5) 与一台单腔准光学谐振腔即图 16.3(b)[65] 进行比较。在一台常规微波陀螺振子 (也称振动陀螺仪) (见图 16.3(a)) 中, 电子束沿其传导的管道在尾端被封堵, 从而构成垂直圆形腔。所产生的 94 GHz 辐射从柱形腔顶端传出来。如图 16.3(b) 所示, 在准光学腔中, 法布里 – 珀罗型反射镜 (见 6.2 节) 被置于与电子束路径垂直的角度, 94 GHz 辐射像激光一样穿过左镜或右镜输出。

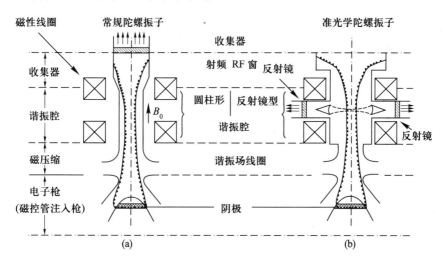

图 16.3 速调管中常规谐振腔与准光学谐振腔的比较

(a) 常规圆柱形腔; (b) 准光学腔。

图 16.4 给出早期版本的双腔 NRL(海军研究实验室) 陀螺速调管准光学谐振腔示意图[40]。与常规的柱形腔相比, 准光学谐振腔具有更窄的带宽, 构造起来更简单, 具有更好的绝缘性, 而且适用性更强, 但是效率可能会较低一些。电子束从阴极向上迁移至收集器。预聚束反射镜被用于双腔陀螺速调管的第一个横向腔。第二个腔横穿迈拉 (Mylar, 聚酯薄膜) 窗口的中心。带有对角线十字叉丝的正方形盒子是磁性线圈, 它给回旋加速器提供磁场 (见 10.2.1 节[①])。

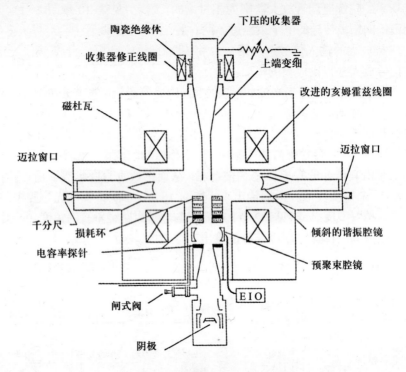

图 16.4 早期陀螺速调管的示意图

对双腔 NRL 陀螺速调管, 图 16.5 给出: (a) 在中心处配有超导磁体的一台早期原型装置照片[40]; (b) 不用超导磁体的一台最近版装置照片[74]。在图 16.5(a) 中, 超导磁体的低温系统看起来体积庞大。在图 16.5(b) 中, 电子枪将相对论电子向上射入主腔中。第一个向右侧开放的管口是待放大信号的输入口, 第二个管口用于被放大信号的输出。

---

①原书误为 10.2.2.1 节。——译者注

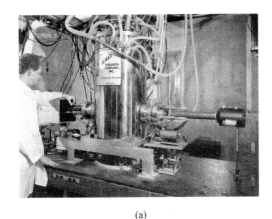

(a)

(b)

图 16.5 NRL 陀螺速调管的照片

(a) 配有低温超导磁体的原型; (b) 无超导磁体的装置。

16.2.2.1 陀螺速调管的磁场

在一台陀螺速调管中, 磁场在发射出的 94 GHz 射频 (RF) 场与回旋加速器对电子束的成束模式之间提供了必要的耦合 (见 10.2.1 节)。所需的磁场 B 由频率 $f = 94$ GHz 计算得到, $B = f/(28 \times s) = 3.36$ T, 式中, s 为谐波数 (对于所用的陀螺速调管, 取 $s = 1$)。为了降低对重量和尺寸的要求, 使用了在 9 K 温度下配有铌 – 钛合金导线的超导磁体。一套闭合循环的低温冷却系统在 4 K 温度提供了 1 W 的制冷。磁体需花 20 min 达到其额定磁场强度, 之后, 磁铁因超导阻抗低而只需消耗相当低的功率。

16.2.2.2 调制器

陀螺速调管电子枪的阳极是通过一个 18 kV 开关在 5 kHz 的最大峰值重复频率处被调制。其脉冲宽度为 100 μs, 占空因子 (填充系数) 为 10%。电子枪的阴极电压小于 70 kV 且阴极的基准电压为 30 kV。

16.2.3 由陀螺速调管至天线的过模 94 GHz 低损耗传输

由于在 94 GHz 处的数千瓦高功率和雷达双工性, 不能将发射器装置像 17.1 节中那样直接安装在天线上 (没有返回的信号要接收)。因此, 需一条低损耗的传输线和旋转接头来承载从最终的功率放大器到装于天线上的双工器之间的传输功率。在这些高峰值和平均功率条件下, 一只常规 94 GHz 波导能承受 3 dB/m 的损耗。为传输多余模式, 采用了一只环形过模波导 (见图 16.2), 其横向尺寸即直径 32 mm 是波长的很多倍。这样, 滑壁波导的 TE_{01} 模损耗低于 0.01 dB/m, 且小于 HE_{11} 模的损耗[7]。陀螺速调管将 TE_{01} 模发射到环形波导中, 然后被用弯曲的波纹波导转换成 HE_{11} 模以耦合到旋转天线上 (见图 16.2)。按照向连接在天线上的准光学双工器输入的需求, HE_{11} 模向自由空间发射一束高斯光束。HE_{11} 模式被用光栅起偏器 (建到成角度的高功率斜面弯管中) 转换为圆偏振[73,149,172]。圆偏振是必须实现的, 这样就能在天线转动时保持偏振不发生变化。在通过旋转接头后, 偏振态又变回适合双工机的线偏振。

16.2.4 准光学双工机

准光学双工机的目的是将发射光束与接收光束分开。准光学双工机的优势是低损耗、高功率应用和带宽大[38,74]。16.2.3 节中传输线的线偏振 HE_{11} 模式将线偏振的 TEM_{00} 模式发射到图 16.6 右部的双工机输入部分[74]。蛤壳状反射器将光束引导到第一级线栅起偏器上, 起偏器处的平行线阵允许沿着空间方向由电场导向的偏振信号通过。对于从右向左的光传输, 线阵处于如图 16.6 所示的 −45° 方向, 也就是说, 线式偏振器左侧的场在 −45° 方向线性偏振。法拉第 (Faraday) 旋光器将偏振态顺时针旋转 45° 而变成垂直偏振即零偏振, 并把它传到第二级线栅偏振器。光可通过第二级线栅偏振器, 因为第二级线式偏振器也是 45° 垂直取向, 与第一级线栅偏振器成 45°。法拉第旋光器通常被用作隔离器[176]。对于所涉及到的高功率和高频率, 隔离器优于 $\lambda/4$ 波片 (见 2.2.1.2 节)。在图 16.6 中, 穿过垂直线式偏振器的信号耦合到卡塞格林天线 (见 1.3.4.1 节)。

从目标返回时, 在卡塞格林天线输出端, 横向偏振分量 (相对于从卡塞格林天线发射的) 从垂直线栅格起偏器 (类似一个偏振分束器) 反射, 并馈入横向偏振接收器 (图 16.2 中控制舱内最下面的接收器)。相比之下, 与横向偏振信号成直角的共偏振信号通过垂直线栅格偏振器。零偏振信号在从左向右通过法拉第旋光器时受到另一个 45° 的顺时针旋转, 所以它在与右

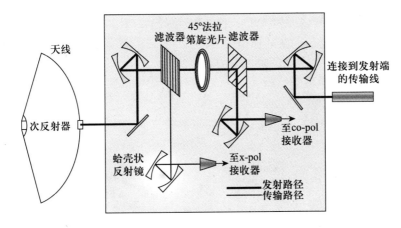

图 16.6 准光学双工机

边即 −45° 线式偏振器成直角的方向偏振, 从其上反射并被导入共偏振接收器 (图 16.2 中控制舱内最上面的接收器) 的输入端。在接收器处将偏振分成横向偏振和共偏振的做法提供了与传输和目标特性相关的额外信息。法拉第旋光器冷却系统曾被迫重新设计以应对 100 kW 功率。

文献 [74] 介绍了试验的测试结果。通过用一块铝板将所有辐射反射回双工器内, 测得了双工器的双程损耗为 4.8 dB。通过采用吸波材料取代铝板反射器, 反射回到发射器内的数量是 −17 dB。在通过天线的过程中泄漏即损耗测量值为 −30 dB。组合式陀螺速调管放大器频率响应、过模传输线、准光学多路复用器和天线是在超过 700 m 的实地试验中测量的。对于线性频率调制[141] 和带宽 400 MHz、中心在 94 GHz 处 50μs 啁啾脉冲的情况, 所产生的脉冲在超过 400 MHz 带宽 (啁啾带宽) 范围中是平坦的, 不均匀性处于 1.5 dB 内。

16.2.5 天线

对称的卡塞格林天线被用于使馈入端与天线轴排成在一线 (见 1.3.4.1 节)。这提供了一个刚性结构, 因为接收器和向天线馈给信号的双工机是直接安装在天线上的。相比于将一个偏转镜放置在天线输出路径即内史密斯 (Nasmyth) 望远镜的情况 (见 1.3.4.2 节及图 15.1), 这使得损耗降到最低并减少了孔径损耗。过模波导和斜面弯管可在天线背部的照片中看到 (见图 16.7)[74]。在仰角旋转耦合器和一根斜面弯管将功率引导到双工机盒子之前, 两个更长的斜面弯管用于将波导准直到旋转仰角轴上。双工器盒在天线中心处发射信号以照射 1.8 m 卡塞格林双向天线; 次反射器被加工至高精度, 以便能在复杂多变的环境中运转。测量结果表明, 波束宽度为 0.11°, 天线增益为 62.7 dB (峰值除以全方位响应)。

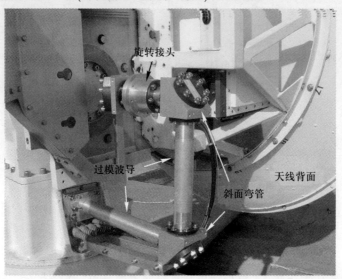

图 16.7　露出过模波导和斜面弯管的天线背面

16.2.6　数据处理和性能

数据处理装置在文献 [74] 中得到了介绍。整系统的性能曾经根据在地球大气内的射程进行过测量。随着海拔高度的增加, 射程实质上因为湍流下降而变得更大了。利用表 16.2 中的参数和 $100 \mu s$ 的脉冲, 1000 km 处一个 1 m^2 目标上的信噪比为 -1 dB。对于驻留时间 100 ms、仰角 30° 和信噪比 20 dB 的情况, 射程为 680 km。对于驻留时间 60 ms、仰角 30° 和信噪比 20 dB 的跟踪, 其射程为 570 km。低仰角的情况更差, 因为光束在接近于湍流最强的地表处要花去更多时间。校准测量结果在文献 [74] 中得到了介绍并依赖于空气中的水含量 (9 g/cm^3 时为 1.4 dB/km)。

16.3　空间监视、高多普勒效应和海面低仰角等应用

下面论述 94 GHz 雷达的四项应用。

16.3.1 监视低地球轨道卫星

自从第二次世界大战以来, 优势属于控制冲突地区上方空域的一方。在未来的冲突中, 卫星空间 (较低地球轨道) 将同样甚至更为关键, 因为在商业活动和冲突中都要依靠很多不同类型的卫星。可以依靠 GPS 卫星来保持对我方军队和盟友军队的跟踪以引导我方导弹; 没有 GPS, 联邦快递 (FedEx) 将会迷路, 更不用说车辆驾驶员。另外, 还可依靠通信卫星与战场进行联系, 更不用说它们在信用卡和自动取款机 (ATM) 个人身份号码 (PIN) 验证方面的应用。成像卫星围绕地球绝大部分关键区域保持监测 (每 90 min), 并有足够的分辨率可以看到人员和处理环境问题。据报道, 有一个国家已使用致眩激光来致盲美国成像卫星, 这可能预示着另一场折磨人的激光相关技术竞赛。在空间, 激光因其窄波束特性且几乎没有会阻挡光线的恶劣天气而非常有效。然而, 人们经常需要从地面甚至更低海拔高度监视卫星空间, 而此时大气限制了激光的应用。本章中所描述的 94 GHz 的准光学雷达对此是理想选择, 因为 94 GHz 落在低衰减的大气窗口内, 而且因为它处于在光和微波之间 (意味着它有着足够高的频率用于对小颗粒成像, 并有足够低的频率穿过恶劣天气)。

16.3.2 探测和跟踪低地球轨道碎片的问题

在高度 200 ～ 3850 km 低地球轨道中的有害碎片, 其尺寸大于 1 cm 的超过 300000 颗, 大于 10 cm 的有 21000 颗, 且数千颗超过 2 kg (见图 16.8)[137]。此外, 有超过 800 个现役卫星可能会与其他卫星相撞。以 5 ～ 10 km/s 速度运行的碎片可能损坏卫星太阳能电池并对正在航天器外工作的宇航员有威胁。由于太空战略地位提高, 而且目前尚不清楚谁应负责对该区域进行清理, 因此, 碎片问题日益受到关注。如果碎片持续增加, 未来数年内它就可使人类非常难以离开地球。

在 2001 年, 94 GHz 源的功率增加 20 倍达到了平均功率 10 kW (见第 10 章), 这使得能发现和跟踪尺寸 1 cm 碎片的雷达向前迈出了重要的一步。更高的功率提供了更大的射程, 94 GHz 处在一个大气窗口内, 可穿透恶劣天气 (见图 16.1, 第 16.1 节) 而且提供了小于 1 cm 的分辨率。一台 94 GHz 雷达需要能穿过大气并在射程、速度和角度的关联参数空间中提供足够高的分辨率。

图 16.8 低地球轨道上碎片的图示

16.3.3 多普勒探测与识别

94 GHz 雷达可用于识别物体, 因为多普勒仪 (Doppler) 的灵敏度要高于常规的微波雷达 (由于前者频率更高)。对用来识别目标的反向合成孔隙雷达 (ISAR), 多普勒效应与射程之间的关系图见文献 [74]。多普勒频率 f_d 随频率 f 以 $f_d = f(1 + (u/c)\cos\theta)$ 的关系增加, 式中, u 是运动速度, c 是光速, θ 是速度方向与目标连线之间的角度。因此, 在 $f = 94$ GHz 处, 多普勒频率比 10 GHz 处要高 10 倍, 这就为只有很小位移时进行识别提供了良好的多普勒图像。例如, 一架小型飞机的振动或缓慢转向就可为识别提供足够的多普勒效应。

16.3.4 海面低仰角雷达

另外一项应用在文献 [74] 中进行了介绍: 94 GHz 雷达减轻了困扰着常规微波雷达的海军低角度跟踪难题 (由海面多路径反射对跟踪仪的干扰所导致)。常规微波雷达跟踪仪所发现的往往是目标在水中的另外一个镜像。94 GHz 处的 W 波段减轻了这个难题, 因为它具有更窄的波束宽度, 而且其更短的波长也减弱了由海洋上表面变化所引起的镜面反射。

第 17 章

利用 W 波段防御恐怖分子

在本章中，将探讨 W 波段电磁辐射在防御恐怖袭击方面的一些重要应用。W 波段覆盖的频谱范围为 75 ∼ 110 GHz，所对应的波长处于数毫米 (4 ∼ 2.7 mm) 范围 [5]，见 16.1 节。W 波段的高频端接近光学波段，因此可使用一些准光学的技术，如镜面谐振腔 (见 16.2.2 节，图 16.3) 和准光学双工器 (见 16.2.4 节)。更重要的是，在 16.1 节图 16.1 中[5]，W 波段在大气衰减和分辨率方面提供了一种折中的方案。例如，当频率比 W 波段高时 (见图 16.1 左部)，波长和分辨率都会降低，而大气衰减则会增加。正如第 10 章所述，W 波段的频率可通过自由电子激光器、其他的回旋加速振荡器或放大器高效产生并获得极高功率的输出。利用炸药，也能在该频段产生很高的峰值功率[3,123]，见 17.4.1.1 节。

在 17.1 节中，探讨一种被称之为 "主动拒止" (Active Denial) 的系统，该系统利用 W 波段辐射来驱散可能藏着持有隐匿武器的恐怖分子的人群。该技术与第 16 章中所述 94 GHz 雷达的发射端相似，因此，在本章中就不再重复介绍其技术细节。在 17.2 节中，将探讨用于发现隐藏武器的非离子化的机场身体扫描仪，它们要比 X 射线更安全。在 17.3 节中，将使用 W 波段辐射来检查未开封的包裹，该辐射能穿透聚苯乙烯泡沫塑料和纸板却被包裹中的物品反射或散射回来。最后，在 17.4 节中，探讨如何使用 W 波段来干扰或者摧毁敌方电子器件，并探讨己方电子设备防御敌方电磁辐射的方法。

17.1 利用主动拒止系统实现对群体的非致命性 控制

藏有武器的恐怖分子可能隐匿在人群里。由于人群中的绝大多数可能都是无辜的平民，所以最好是能驱散他们，而不是通过向其头顶上方射击真实子弹或者向身上射击橡皮子弹来攻击或威胁他们。类似 "主动拒止" 这样的一些系统所发出的 W 波段电磁辐射可以迅速驱散人群[10,139]，如图 17.1 所示。

图 17.1　悍马车上的主动拒止系统

94 GHz 处于 W 波段的高频端，如图 16.1 所示 (见 16.1 节)，该频段正好位于一个大气窗口内。由于它可以穿过尺寸比其波长 (3.2 mm) 小的各种电介质粒子，所以 94 GHz 辐射能够在雾、烟、灰尘、降雪、中度降雨以及多云等各种天气中很好地传输。当触及到人体时，它能穿过衣物，但会在皮肤表面发生反射。穿着导电衣物可以阻挡 94 GHz 辐射。在传输过程中，功率足够高的 94 GHz 电磁波能够加热皮肤附近或其表面的水分和脂肪分子，从而引起汗液沸腾。频率比 94 GHz 更高的 W 波段 (辐射) 最大可以穿透皮肤 0.04 mm，从而避开了可能会另外导致永久性损伤的人体神经末梢和血管。2.45 GHz 的微波炉辐射能够穿透得更深，因此也就更危险。升高的温度会引起剧烈的疼痛，从而使暴露在该辐射下的人群迅速逃散。眼睑因为仅有一层很薄的表层皮肤而最为脆弱，但人们在疼痛迹象一旦出现时就会自然地通过转头来对其眼脸加以保护。

一束典型功率值为 2.5MW 的窄带宽 94 GHz 辐射可在长达 700 m 的距离处使用并能穿透厚的衣服。试验证明，只有 0.1% 的概率会导致人员受伤。配戴眼镜和人体穿孔不会受到该辐射的影响，但是纹身之处能释放出令人感觉恶心的毒素。也许是因为对于过度使用或临界强度的设定有着实施方面的限制，这类主动拒止系统在伊拉克战争中未使用过。雷声 (Raytheon) 公司目前已开发出了一种商业化的系统。

关于高功率 94 GHz 辐射的产生，这已在第 10 章和第 16 章中得到了描述。由于主动拒止系统仅包含发射而不包含接收部分，所以该系统不同于第 16 章中的 94 GHz 雷达，它省去了接收部分。由于体积和重量都减少了，发射装置可直接安装在卡塞格林天线上 (见 1.3.4.1 节)，该系统已小到可安装在一台悍马车 (Humvee) 上，如图 17.1 所示。车顶的大圆盘是用作扩束器或者反向望远镜的卡塞格林望远镜的主镜。而卡塞格林望远镜的小凸面镜则向外伸出到悍马车的挡风玻璃上方。

17.2 进行身体扫描以搜查隐藏的武器

如 17.1 节中所述，由于毫米波可以穿过尺寸比其波长小的各种电介质粒子，所以它会穿过大多数衣物，然后在皮肤表面发生反射或散射。毫米波的这一特性被用于全身扫描系统中，以便能在长达 100 m 的较远距离上发现隐藏的武器[5]。进行身体扫描所需的功率要比主动拒止低得多 (见 17.1 节)。在早期的扫描仪中，人们将原有 35 GHz 的 K_a 波段雷达改装后用于进行演示。作为一个例子，图 17.2(a) 给出利用 33 GHz 辐射生成的一幅扫描图像[150]，它显示了一支藏在腰带内的手枪。在用 33 GHz 扫描时，类似 C4 这样的被隐藏的塑胶炸弹也会暴露出来[5]。

人们已经在实验中使用了比 94 GHz 更高的频段。该频段更短的波长带来了更高的分辨率, 但是其衰减也更大, 这样就缩短了其可探测被隐藏武器的距离[5], 见 16.1 节。许多研究者还正在进行被动式的毫米波人体扫描实验, 实验中不需毫米波源但要在接收器的前面放置一个 94 GHz 滤波器。人体会自然地产生电磁辐射, 并且人体皮肤的发射率和反射率不同于炸药或金属。不过, 实验结果也随着温度等环境因素发生变化。图 17.2(b) 给出了一名男子在户外时的被动式 94 GHz 扫描图像[5], 该男子在报纸中藏匿了一把匕首。在 94 GHz 频段, 报纸看上去是透明的。

(a) (b)

图 17.2 对一名男性的毫米波全身扫描结果

(a) 主动式 33 GHz 扫描, 在腰部藏匿了一支手枪且手中还持有一支; (b) 被动式
94 GHz 扫描, 在报纸里藏匿了一把匕首。

　　毫米波扫描仪与看似由机场行李扫描仪改装而成的 X 射线身体扫描仪之间形成了竞争关系。图 17.3(a) 给出了一名着装男子在其身体正面藏匿有一支手枪和一个包裹的 X 射线图像; 图 17.3(b) 则给出了背面的 X 射线图像, 该男子在其腰背部藏匿了另一个包裹且在脚踝处藏匿了一把匕首。根据爱因斯坦的光与物质相互作用理论 $E = h\nu$ (见 7.1.2 节; 式中 h 是普朗克常量, ν 是光子的频率), X 射线的光子能量 E 要比毫米波光子能量高得多。X 射线的频率高于 3×10^{16}Hz, 而 100 GHz 毫米波的频率仅为 100×10^9 Hz, 因此 X 射线的频率要比毫米波高出 300000 倍。这就意味着 X 射线光子的能量是毫米波光子的 300000 倍。这就如同一颗小钢球在与一只桌球即乒乓球相比较, X 射线光子不是被皮肤反射而是直接穿过身体。X 射线的这种穿透作用具有导致人体内部损伤的微小概率, 因而 X 射

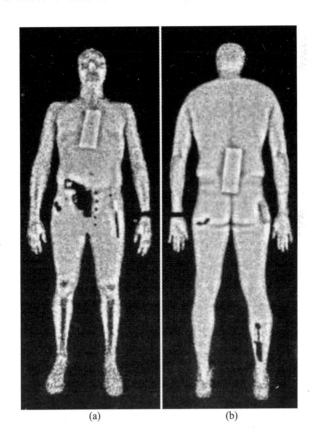

图 17.3　一名男性正面和背后分别携有隐藏枪支与包裹的 X 射线成像示例

(a) 正视图; (b) 背视图。

线照射被认为是具有终生积累效应。所以，与毫米波不一样，在后向散射方式中不能这样轻易地使用 X 射线。由于 X 射线的剂量非常小，因此，对于正确建立的扫描仪而言，人体要在经过数量特别多的机场检查之后才有可能被观察到出现问题。不过，无论这个人以前是受过医学 CT 还是 X 射线扫描的照射，这些效应都将会被累加上去。

人体扫描仪能看透服装，它们所带来的问题之一是公众对于被看到裸体或被拍裸照的忧虑。如图 17.4 所示，在德国出现的关于人体穿孔和假肢

图 17.4 因人体穿孔和假肢问题而抗议使用全身扫描仪

问题的抗议者照片[138] 就证明了某些特殊的忧虑。照片中, 女孩的胸部写上了 "穿孔", 在她的右腿上则写着 "假肢"。

17.3 检查密封包裹

最近几年中, 人们对包裹装运过程中类似炸弹、手枪、化学炸药及有毒化学制品等危险物品的忧虑与日俱增。一般而言, 在来源地和目的地将所有包裹都一一打开进行检查的做法会使得成本过于昂贵。在不用打开包裹而可对其中物品进行检查的现有 X 射线装置中, 其 X 射线粒子经由包裹入射到荧光屏上从而进行成像检查[99]。要实施三维 (3D) 检查, 扫描系统需要进行旋转, 且图像须借助计算机断层摄影术 (CT, Computer Tomography) 进行处理, 这些机器较为昂贵而且 (或者) 不能对包裹中物品提供令人满意的 3D 检查。

这里介绍一种新颖的毫米波方法, 它有能力在不打开包裹的情况下提供成本较低的 3D 扫描[101]。该方法使用一种波长为 3.2 mm 的 94 GHz 辐射源。以前讨论过更大威力的该频率辐射源 (见第 10 章和第 16 章), 但该频率的低功率源也在发展中[11]。波长 3.2 mm 的辐射能穿透纸板和聚苯乙烯泡沫塑料这些常用包装材料。包裹中的导电物体和其他物体将会反射或散射该波段的辐射。对辐射在传播过程中被散射情况或反射过程中后向散射情况的观测结果可以被用来分析和确定包裹中的物品[101]。通过调节辐射源, 利用一组不同频率条件下的图像就可能构造出包裹中物品的一幅 3D 图像。也可使用 35 GHz 的 K_a 带雷达, 但分辨率会下降一些。

一种类似于高斯 – 牛顿 (Gauss-Newton) 方法的迭代计算法已在 6.3 节中得到了描述, 它被分解为前向计算和反向计算。

17.3.1 密封包裹推荐检查方法的原理

如图 17.5 所示, 手持式扫描仪发出来自 94 GHz 准直波束的短脉冲, 该脉冲从包裹反射或透射到传感探测器阵列上以用于检查。这在某种程度上与反射式或透射式激光雷达 (见第 15 章) 及 W 波段雷达 (见第 16 章) 相似。通过在包裹上来回移动这种手持式设备, 就可以观察到包裹内物体的剖面形状。而且, 手持设备可在包裹的侧面或者背面使用, 以进一步查明包裹内的物品。当然, 也可使用固定构型而非手提式的扫描仪, 此时, 后端的探测器与手提计算机相连, 用以显示包裹内沿着波束路径的材料特性。

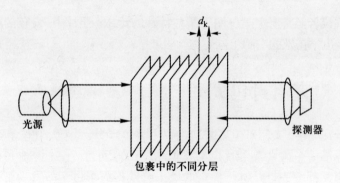

图 17.5　对密封包裹进行检查的推荐方法

17.3.1.1　前向计算

这里, 采用一个分层模型来描述电磁场在包裹中的传输。包裹中波束穿过的区域被划分为垂直的均匀薄片 (见图 17.5), 其中每一个薄片都有着不同的单一折射率和吸收系数。在分层模型中, 为简化计算, 各薄片厚度 d_k 是依据一个固定的传输时间 T 来选定的[21,50,83]。

$$d_{\mathrm{k}} = \frac{cT}{n_{\mathrm{k}}} \tag{17.1}$$

为便于计算, 这样的模型在其他的电磁场传输问题中也被广泛采用, 例如, 地球物理学 (见文献 [80] 和 [81], 后者包含吸收), 薄膜滤波器设计和测试 (见 6.3 节), 集成光学中的线条方法以及光在湍流中的传输 (见 5.4.1 节)。在穿过包裹之后, 光脉冲穿过空气折射到探测器上。6.3 节介绍了矩阵法计算机运算法则, 它可以用来估算光束通过每个垂直切片的电磁场分布。在文献 [81] 中, 该方法被拓展到吸收问题。输出显示屏可显示穿过包裹或者由包裹反射的电磁场图像。由于层与层之间的多次散射, 图像将比较模糊[104], 因而需进一步处理。

17.3.1.2　包裹检查的反向计算

由于各层的参数估算是非线性的, 所以使用 6.3.3 节所述的高斯 – 牛顿迭代法来确定每一层的折射率和吸收系数[81]。在模型中任取一组折射率开始计算, 这些折射率值会被反复修正, 直到输出图像与图 6.20 所示模型的结果相吻合。波束穿过或发生反射的各层的折射率和吸收系数显示出了包裹内物品的特性。若使用足够短的脉冲, 在层与层之间的多次散射可忽略不计, 就可采用更加快速的去卷积反向计算方法[104]。

17.4 电子设备的摧毁与保护

由于军事领域对电子设备的依赖不断增长,电磁战成为军事领域最关键的技术手段之一。人们依赖于电子设备来实施火力控制,依靠卫星来实现通信、全球定位 (以知道每件事物在何处) 并洞察战争准备情况的侦察成像 (见 1.3.4.1 节)。电磁战既包括保护电子设备免遭敌方损伤,也包括拥有使敌方电子系统遭受损伤的能力,这其中包含对敌方遥控简易爆炸装置 (IEDs) 等电磁通信的干扰。电磁战变得如此重要的原因是,军事活动已经变得日益依赖于电子设备。

谢尔盖·戈尔什科夫 (Sergei Gorshkov) 海军上将是冷战中建立起来的苏联海军最受人尊敬的上将之一,他在很多年之前就曾说过:"把电磁波频谱利用得最好的一方将赢得下一场战争的胜利。" 更近一些,海湾战争的情况表明,若能够使敌方对电磁波频谱的使用失效,则将在战争中赢得重大优势[122]。现今,电磁战比以往任何时候都更加意义重大。

17.4.1 干扰或摧毁敌方电子设备

17.4.1.1 产生短脉冲以摧毁电子设备

在 10.3 节和第 10 章所描述的 W 波段高功效 94 GHz 源的脉冲可以用来干扰或摧毁电子设备。例如,据报道,图 17.6 所示的一台 W 波段原型桌面系统[121] 就能够在 100 m 距离上阻止一辆汽车。一台功效更为强大的系统则可在导弹发射场于导弹能起飞前将电子设备摧毁。

一个替代方案就是电磁炸弹[3,123],弹内的一种炸药被用来产生强电磁场脉冲。电磁炸弹利用炸药使一个能产生磁场的线圈短路,从而将磁场 B 压缩至毫秒量级[3,123]。由麦克斯韦方程即式 (17.2) 可知,这将在线圈周围产生一个极高的电场脉冲 E,它正比于穿过线圈的磁通量 $\partial B/\partial t$ 的变化率

$$\nabla \times E = -\frac{\partial B}{\partial t} \tag{17.2}$$

该线圈发挥将这个高强度电场脉冲通过空气辐射出去的天线作用,电场脉冲可在电子电路中诱导很高的电压和电流尖峰从而损伤电子电路。从高空电磁脉冲 (EMP) 源发出的以光速传输的电磁波可对地面上数百万平方英里的区域产生影响。

17.4.1.2 高峰值功率电磁脉冲干扰电子设备的方法

如果 EMP 被设计用来干扰通信流,或是使类似电子钟、交通工具计时器等的谐振腔不能同步,那么使用较低的功率就可满足要求,而且它耦合进系统后会变得十分致命。一般而言,高峰值功率电磁场将以类似于闪电的方式耦合进导线。闪电是通过产生巨大电压尖峰的方式耦合进入电子设备中的,这种巨大电压尖峰对于高速的低功率电子设备特别有害。上述情形是在长电池寿命、快响应速度显得至关重要的一些军事应用中发现的。电压尖峰寻找其进入电子设备的路径。电磁场也能通过封装的孔缝找到进入电子设备的路径[136]。

17.4.2　保护电子设备免受电磁毁伤

17.4.2.1　威胁的本质

军用系统对电子设备和电源连接日益增长的依赖导致其对于来自高空核爆、电磁炸弹或图 17.6 所示电磁射线炮的 EMP 存在着一个致命弱点。一架飞过战场的农作物除尘飞机都可以投射一个电磁炸弹,使之在战场上空爆炸从而大面积地摧毁绝大多数的计算机、手持电磁设备和武器系统的电子设备。因此,在战场上,通信系统、全球定位系统、成像系统、无

图 17.6　用于烧毁电子设备的 W 波段桌面原型设备

人机和类似火控这样的武器电子设备都可能失效, 从而带来灾难性后果。这一切并不只是一种军事威胁。最近一份美国政府报告[51] 在评估 EMP 对美国电子设备威胁时指出: "损伤等级可能足以给国家带来灾难性的后果, 而我们目前的弱点会招致攻击。" 除了将电磁兼容 (EMC)[136] 中使用的一些最优方法付诸实施之外, 我们来考虑两种未来可以使用的方法。

17.4.2.2 用光纤取代电线

因为光纤中无电导体, 所以电磁场不能耦合进入光纤。事实上, 据报道, 早在 20 世纪 50 年代, 作为确保相互摧毁 (MAD) 哲学 (见第 13 章) 的一部分, 为在遭受核攻击情况下进行核报复而在美国构筑的导弹发射井就是通过光纤与外部世界相连的。这包括电子设备的电子和电力。使用光纤的原因是, 核爆炸产生一系列的高功率电磁脉冲, 它们能够耦合进入导弹发射井中的电线并阻止其发挥作用。此外, 现在, 光纤技术在国际互联网的主干网中已更为高度发达, 而且电力光纤已改进到能在大多数电子应用和很多电力应用中取代电线。

17.4.2.3 用光子器件取代电子设备

电子集成电路可以由集成光路代替[57]。集成光路由光波导连接而成, 而芯片之间则用光纤进行连接。这些光波导没有任何的金属或电子零件, 它们通过光子而不是电子来传递信息和能量。与电子不同, 光子是不带电粒子, 因而不受电磁干扰的影响。

在过去 30 多年中, 在电子超大规模集成 (VLSI) 方面已投资了 3000 亿美元, 而目前则是每年大约 500 亿美元。现在能够在单个半英寸芯片上排布 19 亿个晶体管 (开关和放大元件)。相反, 目前, 由于集成光学的发展作为国际互联网光学无线通信技术推动的结果在数年前才刚刚起步, 所以只有少数元件被集成到集成光路中。集成光学正在迅速发展, 它可被用于很多军用系统的光学装置上。

全光计算机不受 EMP 的影响, 并且因计算和无线通信行业的近期发展而正在变得可行; 在这些行业中, 光学为密集通信提供高比特率。作者的另一本著作即约翰威立父子出版公司 1991 年出版的 "Optical Computer Architectures" 介绍了构造光学计算机的多种方法[83]。但是, 当时的技术使得全光计算机很昂贵, 于是, 由作者作为 PI (首席研究员) 的德州仪器公司中心研究实验室的小组就为 DARPA (美国国防部高级研究计划局) 设计了一个混合式 (即不是全光) 的光闪数据流计算机[107,114-116] 并随后由德州仪器公司为 DoD (国防部) 制造出来。该计算机在作者的著作[83] 第

14 章中进行了介绍。作者在光学计算机方面的最近研究为使用集成光学来制作一个闪开关[102] 以制造一台军用全光计算机，该计算机不受包括核爆炸和电磁炸弹在内的电磁辐射的影响。为免受电磁攻击的影响，需要全光计算机以减少无线通信中电子设备与光学装置之间的转换，在大型无线通信路由器中将光学装置和电子设备组合到同一个硅片上，在单个芯片上连接更多的处理器，与未来更快的微处理器连接以减少热量。

参考文献

[1] E. Adams. Flying laser gun. *Popular Science*, 2008.

[2] G. P. Agrawal. *Fiber-Optic Communication Systems*, 3rd edition. Wiley Interscience, New York, 2002.

[3] L. L. Altgilbers, M. D. J. Brown, I. Grishnaev, B. M. Novac, I. R. Smith, I. Tkach, and Y. Tkach. *Magnetocumulative Generators*. Springer, New York, 2000.

[4] L. C. Andrews and R. L. Phillips. *Laser Beam Propagation Through Random Media*, 2nd edition. SPIE Press, Bellingham, WA, 2005.

[5] R. Appleby, H. B. Wallace, and B. Wallace. Standoff detection of weapons and contraband in the 100 GHz to 1 THz region. *IEEE Transactions on Antennas and Propagation*, 55(11):2944–2956, 2007.

[6] F. Bachman, P. Loosen, and R. Proprawe, editors. *High Power Diode Lasers*. Springer, New York, 2007.

[7] C. A. Balanis. *Advanced Engineering Electromagnetics*. Wiley, New York, 1989.

[8] C. Balfour, R. A. Stuart, and A. I. Al-Shamma'a. Experimental studies of backward waves in an industrial free electron laser system. *Optics Communications*, 236:403–410, 2004.

[9] R. J. Barker and E. Schamiloglu, editors. *High-Power Microwave Sources and Technologies*. IEEE Press, New York, 2001.

[10] D. Beason. *The E-Bomb: How America's New Directed Energy Weapons Will Change the Way Future Wars Will Be Fought*. Da Capo Press, Cam-

bridge, MA, 2005.

[11] M. A. Belkin, F. Capasso, F. Xie, A. Belyanin, M. Fischer, A. Wittmann, and J. Faist. Room temperature terahertz quantum cascade laser source based on intracavity difference-frequency generation. *Physics Letters*, 92(20), 2008.

[12] D. Besnard. The megajoule laser program, ignition at hand. *The European Physical Journal D: Atomic, Molecular, Optical and Plasma Physics*, 44(2):207–213, 2007.

[13] J. A. Bittencourt. *Fundamentals of Plasma Physics*, 3rd edition. Springer, New York, 2004.

[14] A. Bjarklev, J. Broeng, and A. Sanchez Bjarklev. *Photonic Crystal Fibres*. Kluwer Academic Publishers, Boston, MA, 2003.

[15] D. Bodanis. $E = mc^2$. Walker Publishing Company, New York, 2000.

[16] M. Born and E. Wolf. *Principles of Optics*, 7th edition. Cambridge University Press, Cambridge, UK, 1999.

[17] G. E. Box and G. Jenkins. *Time-Series Analysis*. Elsevier, 1976.

[18] L. Brekhovskikh. *Waves in Layered Media*. Academic Press, New York, 1980.

[19] T. I. Bunn. Method and system for producing singlet delta oxygen (SDO) and laser system incorporating an SDO generator. U.S. Patent 7512169, 2009.

[20] D. K. Cheng. *Fundamentals of Engineering Electromagnetics*. Prentice-Hall, Upper Saddle River, NJ, 1993.

[21] J. F. Claerbout. *Fundamentals of Geophysical Data Processing*. McGraw-Hill, New York, 1976.

[22] C. Von Clausewitz. *On War*. Oxford University Press, New York, 1976.

[23] W. A. Coles, J. P. Filice, R. G. Frehlich, and M. Yadlowsky. Simulation of wave propagation in three-dimensional random media. *Applied Optics*, 34(12):2089–2101, 1995.

[24] R. E. Collin. *Foundations for Microwave Engineering*. McGraw-Hill, New York, 1996.

[25] M. J. Connelly. *Semiconductor Optical Amplifiers*. Kluwer Academic Publishers, Boston, MA, 2002.

[26] R. C. Coutinho, D. R. Selviah, and H. D. Griffiths. High-sensitivity detection of narrowband light in a more intense broadband background using coherence interferogram phase. *Journal of Lightwave Technology*, 24(10), 2006.

[27] H. A. Davis, R. D. Fulton, E. G. Sherwood, and T. J. T. Kwan. Enhanced-efficiency, narrow-band gigawatt microwave output of the reditron oscillator.

IEEE Transactions on Plasma Science, 18(3):611–617, 1990.

[28] W. Demtröder. *Laser Spectroscopy*, 2nd edition. Springer, New York, 1996.

[29] D. Derickson, editor. *Fiber Optic Test and Measurement*. Prentice-Hall, Upper Saddle River, NJ, 1998.

[30] E. Desurvire. *Erbium-Doped Fiber Amplifiers*. Wiley, New York, 1994.

[31] R. A. Dickerson. Chemical oxygen iodine laser gain generator system. U.S. Patent 6,072,820, 2000.

[32] M. J. F. Digonnet, editor. *Rare-Earth-Doped Fiber Lasers and Amplifiers*. Marcel Dekker, New York, 2001.

[33] R. Drori and E. Jerby. Free-electron-laser-type interaction at 1 meter wavelength range. *Nuclear Instruments and Methods in Physics Research A*, 393:284–288, 1997.

[34] R. W. Duffner. *Airborne Laser: Bullets of Light*. Plenum Press, New York, 1997.

[35] Exotic Electro-Optics. Materials for high-power lasers. Private communication, Exotic Electro-Optics is a subsidiary of II-VI Incorporated, San Diego, CA, August 2010.

[36] J.F. Eloy. *Power Lasers*. Wiley, New York, 1987.

[37] M. H. Fields, J. E. Kansky, R. D. Stock, D. S. Powers, P. J. Berger, and C. Higgs. Initial results from the advanced-concepts laboratory for adaptive optics and tracking. In *Proceedings of SPIE, Laser Weapons Technology*, Vol. 4034, April 2000, pp. 116–127.

[38] W. Fitzgerald. A 35 GHz beam waveguide system for millimeter-wave radar. *Lincoln Laboratory Journal*, 5(2):245–272, 1992.

[39] G. E. Forden. The airborne laser. *IEEE Spectrum*, 34(9), pp. 40–49, 1997.

[40] A. V. Gaponov-Grekhov and V. L. Granatstein, editors. *Applications of High-Power Microwaves*. Artech House, Boston, 1994.

[41] J. A. Gaudet, R. J. Barker, C. J. Buchenauer, C. Christodoulou, J. Dickens, M. A. Gundersen, R. P. Joshi, H. G. Krompholz, J. F. Kolb, A. Kuthi, M. Laroussi, A. Neuber, W. Nunnally, E. Schamiloglu, K. H. Schoenbach, J. S. Tyo, and R. J. Vidmar. Research issues in developing compact pulsed power for high peak power applications on mobile platforms. *Proceedings of the IEEE*, 92(7):1144–1165, 2004.

[42] I. M. Gelfand and S. V. Fomin. *Calculus of Variations*. Prentice-Hall, Englewood Cliffs, NJ, 1963.

[43] R. W. Gerchberg and W. O. Saxton. A practical algorithm for the determination of phase from image and diffraction plane pictures. *Optik*, 35(2):237–

246, 1972.

[44] A. Gerrard and J. M. Burch. *Introduction to Matrix Methods in Optics*. Dover Publications, New York, 1975.

[45] A. K. Ghatak, K. Thyagarajan, and M. R. Shenoi. Numerical analysis of planar optical waveguides using matrix approach. *Journal of Lightwave Technology*, 5(5):660–667, 1987.

[46] D. C. Ghiglia and M. D. Pritt. *Two-dimensional Phase Unwrapping*. Wiley, New York, 1998.

[47] C. Gomez-Reino, M. V. Perez, C. Bao, and V. Perez. *Gradient-Index Optics*. Springer, New York, 2002.

[48] J. W. Goodman. *Statistical Optics*. Wiley, New York, 1985.

[49] J. W. Goodman. *Introduction to Fourier Optics*, 3rd edition. Roberts and Company Publishers, Englewood, CO, 2005. Previously McGraw-Hill, New York, 1996.

[50] P. Goupillaud. An approach to inverse filtering of near surface layer effects from seismic records. *Geophysics*, 26(6):754–760, 1961.

[51] U.S. Government. Report of the Commission to Assess the Threat to the United States from Electromagnetic Pulse (EMP) Attack. http://www. globalsecurity.org/wmd/library/congress/2004_r/04-07-22emp.pdf 2004.

[52] J. G. Graeme. *Photodiode Amplifiers*. McGraw-Hill, New York, 1996.

[53] P. E. Green. *Fiber Optic Networks*. Prentice-Hall, Englewood Cliffs, NJ, 1993.

[54] C. M. Harding, R. A. Johnston, and R. G. Lane. Fast simulation of a Kolmogorov phase screen. *Applied Optics*, 38(11):2161–2170, 1999.

[55] P. Harihanran. *Basics of Interferometry*. Academic Press, San Diego, CA, 1992.

[56] O. S. Heavens.*Optical Properties of Thin Solid Films*. Dover Publications, 1991. Original publication 1955.

[57] R. G. Hunsperger. *Integrated Optics*, 5th edition. Springer, New York, 2002.

[58] Google images of ABL. Images of ABL. http://www.google.com/images? rlz=1T4ACAW_enUS341US346&q=airborne+laser+photograph&um=1&ie =UTF-8&source=univ&ei=WwpoTKncOYP7lweV_OmgBQ&sa=X&oi= image_result_group&ct=title&resnum=1&ved=0CCYQsAQwAA, 2010.

[59] Google images of BAE Jeteye. Images of BAE JetEye program. http:// www.baesystems.com/BAEProd/groups/public/documents/bae_publication/ bae_pdf_eis_jeteye.pdf, 2010.

[60] A. Ishimaru. *Wave Propagation and Scattering in Random Media*. IEEE

Press, Piscataway, NJ, 1997. Previously published by Academic Press in Vols. 1 and 2 in 1978.

[61] F. A. Jenkins and H. E. White. *Fundamentals of Optics*, 4th edition. McGraw-Hill, New York, 1976.

[62] D. Jensen. Missile defense: post DHS. http://www.militaryaerospace.com/ index/display/avi-article-display.372267.articles.avionics-intelligence.news. 2010.01.missile-defense-post-dhs.html, 2010.

[63] J. D. Joannopoulos, R. D. Meade, and J. N. Winn. *Photonic Crystals: Molding the Flow of Light*. Princeton University Press, Princeton, NJ, 1995.

[64] L. Johnson, F. Leonberger, and G. Pratt. Integrated-optic temperature sensor. *Applied Physics Letters*, 41(2):134–136, 1982.

[65] M. V. Kartikeyan, E. Borie, and M. K. A. Thumm, *Gyrotrons*. Springer, New York, 2004.

[66] L. A. Klein. *Millimeter-Wave and Infrared Multisensor Design and Signal Processing*. Artech House, Boston, MA, 1997.

[67] W. Koechner. *Solid-State Laser Engineering*, 3rd edition. Springer, New York, 1992.

[68] A. N. Kolmogorov. The local structure of turbulence in an incompressible viscous fluid for very large Reynolds numbers. *Comptes Rendus (Doklady) Academy of Sciences, USSR*, 30:301–305, 1941.

[69] B. Kress and P. Meyrueis. *Digital Diffractive Optics*. Wiley, New York, 2000.

[70] T. J. T. Kwan and C. M. Snell. Virtual cathode microwave generator having annular anode slit. U.S. Patent 4,730,170, March 1988. Assigned to U.S. Department of Energy.

[71] M. B. Lara, J. Mankowski, J. Dickens, and M. Kristiansen. Reflex-triode geometry of the virtual-cathode oscillator. In *Digest of Technical Papers, 14th IEEE International Pulsed Power Conference*, Vol. 2, June 2003, pp. 1161–1164.

[72] W. Lauterborn and T. Kurz. *Coherent Optics*, 2nd edition. Springer, New York, 2003.

[73] S. Liao. Miter bend design for corrugated waveguides. *Progress in Electromagnetics Research Letters*, 10:157–162, 2009. http://ceta.mit.edu/PIERL/ pierl10/17.09062103.pdf

[74] G. J. Linde, M. T. Ngo, B. G. Danly, W. J. Cheung, and V. Gregers-Hansen. WARLOC: a high-power coherent 94 GHz radar. *IEEE Transactions on Aerospace and Electronic Systems*, 44(3):1102–1107, 2008.

[75] M. M.-K. Liu. *Principles and Applications of Optical Communications*. Ir-

win, Boston, 1996.

[76] W. M. Manheimer. On the possibility of high power gyrotrons for super range resolution radar and atmospheric sensing. *International Journal of Electronics*, 72(6):1165–1189, 1992.

[77] J. M. Martin and S. M. Flatte. Intensity images and statistics from numerical simulation of wave propagation in 3-D random media. *Applied Optics*, 27(11):2111–2126, 1988.

[78] A. D. McAulay. The finite element solution of dissipative electromagnetic surface waveguides. *International Journal for Numerical Methods in Engineering*, 11(1):11–27, 1977.

[79] A. D. McAulay. Variational finite element solution of dissipative waveguides and transportation application. *IEEE Transactions on Microwave Theory and Techniques*, 25(5):382–392, 1977.

[80] A. D. McAulay. Prestack inversion with plane-layer point source modeling. *Geophysics*, 50(1):77–89, 1985.

[81] A. D. McAulay. Plane-layer prestack inversion in the presence of surface reverberation. *Geophysics*, 51(9):1789–1800, 1986.

[82] A. D. McAulay. Engineering design neural networks using split inversion learning. In *Proceedings of the IEEE First International Conference on Neural Networks*, Vol. IV, June 1987, pp. 635–641.

[83] A. D. McAulay. *Optical Computer Architectures*. Wiley, New York, 1991.

[84] A. D. McAulay. Modeling of deterministic chaotic noise to improve target recognition. In *Proceedings of SPIE, Signal Processing, Sensor Fusion, and Target Recognition Conference*, Vol. 1955-17, April 1993, pp. 50–57.

[85] A. D. McAulay. Optical recognition of defective pins on VLSI chips using electron trapping material. In *Proceedings of SPIE, Optical Implementation of Information Processing Conference*, July 1995.

[86] A. D. McAulay. Diffractive optical element for multiresolution preprocessing for computer vision. In *Proceedings of SPIE, Signal Processing, Sensor Fusion, and Target Recognition Conference VIII*, Vol. 3720-43, April 1999.

[87] A. D. McAulay. Improving bandwidth for line-of-sight optical wireless in turbulent air by using phase conjugation. In *Proceedings of SPIE, Optical Wireless Communications II*, Vol. 3850-5, September 1999.

[88] A. D. McAulay. Generating Kolmogorov phase screens for modeling optical turbulence. In *Proceedings of SPIE, Laser Weapons Technology*, Vol. 4034-7, April 2000.

[89] A. D. McAulay. Optical arithmetic unit using bit-WDM. *Optics and Laser*

Technology, 32:421–427, 2000.

[90] A. D. McAulay. Artificial turbulence generation alternatives for use in computer and laboratory experiments. In *Proceedings of SPIE, High Resolution Wavefront Control: Methods, Devices, and Applications III*, Vol. 4493, August 2001, pp. 141–149.

[91] A. D. McAulay. All-optical SOA latch fail-safe alarm system. In *Proceedings of SPIE, Photonic Devices and Algorithms for Computing VI*, Vol. 5556-7, August 2004, pp. 68–72.

[92] A. D. McAulay. Novel all-optical flip-flop using semiconductor optical amplifiers in innovative frequency-shifting inverse-threshold pairs. *Optical Engineering*, 45(5):1115–1120, 2004.

[93] A. D. McAulay. Optical bit-serial computing. *Encyclopedia of Modern Optics*, 2004.

[94] A. D. McAulay. Optimizing SOA frequency conversion with discriminant filter. In *Proceedings of SPIE, Active and Passive Optical Components for WDM Communications IV*, Vol. 5595, October 2004, pp. 323–327.

[95] A. D. McAulay. Leaky wave interconnections between integrated optic waveguides. In *Proceedings of SPIE, Active and Passive Optical Components for WDM Communications V*, Vol. 6014-17, October 2005, pp. OC-1–OC-8.

[96] A. D. McAulay. Nonlinear microring resonators forge all-optical switch. *Laser Focus World*, November 2005, pp. 127–130.

[97] A. D. McAulay. Computing fields in a cylindrically curved dielectric layered media. In *Proceedings of SPIE, Enabling Photonic Technologies for Defense, Security and Aerospace Applications VII*, Vol. 6243-18, April 2006, pp. 1–8.

[98] A. D. McAulay. Modeling the brain with laser diodes. In *Proceedings of SPIE, Active and Passive Optical Components for Communications VII*, Vol. 6775-10, October 2007.

[99] A. D. McAulay. Novel lock-in amplifier for identification of luminescent materials for authentication. In *Proceedings of SPIE, Signal Processing, Sensor Fusion, and Target Recognition XVI*, Vol. 6567-48, April 2007.

[100] A. D. McAulay. Frustrated polarization fiber Sagnac interferometer displacement sensor. In *Proceedings of SPIE, Signal Processing, Sensor Fusion, and Target Recognition XVII*, Vol. 6969-50, March 2008.

[101] A. D. McAulay. Package inspection using inverse diffraction. In *Proceedings of SPIE, Optics and Photonics for Information Processing II*, Vol. 7072-16, August 2008.

[102] A. D. McAulay. Digital crossbar switch using nonlinear optical ring res-

onator. Proceedings of SPIE, Optics and Photonics for Information Processing III, Vol. 7442-2, August 2009.

[103] A. D. McAulay. Integrated optic chip for laser threat identification. In *Proceedings of SPIE, Signal Processing, Sensor Fusion, and Target Recognition XIX*, Vol. 7697-48, April 2010.

[104] A. D. McAulay. Optical deconvolution for multilayer reflected data. In *Proceedings of SPIE, Optics and Photonics for Information Processing IV*, Vol. 7797-8, August 2010.

[105] A. D. McAulay, M. R. Corcoran, C. J. Florio, and I. B. Murray. Optical micro-ring resonator filter trade-offs. In *Proceedings of SPIE, Active and Passive Optical Components for WDM Communications IV*, Vol. 5595-48, October 2004, pp. 359–364.

[106] A. D. McAulay, M. R. Corcoran, C. J. Florio, and I. B. Murray. All optical switching and logic with an integrated optic microring resonator. In *Proceedings of SPIE, Enabling Photonic Technologies for Defense, Security and Aerospace Applications VI*, Vol. 5814-3, March 2005, pp. 16–22.

[107] A. D. McAulay, D. W. Oxley, R. W. Cohn, J. D. Provence, E. Parsons, and D. Casasent. Optical crossbar interconnected signal processor. Report, DARPA/ONR N00014-85-C-0755, 1991.

[108] A. D. McAulay, K. Saruhan, and A. Coker. Real-time computation for absorption free beamforming using neural networks. In *Proceedings of the IEEE International Conference on Systems Engineering*, August 1990.

[109] A. D. McAulay and H. Tong. Modeling neural networks with active optical devices. In *Proceedings of SPIE, Optical Information Systems III*, Vol. 5908-15, August 2005.

[110] A. D. McAulay and H. Tong. Optical clustering for unsupervised learning using coupled microring resonators. In *Proceedings of SPIE, Signal Processing, Sensor Fusion, and Target Recognition XIV*, Vol. 5809-49, April 2005, pp. 402–408.

[111] A. D. McAulay and J. Wang. Optical diffraction inspection of periodic structures using neural networks. *Optical Engineering*, 37(3):884–888, 1998.

[112] A. D. McAulay and J. Wang. A Sagnac interferometer sensor system for intrusion detection and localization. In *Proceedings of SPIE, Enabling Photonic Technologies for Defense, Security and Aerospace Applications V*, Vol. 5435-16, April 2004, pp. 114–119.

[113] A. D. McAulay. Deformable mirror nearest neighbor optical computer. *Optical Engineering*, 25(1):76–81, January 1986.

[114] A. D. McAulay. Optical crossbar interconnected signal processor with basic algorithms. *Optical Engineering*, 25(1):82–90, 1986.

[115] A. D. McAulay. Spatial light modulator interconnected computers. *Computer*, 20(10):45–57, 1987.

[116] A. D. McAulay. Conjugate gradients on optical crossbar interconnected multiprocessor. *Journal of Parallel and Distributed Processing*, 6:136–150, 1989.

[117] Megajoule. French Megajoule Laser Facility. http://en.wikipedia.org/wiki/ Laser_M%C3%A9gajoule, 2009.

[118] A. Mendez and T. F. Morse. *Specialty Optical Fibers Handbook*. Elsevier/Academic Press, Boston, MA, 2007.

[119] P. W. Milonni and J. H. Eberly. *Lasers*. Wiley, New York, 1988.

[120] A. W. Miziolek, V. Palleschi, and I. Schecter, editors. *Laser-Induced Breakdown Spectroscopy*. Cambridge University Press, Cambridge, UK, 2006.

[121] G. Murdoch. Blackout bomb: Air Force's high-powered microwave weapons fry enemy equipment. *Popular Science*, 2009.

[122] V. K. Nair. *War in the Gulf: Lessons for the Third World*. Lancer International, New Delhi, 1991.

[123] A. A. Neuber, editor. *Explosively Driven Pulse Power: Helical Magnetic Flux Compression Generators*. Springer, New York, 2005.

[124] M. J. Neufeld. *Von Braun*. A. A. Knopf, New York, 2007.

[125] PR News. American Society for Photogrammetry and Remote Sensing web site, guide to land imaging satellites. http://www.asprs.org/ news/satellites/, 2009.

[126] PR News. Raytheon awarded contract for Office of Naval Research's free electron laser program. PR News, June 9, 2009. http://www.prnewswire. com/comp/149999.htm, 2009.

[127] NIF. National Ignition Facility, or NIF. http://en.wikipedia.org/wiki/ National_Ignition_Facility, 2009.

[128] Northrop-Grumman. Northrop-Grumman Guardian images. http://www.es. northropgrumman.com/countermanpads/media_gallery/photos.html, 2010.

[129] G. S. Nusinovich. *Introduction to the Physics of Gyrotrons*. Johns Hopkins University Press, Baltimore, MD, 2004.

[130] K. Okamoto. *Fundamentals of Optical Waveguides*. Academic Press, New York, 2000.

[131] T. Okoshi and K. Kikuchi. *Coherent Optical Fiber Communications*. KTK Scientific Publishers/Kluwer Academic Publishers, Tokyo/Boston, MA, 1988.

[132] E. L. O'Neill. *Introduction to Statistical Optics*. Dover Publications, New York, 1991.

[133] A. V. Oppenheim and R. W. Schafer. *Discrete-Time Signal Processing*, 2nd edition. Prentice-Hall, Upper Saddle River, New Jersey, 1999.

[134] A. Papoulis. *Systems and Transforms with Applications in Optics*. R. E. Krieger Publishing Company, 1981. Original printing 1968.

[135] A. Papoulis. *Probability, Random Variables, and Stochastic Processes*, 3rd edition. McGraw-Hill, New York, 1991.

[136] C. R. Paul. *Introduction to Electromagnetic Compatibility*. Wiley, New York, 1992.

[137] J. Pearson. The Electrodynamic Debris Eliminator (EDDE): removing debris from space. *The Bent of Tau Beta Pi*, C1(2), 2010.

[138] M. Phillips. From granny to nearly nude germans, Everyone's raising cane at the airport. *Wall Street Journal*, January 11, 2010.

[139] Active Denial Program. Active Denial System on Humvee. http://en. wikipedia.org/wiki/File:Active_Denial_System_Humvee.jpg, 2010.

[140] R. Rhodes. *Arsenals of Folly*. A. A. Knopf, New York, 2007.

[141] M. A. Richards. *Fundamentals of Radar Signal Processing*. McGraw-Hill, New York, 2005.

[142] R. D. Richmond and S. C. Cain. *Direct-Detection LADAR Systems*. SPIE Publications, Bellingham, WA, 2010.

[143] J. Robieux. *High Power Laser Interactions*. Lavoisier Publishing, Secaucus, NJ, 2000.

[144] M. C. Roggemann and B. Welsh. *Imaging Through Turbulence*. CRC Press, New York, 1996.

[145] N. Roy and F. Reid. Off-axis laser detection model in coastal areas. *Optical Engineering*, 47(8), 2008.

[146] B. S. Woodard, J. W. Zimmerman, G. F. Benavides, D. L. Carroll, J. T. Verdeyen, A. D. Palla, T. H. Field, W. C. Solomon, S. J. Davis, W. T. Rawlins, and S. Lee. Gain and continuous-wave laser oscillation on the 1315 nm atomic iodine transition pumped by an air–helium electric discharge. *Applied Physics Letters*, 93:021104, 2008.

[147] K. Sakoda. *Optical Properties of Photonic Crystals*. Springer, New York, 2001.

[148] B. E. A. Saleh and M. C. Teich. *Fundamentals of Photonics*. Wiley, 1991.

[149] M. A. Shapiro and R. J. Temkin. High power miter-bend for the next linear collider. In *Proceedings of the 1999 Particle Accelerator Conference*, 1999.

[150] D. M. Sheen, D. L. McMakin, H. D. Collins, T. E. Hall, and R. H. Stevertson. Concealed explosive detection on personnel using a wideband holographic millimeter-wave imaging system. In *Proceedings of SPIE, Signal Processing, Sensor Fusion, and Target Recognition V*, Vol. 2755, 1996.

[151] M. Skolnik. *Radar Handbook*, 3rd edition. McGraw-Hill, New York, 2008.

[152] V. A. Soifer, editor. *Methods for Computer Design of Diffractive Optical Elements*. Wiley Interscience, 2002.

[153] S. H. Strogatz. *Nonlinear Dynamics and Chaos*. Addison-Wesley, Reading, MA, 1994.

[154] A. Taflove and S. C. Hagness. *Computational Electrodynamics: The Finite Difference Time-Domain Method*, 2nd edition. Artech House, Boston, MA, 2000.

[155] V. I. Tatarski. *Wave Propagation in a Turbulent Medium*. McGraw-Hill, New York, 1961. Translated from Russian by R. A. Silverman.

[156] K. Thayagaran, M. R. Shenoi, and A. K. Ghatak. Accurate method for the calculation of bending loss in optical waveguides using a matrix approach. *Optics Letters*, 12(4):296–298, 1987.

[157] M. K. A. Thumm. State of the art of high power gyro devices and free electron masers. Technical Report FZKA 7198, Institute fur Hochleistung-simplus-und Mikrowellen-technik, Karlsruhe FZKA, 2008.

[158] A. Tolkachev. Gyroklystron-based 35 GHz radar for observation of space objects. In *Proceedings of the 22nd International Conference on Infrared and Millimeter Waves*, Vol. 5595-48, October 1997, pp. 359–364.

[159] A. Tolkachev, V. Trushin, and V. Veitsel. On the possibility of using powerful millimeter wave band radars for tracking objects in circumterrestrial space. In *Proceedings of the 1996 CIE International Conference of Radar*, 1996.

[160] H. Tong and A. D. McAulay. Wavefront measurement by using photonic crystals. In *Proceedings of SPIE, Enabling Photonic Technologies for Aerospace Applications VI*, Vol. 5435-13, April 2004.

[161] H. L. Van Trees. *Detection, Estimation and Modulation Theory, Part I*. Wiley, 2001.

[162] H. L. Van Trees. *Detection, Estimation and Modulation Theory, Part IV. Optimum Array Processing*. Wiley Interscience, 2002.

[163] R. K. Tyson. *Principles of Adaptive Optics*, 2nd edition. Academic Press, New York, 1998.

[164] E. Udd, editor. *Fiber Optic Sensors*. Wiley, New York, 1991.

[165] J. Vetrovec. Chemical oxygen–iodine laser (coil)/cryosorption vacuum pump

system, 2000.

[166] U. Wandinger. Introduction to lidar. In C. Weitkamp, editor, *Lidar Range-Resolved Optical Remote Sensing of the Atmosphere*. Springer, New York, 2005, Chapter 1.

[167] B. Warm, D. Wittner, and M. Noll. Apparatus for defending against an attacking missile. U.S. Patent 5,600,434, 1997.

[168] C. Weitkamp, editor. *Lidar Range-Resolved Optical Remote Sensing of the Atmosphere*. Springer, New York, 2005.

[169] H. Weyl. *Theory of Groups and Quantum Mechanics*. Dover Publications, 1950.

[170] R. Whitney, D. Douglas, and G. Neil. Airborne megawatt class free-electron laser for defense and security. In *2005 Conference: Laser Source and System Technology for Defense and Security*, Jefferson Laboratory, 2008.

[171] S. Wieczorek, B. Krauskopf, and D. Lenstra. A unifying view of bifurcations in a semiconductor laser subject to optical injection. *Optics Communications*, 172.1:279–295, 1999.

[172] P. P. Woskov, V. S. Bajaj, M. K. Hornstein, R. J. Temkin, and R. G. Griffin. Corrugated waveguide and directional coupler for CW 250-GHz gyrotron DNP experiments. *IEEE Transactions on Microwave Theory and Techniques*, 53(6):1863–1869, 2005.

[173] C. C. Wright, R. A. Stuart, A. Al-Shamma'a, and A. Shaw. Free electron maser as a frequency agile microwave source. In *Loughborough Antennas and Propagation Conference*, April 2007, pp. 325–328.

[174] C. C. Wright, R. A. Stuart, J. Lucas, and A. Al-Shamma'a. Low cost undulator magnets for industrial free electron masers. *Optics Communications*, 185:387–391, 2000.

[175] C. C. Wright, R. A. Stuart, J. Lucas, A. Al-Shamma'a, and C. Petichakis. Design and construction of a table top microwave free electron maser for industrial applications. *Vacuum*, 77:527–531, 2005.

[176] A. Yariv and P. Yeh. *Photonics: Optical Electronics in Modern Communications*, 6th edition. Oxford University Press, Oxford UK, 2007.

[177] J. L. Zhang, E. M. Tian, and Z. B. Wang. Research on coherent laser warning receiver based on sinusoidal transmission grating diffraction. *Journal of Physics: Conference Series*, 48, 2006.